KB027694

통일을 향한 30년의 발자취

太宗鎬의 통일기행
統一紀行

국내편

역사를 바로 알아야 통일 지혜 얻는다

이 지구상 그 어떤 민족도 영원히 분리될 수는 없다. 어떤 이념, 어떤 억압, 어떤 명분으로도 한 민족을 영원히 갈라 놓을 권리 또한 없다. 우리는 아직도 70년 분단을 감내하고 있다. 이젠 끝내야 한다. 타의에 의해 갈라진 나라를 우리의 의지로 되돌려 놓아야 한다. 그 과제가 오롯이 이 시대를 살고 있는 우리들의 몫으로 남아 있다.

한누리미디어

서시(序詩)

통일염원(統一念願) _태종호

이루어지리라
반드시 이루어지리라
한반도 평화통일은 기필코
이루어지리라
생각하면 너무나 쉬운 일이
왜 이다지도 어렵단 말이냐
우리가 마음만 먹으면 단박에 될 일을
어찌하여 반세기를 넘어 고희를 넘긴단 말이냐
이 세상 다른 나라가 다 해낸 일을
어찌하여 우리만 홀로 덩그러니 남았단 말이냐

오늘밤 잠들지 말고 생각해 보자
다 함께 광장으로 나와서 생각해 보자
새벽이 동트기 전에 실오라기 하나 걸치지 말고
칼바람 맞으며 생각해 보자
우리의 부족함을 우리의 잘못을 생각해 보자
우리의 정성이 우리의 염원이
백두와 한라에 닿을 때까지

함께 손잡고 생각해 보자

수만 년 면면히 이어온 우리의 역사
우리의 문화, 우리의 얼과 혼을 되살려
한 마음 한 뜻으로 횃불을 밝혀놓고
헝클어진 실타래를 찾아내어
뒤틀린 매듭을 풀어보자
8천 만 동포가 눈이 시리고
손이 부르트도록 풀어보자
그리하면 이루어지리라
우리의 통일염원은 그렇게 이루어지리라.

서언(序言)

이 책은 통일(統一) 기행문(紀行文)이다. 저자가 오랜 시간 통일부 통일교육위원(統一敎育委員)으로 활동하면서 체험했던 남북분단시대(南北分斷時代)의 작은 기록이다.

파주(坡州) 장단에서 고성(高城)의 통일전망대까지 민족의 비원(悲願)을 간직하고 있는 휴전선(休戰線), 비무장지대라 하나 사실은 중무장(重武裝)으로 최전선에 밀집되어 있는 남과 북의 전투부대들, 평화전망대, 통일전망대 등, 수많은 전망대(展望臺)에 올랐을 때의 단상(斷想), 남북교류(南北交流)가 활발했던 시절 북한을 다녀와서 신문에 연재했던 방북일기(訪北日記), 사회주의국가이면서도 개혁개방(改革開放)으로 세계 G2로 자리매김한 중국, 동서분단(東西分斷)을 극복하고 통일을 이루어 유럽을 견인(牽引)하고 있는 독일, 세계 최고의 경제 성장률을 자랑하며 무섭게 도약(跳躍)하고 있는 베트남 같은 분단을 극복(克服)하고 통일(統一)을 이룬 국가들을 찾아가서 보고 느낀 소회(所懷)를 담았다.

돌이켜 보면 6.25 한국전쟁의 와중에서 태어난 나에게 통일(統一)이라는 단어가 입에서 머리로, 그리고 가슴으로 들어오기까지 참으로 많은 시간이 걸렸다. 20세기 격동(激動)의 시대, 하찮은 이념(理念)의 대립과 외세의 농간(弄奸)으로 형성된 한반도의 분단(分斷), 이 불행한 체제(體制)가 점점 공고(鞏固)해지고 고착화(固着化) 되어가고 있는 조국(祖國)의 현실을 보며 청소년기를 보냈다. 그리고 이래서는 안 되겠다고 30대의 젊은 혈기(血氣)로 통일운동을 시작한 지 35년이 되었다. 조국의 통일, 민족의 통합, 그 해답을 찾기 위한 방편으로 밤을 새워가며 고심하기도 했고 무작정 휴전선 비무장지대로 달려가기도 했다.

　조국(祖國)의 광복(光復)과 독립(獨立)을 위해 일제와 싸웠던 애국선열(愛國先烈)들의 숨결과 흔적(痕迹)을 찾아 만주벌판을 헤매기도 했다. 중국의 동북공정(東北工程), 일본의 역사침탈(歷史侵奪)로 인해 우리의 역사와 유적들이 무참하게 변질, 파괴(破壞)되고 있는 실상을 보면서 분노했고, 원대(遠大)하고 장엄(莊嚴)했던 고구려(高句麗)와 발해(渤海)의 기상이 나날이 사라져가는 현실에 안타까움과 좌절감(挫折感)을 느낄 때도 있었다.

　그러나 한 가지 분명(分明)한 것은 언젠가는 반드시 우리 민족의 위대한 정신이 발현(發現)되어 통일(統一)된 조국(祖國)을 설계(設計)하게 될 것이란 믿음만은 여전히 변함이 없다. 이 지구상(地球上)에 있는 어떤 민족(民族)도 영원히 분리(分離)될 수는 없기 때문이다. 분단(分斷) 상태(狀態)가 오랜 시간 지속(持續)될 수는 있지만 어떤 이념(理念), 어떤 억압(抑壓), 어떤 명분(名分)으로도 한 민족을 영원(永遠)히 갈라놓을 수는 없다.

　그런데 우리 민족은 아직도 70년 분단(分斷)을 감내하고 있다. 이젠 끝내야 한다. 타의에 의해 갈라진 나라를 우리 민족의 의지로 되돌려 놓아야 한다. 거기에 무슨 말이 더 필요한가. 우리의 노력(努力) 없이 분단(分

斷)은 결코 해결(解決)되지 않는다. 우리가 나서지 않는데 누가 우리의 역사(歷史)를 지키고 영토(領土)를 되찾아 주겠는가. 우리 주변에 진정으로 한반도 통일을 원하는 나라가 있는가.

　한반도는 언제나 강대국들에 의해 환란에 휩싸였고 주변 세력이 바뀔 때마다 선택의 강요에 시달려 왔다. 우리에겐 자강(自强) 외에 정답이 없다. 자강(自强)의 첫걸음이 바로 한반도 통일(統一)이다. 21세기 미국과 중국, 러시아와 일본 등, 주변국(周邊國)들의 치열한 영토분쟁(領土紛爭)과 역사수호(歷史守護)에 대한 무서운 집념(執念)을 목도하면서 지금 이 시간 우리가 어찌해야 할지는 너무나도 자명(自明)한 일이다.

　하루 속히 반쪽짜리 광복, 미완성된 독립을 완성(完成)시켜야 한다. 그 과제가 오롯이 이 시대를 살고 있는 우리들의 몫으로 남아 있다. 분열과 반목을 청산하고 단결과 통합의 지혜를 살려 조국통일과 민족번영의 시기가 좀 더 빨리 도래하기를 염원한다.

단기 4354년, 서기 2021년, 辛丑年 陽春에

京山 太宗鎬 씀

차례

차례

제 **1** 부

격랑의 파고에 휩쓸린 한반도

일제의 침략부터 평양정상회담까지

1875년 9월 ~ 2018년 9월

01

휴전선을 거두고
비무장지대를 잠에서 깨워야

경기도 파주 임진강변의 1호 푯말부터 강원도 고성 명호리의 1,292호 푯말까지 200m 간격으로 촘촘히 박혀 있는 155마일(248km) 휴전선(休戰線), 그리고 국토의 반허리를 옭아매고 있는 2억7천만(997km²) 평의 비무장지대(DMZ), 서해의 최북단의 섬 백령도(白翎島)를 비롯한 서해5도, 민통선 마을과 돌아오지 않는 다리, 대성동 마을 태극기와 기정동 마을 인공기, 남방한계선 최북단 철원의 월정리역에서 멈춘 채 녹슬어 버린 철마(鐵馬), 앙상한 뼈마디를 드러내며 핏빛 울음을 울고 있는 노동당사, 강화의 평화전망대에서 애기봉전망대, 오두산 통일전망대, 도라전망대, 승전전망대, 상승전망대, 태풍전망대, 열쇠전망대, 철원평화전망대, 승리전망대, 칠성전망대, 백암산전망대, 을지전망대, 그리고 고성의 통일전망대까지 우리가 살고 있는 한반도가 아직도 전쟁이 끝나지 않았음을 말해 주는 징표들이다.

나는 조국통일(祖國統一)을 염원(念願)하며 30년 넘게 이 지역과 전망대들을 오르고 내림을 반복하였다. 매번 오를 때는 우리의 산하, 우리의 동포를 볼 수 있다는 기대감에 숨이 찬 줄도 모르고 올랐다가 내려올 때는 분단 고착화(固着化)의 허탈감(虛脫感)에 맥이 풀리는 것을 숨길 수가 없었다.

특히 1953년 '한국 군사 정전의 협정' 제1조 1항에 의해 탄생한 비무장지대(DMZ)는 한반도의 참담한 현실을 그대로 대변하고 있다. 켜켜이 쌓인 한민족의 한을 고스란히 간직하고 있다. 비극적 분단의 상징이요, 통한의 장벽이다. 70년 넘게 지속되고 있는 극한의 긴장된 군사 대치지역이요, 아무도 범할 수 없는 금단의 땅이다.

이미 오래 전 강대국의 농간으로 냉전의 상징처럼 된 이 지역을 바라보는 우리의 심정은 암울하고 답답하다. 이제는 우리가 이곳을 잠에서 깨워야 한다. 분단을 뛰어 넘어 평화의 광장으로 탈바꿈시켜야 한다. 세계인이 즐겨 찾는 평화의 낙원(樂園)으로 만들어야 한다. 언제라도 반드시 그리 해야만 한다. 그러려면 우리는 어찌해야 하는가. 분열이 아닌 단결, 갈등이 아닌 화합의 정신을 살려야 한다. 아직도 우리가 갈 길은 멀고 험난하기만 하다. 그래도 우리는 이 길을 향해 쉼 없이 나아가야 한다.

남북을 가로막고 있는 비무장지대, 언뜻 보면 원시적 적막이 감도는 생태계의 보고처럼 보이기도 한다. 그러나 동서로 이어진 능선을 따라 겹겹이 둘러싸인 철책(鐵柵)들, 봉우리마다 설치되어 있는 수많은 GOP들, 긴장된 초병들의 눈동자들, 민통선 입구마다 어김없이 만나게 되는 검문소들, 위험하다는 경고를 담은 지뢰 주의 표지판들, 그런가 하면 그 주변에는 이와는 무관하게 펼쳐지는 또 다른 세계가 있다.

환한 웃음을 머금고 피어 있는 들꽃들, 그 위를 자유롭게 날고 있는 산새들, 남과 북을 아무렇지 않게 왕래하고 있는 동물들, 맑은 하늘에 평화롭게 둥실둥실 떠있는 구름들, 비무장지대는 오늘도 이 모든 것들이 함께 공존하며 우리의 지혜로운 선택을 기다리고 있다.

어디 그뿐인가. 콘크리트 턱으로 된 군사분계선(MDL)을 경계로 남(南)과 북(北)이 대치하고 있는 판문점(板門店) 역시 국토와 민족을 갈라놓은 비원(悲願)의 상징으로 각인되어 있다. 이 모두가 우리가 하루라도 빨리 해결해야 될 우리 민족(民族)의 비애(悲哀)요, 회한(悔恨)이다.

이젠 끝내야 한다. 휴전선 푯말을 걷어내고 비무장지대를 잠에서 깨워야 한다. 너무나 오랜 시간 정체되어 깊은 잠에 빠져 있는 이곳에 새바람을 일으켜야 한다. 세계평화공원도 좋고 자연생태공원도 좋다. 국제평화지대도 좋고 유엔본부 이전도 좋다. 하루속히 남과 북이 하나가 되어 휴전선에서, 비무장지대에서, 판문점에서 '우리의 소원은 통일' 대신 '팔천만 통일의 노래'가 힘차게 울려 퍼져야 한다.

우리는 분단 70년이 흐르는 동안 이 불합리한 굴레에서 벗어나 보려는 노력을 계속해 왔다. 남과 북이 마주앉아 대화를 나누고 서로 왕래하며 통일의 꿈을 키워왔다. 그 끊임없는 노력의 흔적들은 결코 헛되지 않은 것이다. 통일의 여정에 또 다른 역사가 되어 고스란히 우리의 기억과 기록 속에 남아 있다.

냉전이 한창이던 시절인 1972년 '7.4남북공동성명'을 시작으로 수차례의 적십자회담이 이어졌고, 이는 남북 이산가족들이 만나는 계기를 만들기도 했다. 당국은 물론이고 재야인사와 종교계, 문화계, 체육계, 여성과 학생 등, 민간분야의 통일에 대한 열망도 뜨거웠다.

1980년대로 들어서면서부터는 때마침 불어 닥친 미·중 데탕트 움직임을 시작으로 굳건했던 미·소 냉전체제가 무너지기 시작했고, 지구촌은 해빙기를 맞아 자유화 바람과 함께 동서양 국제교류는 더욱 힘을 받게 되었다. 우리나라도 그동안 단절되었던 공산권과의 교류의 길이 열리게 되었다.

소위 북방정책이 입안되고 민족공동체 통일방안이 마련되었다. 그 결과 1988년 7.7선언이 나오고 남북문제 해결을 위한 구체적 실천 방안까지 만들어졌다. 더구나 민족의 대역사 88서울 올림픽의 성공은 우리에게 자신감과 함께 민족의 긍지를 세계에 드높이는 활력소가 되었다.

1989년 11월 냉전의 상징물인 베를린 장벽이 무너졌다. 붕괴 이듬해인 1990년 10월 3일, 독일에서 들려온 게르만민족의 통일소식은 우리 한민족에게 부러움과 함께 통일열망에 대한 자극제가 되었다. 정부는 중국과 소련을 비롯한 동구공산권 국가들과의 수교를 숨 가쁘게 추진했고 남북 간에도 오랜만에 훈풍이 불기 시작했다.

1991년 9월에는 남북이 동시에 유엔에 가입해 정식 회원국이 되었으며, 남북이 함께 '한반도비핵화공동선언' 을 하기에 이른다. 또 그동안 계속되었던 남북고위급회담의 결과물로 그해 12월에는 전문과 25개 조항의 본문으로 구성된 '남북기본합의서' 가 발표되는 등 이런저런 갈등 속에서도 남북관계는 진일보하게 된다.

1998년에는 6월과 10월 정주영 회장의 소떼 방북에 이어 11월에는 금강산 관광이 시작되어 제한적이지만 남측 국민들이 북한을 방문하는 기회를 갖기도 했다. 2000년에는 분단사상 처음으로 남북정상이 만나 6.15 남북공동선언을 발표함으로써 남북 간 화해와 협력의 발걸음은 속도를 내게 되었다.

2004년 개성공단사업이 본격화되고 장관급회담, 군사회담, 경제회담 등 각종 회담들이 줄줄이 이어졌으며, 2007년에는 제2차 남북정상회담이 이루어지고 한 걸음 더 진전된 10.4선언이 발표됨으로써 한반도는 평화와 통일에 대한 실질적인 희망의 싹이 보이기 시작했다.

그러나 남북 사이에 쌓인 과거 한국전쟁의 앙금과 이 상처를 부추기는 국제사회의 장벽은 생각보다 높고 견고했다. 한반도 통일을 위한 우리의 간절하고 끊임없는 노력에 비해 세계의 시선은 온통 북한의 핵문제에만 쏠려 있었기 때문이다.

비핵화가 강대국들에겐 무관하고 약소국들에게만 적용되는 지극히 불합리한 사실은 힘의 논리 앞에 묻혀 버리고 오로지 북한의 비핵화만이 세계 평화의 완성인 양 부각시키고 있다. 반면에 한반도의 평화체제 정착이나 남북의 동질성 회복에 대해선 발 벗고 나서는 나라가 없다. 그만큼 한반도 평화와 통일에 대해선 냉엄하고 혹독했다.

강대국들은 오로지 남북을 끌어들여 패권유지를 위한 전초기지로 이용할 뿐 한반도 평화통일의 진정한 후원자가 되지 못했다. 북핵문제를 해결하기 위한 방편으로 '6자회담'이라는 이름하에 그럴듯한 자리를 만들었지만 이는 처음부터 지분확보를 노리는 외교적 형식에 불과했다. 이해관계가 판이하게 뒤얽힌 사람들이 모여앉은 자리는 문제 해결과는 거리가 멀었다. 겉모양은 화려했지만 속은 공허한 말장난에 불과했다. 처음부터 도덕적으로 결핍된 나라들이 나서서 해결될 문제도 아니었다.

　'6자회담'은 지루하게 시간만 끌었을 뿐 그 성과는 미미했고 결국은 실패하고 말았다. 북한과의 계속되는 북핵 줄다리기에 지친 미국은 소위 '전략적 인내'라는 정책을 내세우며 손을 놓고 말았다. 그 사이 북한의 핵과 미사일 실험은 날이 갈수록 횟수를 늘리며 점차 강화되었고, 그때마다 미국은 유엔을 움직여 대북제재만 반복할 뿐 한반도 문제를 풀 근원적 방안을 제시하지 못했다.

　유엔이나 미국의 대북제재는 별다른 효과를 거둘 수 없었고, 북한의 핵과 미사일 핵잠수함 등은 이미 미국 본토를 위협할 정도의 궤도에 올라서게 되었다. 더구나 이에 대한 미국의 압박수단도 한계에 봉착하면서 오히려 더 큰 갈등만 증폭되어 갔다. 북·미 쌍방 간에 일촉즉발(一觸卽發)의 군사위협과 험악한 말폭탄을 주고받으며 한반도의 전쟁위기는 점차 고조되기에 이른다. 그러다가 만시지탄(晩時之歎)이지만 2018년 무술년에 와서야 획기적인 변화의 바람이 불고 대전환의 계기를 만들게 되었다. 드디어 세계에서 가장 오래된 정전체제가 무너지고 평화체제가 도래할 조짐이 보이기 시작했다.

　한국전쟁 이후 오랜 적대국이었던 북·미정상이 70년 만에 싱가포르에서 만나 두 손을 맞잡았다. 세계인의 관심과 성원 속에 북미정상은 지구촌에 평화의 메시지를 전하고 '한반도 비핵화'와 '한반도 평화체제' 완성을 다짐했다. 남북정상도 4.27판문점선언과 9.19평양선언을 통해 평화

변화의 바람이 불고 있는 판문점에서 (2018년 9월)

통일의 씨앗을 뿌렸다. 조국의 미래를 위한 실천 방안을 허심탄회(虛心坦懷)하게 논의하고 남북정상이 함께 손잡고 백두산 천지에 올라 우의를 다짐하기도 했다. 여기에 따른 괄목할만한 후속 조치도 뒤따랐다.

70년 만에 판문점 공동경비구역에서 무기가 사라졌다. 비무장지대에서 대북·대남 확성기방송을 중단하고 장비를 철거해 버렸으며 전방감시초소(GP)가 폭파되고 장비와 병력도 철수되었다. 또 남북의 군인들이 비무장지대 안에 오솔길을 내고 왕래하는가 하면, 공동으로 한국전쟁 때 묻힌 지뢰를 제거하고 70년 동안 잊혀진 채 잠들어 있던 6.25 원혼들의 유해가 발굴돼 국립현충원에 안장되고 있다.

DMZ내 남북도로가 뚫리고 한강·임진강 하구 공동이용도 합의했다. 인천 강화군에서 강원 고성군까지 동서횡단 평화의 길 501km도 조성할 계획이다. 그뿐 아니다. 남북 합동으로 70년 넘게 막혀 있던 남북철도와 도로 연결을 위한 조사를 마쳤다. 철도와 도로가 연결되면 한반도 전 국토의 혈관이 통하게 되는 것이다. 이것이 바로 한반도의 통일을 여는 길이요, 팔천만 민족이 꿈꾸어 왔던 평화와 번영으로 가는 바른 길이 아니겠는가.

그러기에 우리는 분단 70년이 가져다 준 사고(思考)의 이질감, 경제적 격차, 북핵문제 등 결코 쉽지 않은 여정을 극복해 가며 통일을 향해 한 걸음씩 나아가고 있는 것이다. 때로는 서로 뜻이 맞지 않아 비난도 하고 개성 남북연락사무소 폭파, 연평해전, 휴전선 총격사건처럼 서로 격하게 부딪치기도 한다. 심지어 어떤 때는 상당기간 대화마저 단절되는 상태가 지속되어 암울한 시기를 보내기도 한다.

하지만 남과 북은 한반도 통일이라는 민족의 대과업을 완수하는 데 어쩔 수 없이 함께할 수밖에 없다. 마치 2인3각의 경주와도 같은 공동운명체(共同運命體)라는 사실을 한시라도 잊지 말아야 한다. 남과 북의 지도자들 역시 눈앞의 권력 때문에 소탐대실(小貪大失)하거나 아전인수(我田引水)의 편협한 생각에서 벗어나 역사에 대한 소명의식으로 이 문제를 해결해 나가야 할 것이다.

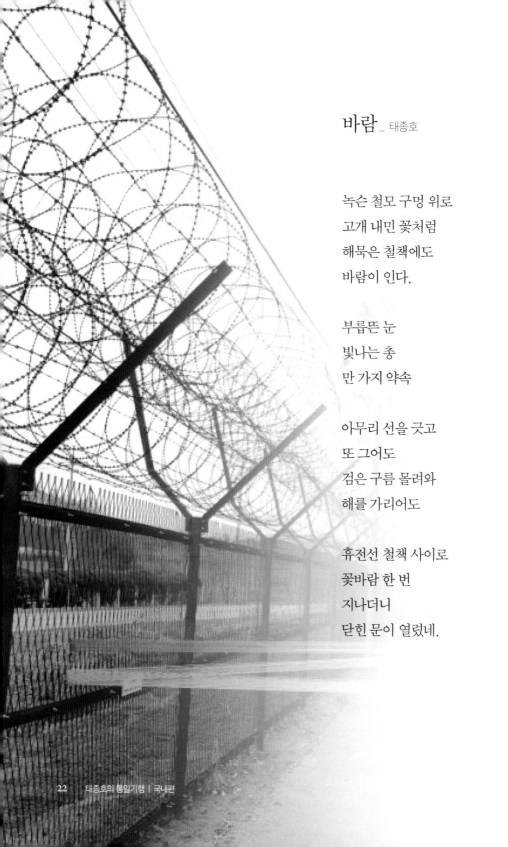

바람 _ 태종호

녹슨 철모 구멍 위로
고개 내민 꽃처럼
해묵은 철책에도
바람이 인다.

부릅뜬 눈
빛나는 총
만 가지 약속

아무리 선을 긋고
또 그어도
검은 구름 몰려와
해를 가리어도

휴전선 철책 사이로
꽃바람 한 번
지나더니
닫힌 문이 열렸네.

20세기 한반도에 닥친
시련과 굴욕의 역사

　세계지도를 거꾸로 놓고 살펴보면 한반도의 지리적 특성을 쉽게 파악할 수 있다. 대륙과 해양을 잇는 순수의 땅 한반도는 아름답기 그지없는 금수강산(錦繡江山)이다. 광활한 대륙에서 뻗어 나와 3면이 바다로 둘러싸인 보기 드문 귀한 혈처(穴處)요, 천하의 명당(明堂)임을 알 수 있다. 그러나 한 편으론 강대국들의 탐욕의 대상으로 상시 노출되어 있는 위험지역이기도 하다.

　좀 더 자세히 살펴보면 아시아 대륙 남동쪽으로 뻗어 내린 우리 한반도는 북쪽으로는 만주와 연해주에 닿아 있고, 남쪽으로는 동해와 대한해협을 사이에 두고 일본열도와 접해 있으며, 서쪽으로는 서해를 건너 중국대륙과 정면으로 마주보고 있다. 대륙에서 해양으로 진출하기에 아주 좋은 위치임과 동시에 반대로 해양에서 대륙으로 침투하기에도 역시 최적(最適)의 조건을 갖추고 있다.

　그렇기 때문에 한반도는 유사(有史) 이래 하루도 바람 잘 날이 없었다.

세계 여러 나라가 앞 다투어 한반도를 복속하여 교두보로 삼으려 했기 때문이다. 그 중에서도 대표적인 나라가 인접국가인 중국과 일본이다. 이들은 19세기 중엽까지 침공을 멈추지 않고 끊임없이 우리를 괴롭혀 왔다. 19세기 후반부터는 러시아가 아시아에 부동항(不凍港)을 확보하려는 야심을 가지면서부터 청나라와 일본, 러시아의 각축장이 되고 말았다.

이때부터 한반도는 외국군이 상시 주둔하게 되고 그에 따라 서로 물고 물리는 전쟁의 화약고가 되었던 것이다. 이처럼 우리 민족은 역사상 작은 노략질은 제외하고도 900회가 넘는 외침을 받았다. 우리가 먼저 다른 나라의 평화를 저해하거나 영토 확장을 위해 침략을 단행한 적은 없었다.

우리 민족은 국난(國難)을 당할 때마다 온 거레가 하나로 뭉쳐 항쟁함으로써 면면히 국토를 보존해 왔다. 그 어려움 속에서도 자주민족으로서 우리 고유의 말과 글, 빛나는 문화를 창조하고 발전시켜 왔다. 그래서 한민족을 동방의 등불이요, 평화민족(平和民族)이라 칭한다.

그러나 이제 우리는 이를 자랑하기에 앞서 한 편으로는 실책과 과오로 얼룩진 치욕의 역사를 면밀히 들여다보아야 한다. 이는 앞으로 또 다시 닥쳐올 환란을 방지하고 빛나는 문화와 전통을 보존하면서 번영된 미래로 나아가기 위함이다. 우리가 어쩌다 나라를 잃고 처절한 수난을 겪게 되었는지 또 여기에 대응할 방책은 무엇인지를 도출해 내기 위해서다. 나라를 온전하게 보존할 수 있고 평화를 누릴 수 있는 해답이 그 속에 담겼기 때문이다.

그 중에서도 특히 근현대사 100년을 복기하는 것은 매우 중요하다. 구한말부터 현재까지의 역사적 사실을 제대로 알아야 분단극복과 통일의 당위성을 설명할 수 있다. 우리 민족이 통일의 길로 나아갈 방향 또한 그 속에 답이 나와 있다. 근현대사 속에는 우리가 왜 분단이 됐으며, 분단과정은 어떠했고, 남북은 어떤 변화를 가져왔는지, 왜 통일을 해야 하고 바른 통일은 어떤 통일이며, 우리는 지금 통일을 위해 무엇을 어떻게 해야 하는지를 뚜렷하게 증언하고 있기 때문이다.

일찍이 15세기부터 조금씩 움트기 시작한 유럽의 제국주의 열풍은 이미 걷잡을 수 없게 타올랐다. 18세기가 저물 무렵부터는 정점을 찍고 있었다. 계속되는 시민혁명을 거치며 중세를 호령했던 봉건제도가 무너지고 정치, 경제, 사회, 문화의 각 방면에서 근대화로의 전환이 봇물 터지듯 하였다. 그리고 마침내 서구 제국주의자들은 이렇듯 폭발적으로 분출하는 에너지의 출구를 해외로 돌리게 된다.

산업혁명으로 이룬 경제적, 군사적 우위를 점한 그들은 강력한 무적함대(無敵艦隊)를 구축해 제해권(制海權)을 장악하게 되자 자원이 풍부하고 미개발 지역인 아시아와 아프리카를 비롯한 지구촌 각 지역의 약소국들을 노리게 된다. 자연과 더불어 평화를 구가하던 원주민을 핍박하고 그들의 터전을 자국의 식민지로 만드는 데 혈안(血眼)이 되어 있었다. 그야말로 그 시절 세계는 약육강식(弱肉强食)의 땅따먹기가 서구에서부터 유행처럼 번져나갔고 마치 경쟁이나 하듯 앞 다투어 원정길에 나섰다. 이같은 힘의 논리가 아무 제동장치 없이 국제사회를 지배했고 평화롭던 약소국들의 운명은 그들의 손에 의해 결정되기에 이른다.

대규모 함대와 첨단무기(尖端武器)들로 무장한 그들은 지구촌의 먹잇감을 골라 사냥에 나섰고 표적이 정해지면 무자비한 방법으로 국토를 강탈해 영역을 넓혀 나갔다. 아프리카와 호주, 뉴질랜드, 캐나다와 인도, 아시아의 여러 나라들이 줄줄이 희생양이 되었다. 그들의 침탈의 수법은 약속이나 한 듯이 똑같았다.

첫 단계로 경제적(經濟的) 이권을 차지했다. 다음으로 정치적(政治的) 침탈로 외교권을 박탈했다. 이어서 군사적(軍事的) 강압과정을 거쳐 주권을 빼앗고 지배권(支配權)을 확보했다. 마지막으로 역사의 왜곡과 문화적(文化的) 침탈로 약소국 국민들을 세뇌하여 노예로 만들었다.

다음에는 노예화 된 식민지 국민들을 총알받이로 내세운 뒤 그를 발판

19세기 유럽의 무적함대(無敵艦隊)의 위용

으로 주변국을 침략하여 영토를 넓혀 나가는 것이 그들의 최종목표였던 것이다. 우리가 해가 지지 않는 나라라 칭했던 영국을 비롯해 오스트리아, 스페인, 포르투갈, 네덜란드, 프랑스, 미국, 일본 등이 그 대표적인 나라들이다.

급변하는 세계의 조류가 이러한데 우리가 속한 동아시아 또한 예외가 될 수 없었다. 중국을 위시한 아시아 전역이 거센 소용돌이에 휩싸여 있었다. 더구나 강대국들에 둘러싸인 우리 한반도는 그 소용돌이의 중심에 서 있었다. 청일전쟁, 러일전쟁, 중일전쟁, 태평양전쟁, 한국전쟁 등이 잇따라 발발했고, 그 중 가장 큰 피해는 고스란히 우리의 몫이었다. 일제 식민통치의 시작과 끝도, 한반도의 분단도 결국 강대국들의 힘에 의한 강압(强壓)과 농간(弄奸)에 의해 저질러진 잔재들이었다. 그 중에서도 일본은 특히 우리에게 가장 큰 피해와 영향을 미친 나라다.

일본은 동아시아에서 유일하게 가장 먼저 서구문물을 받아들인 나라였다. 1839년 아편전쟁에서 아시아 세력의 중심이었던 청나라가 영국에 의해 맥없이 무너지는 것을 목격한 일본은 큰 충격에 휩싸였다. 이때부터 서둘러 서구의 여러 나라와 통상을 맺고 그들로부터 신문명을 흡수하게 된다. 또 섬나라라는 지리적 장점을 살려 아무 장애와 저항 없이 이들 제국주의 대열에 빠르게 편승하게 된다.

에도시대 200년 동안 전쟁 없는 가운데 비축해 두었던 튼튼한 경제력으로 수많은 인재들을 선진국에 파견하여 기술습득을 통한 근대화에 열을 올리게 된다. 그렇게 형성된 기술력과 힘을 바탕으로 대일본제국 건설이라는 야욕을 불태우며 20세기 세계질서를 어지럽히게 된 것이다.

그런데 안타깝게도 우리는 이 중요한 대변혁의 시대변화를 감지(感知)하지 못했고, 한 발 앞서 문물을 받아들인 일본의 식민통치로 말미암아 근대를 제대로 경험하지 못하는 불운을 겪고 말았다. 더구나 우리의 힘으로 침략자 일본을 퇴치하지도 못했고, 타국의 힘에 의해 굴레에서 벗어나게 되다 보니 해방이 되었다고는 하나 또 다시 그 힘에 의해 분단이라는 멍에를 짊어지는 악순환을 되풀이했던 것이다.

반쪽짜리 독립정부가 수립되었다고는 하나 자체적으로 아무 준비가 되지 않은 상태에서 비극적 한국전쟁을 치르게 되었고, 다국적군이 전쟁에 참여하게 되면서 무분별하고 성숙되지 않은 현대를 맞이하게 되었다. 그리고 그 후유증 때문에 우리는 지금도 우리 내부에 깊숙이 침투한 악성 바이러스를 퇴치하지 못하고 극심한 몸살을 앓고 있다.

제국주의자들이 뿌리 깊게 심어 놓은 이념갈등과 고착화된 세뇌(洗腦)의 틀 속에 갇혀 있는 것이다. 아직도 20세기의 틀 안에서 헤어나지 못하고 불완전한 21세기를 맞고 있다. 경제적으론 성공했지만 불행하게도 이미 박제되어 버린 낡은 이념과 편 가르기 외교노선을 놓고 소모적 논쟁과 혼란을 빚고 있는 것이다.

어느 국가 어떤 민족이나 지난 역사를 바로 알아야 바른 미래로 나아갈 수가 있다. 특히 21세기를 살아가고 있는 우리 한민족은 지난 100여 년의 근현대사를 제대로 통찰(通察)해야 분단을 청산하고 평화와 통일로 가는 지혜를 얻을 수 있음을 명심해야 한다.

과거를 제대로 알지 못하면 미래는 열리지 않는다

한반도 분단의 원인은 여러 가지가 있겠으나 근원(根源)은 일본의 침략으로부터 시작되었다. 일본의 한반도 침탈의 역사는 오래되었다. 멀리는 신라시대부터 고려와 조선에 이르기까지 왜구(倭寇)들의 노략질은 계속되어 왔다. 수백 번의 침탈 중에서 조선 선조 때의 임진왜란과 정유재란은 우리나라의 존폐와 근간을 흔드는 대규모의 침략이었다.

일본은 이처럼 우리에겐 언제나 위협적이고 거칠고 불편한 이웃이었다. 특히 19세기와 20세기의 근대(近代)에 이르러서는 더욱 치밀하고 조직적으로 우리 한반도에 마수(魔手)를 뻗치고 있었다.

일본은 1850년대부터 조선을 토벌해 지배하려는 야욕(野慾)을 가지고 있었다. 미국의 영향을 받아 1868년 메이지(明治)유신을 단행한 후부터는 본격적으로 해외정벌을 기획하기 시작했다. 첫 목표가 조선이었다. 이는 조선을 속국으로 만들어 중국을 치기 위한 첫 단계 조치였던 것이다.

1873년부터 일본에는 도쿠가와 막부를 타도한 왕정복고 세력들을 중심으로 정한론(征韓論; 한국을 무력 침공한다는 침략적 팽창이론)이 팽배해 있었다. 그 뿌리는 '요시다 쇼인(吉田松陰, 1830~1859)'이다. 그는 소위 존왕파(尊王派)의 대부로서 왕정복고와 막부 타도를 주장하다 처형된 인물이다. 일본 메이지유신의 설계자이며 대동아공영권을 주창한 이른바 조슈(야마구치 현) 세력의 원조다.

근대 일본 침략전쟁의 교본이 바로 그가 옥중에서 쓴 '유수록(幽囚錄)'과 유서로 남긴 '유혼록(幽魂錄)'이다. 그는 비록 29세에 처형됐지만 그의 문하에서 근 현대 일본의 중추세력이 된 이토 히로부미(이등박문; 伊藤博文, 1841~1909)를 비롯해 세 명의 총리와 여섯 명의 장관을 배출할 만큼 큰 영향을 끼쳤다. 그의 위패가 야스쿠니 신사(靖國神社) 맨 첫 번째 자리를 차지하고 있는

정한론(征韓論)의 원조 '요시다 쇼인'

것만 보아도 그의 위상을 미루어 짐작할 수 있다. 그의 추종세력들은 '유수록(幽囚錄)'에 나와 있는 교범대로 영토를 넓혀 나갈 것을 다짐한다.

일본 총리 아베 신조(安倍晋三)가 가장 숭배하는 인물이 바로 '요시다 쇼인'이다. 총리가 된 후 가장 먼저 그를 찾아가 참배했다. 아베 신조는 불행하게도 독일처럼 과거를 청산하고 미래로 나아가는 대신 이미 사라지고 없는 군국주의(軍國主義)의 망령을 붙들고 처절하게 몸부림치고 있다. 이미 흘러가 버린 물레방아를 다시 돌려보려고 노심초사하고 있는 그를 보면 한 편으론 딱하다는 생각마저 든다. 어쩌면 그가 '요시다 쇼인'의 마지막 계승자일지도 모른다.

'요시다 쇼인'이 쓴 '유수록(幽囚錄)'에는 다음과 같은 내용이 기록되어 있다.

"일본의 범선으로는 서양의 증기선을 절대로 이길 수 없다. 생존을 위해 서양의 우수한 문명과 기술을 속히 배워 다른 강대국들보다 먼저 주변 나라들을 빼앗아 버려야 한다. 그것만이 앞으로 일본이 살 길이요, 나아갈 길이

다. 조선은 일본열도를 겨누고 있는 옆구리의 비수와 같다. 명심하라, 다른 나라에게 빼앗기기 전에 우리가 먼저 조선을 정복해 차지해야 한다."

정한론(征韓論)이 나오게 된 배경이다. 여기에는 침략대상국까지 일일이 적시해 놓았다. 그리고 마침내 교본대로 침략을 실천에 옮긴 것이다. 그 첫 번째가 조선정벌이었음은 주지의 사실이다. 또 순서대로 '청일전쟁'과 '러일전쟁'에서 차례로 승리함으로써 먼저 조선합병의 목적을 실현하게 된다. 그들은 일찍이 조선에 들어와 일본 국왕의 직속기관인 '통감부'를 설치해 조선침탈의 본부로 삼았다. 초대 통감이 바로 정한론의 열렬한 신봉자인 이토 히로부미(伊藤博文)이다.

그들은 모든 간계(奸計)를 동원해 조선을 강제 합병하게 된다. 합병 후에는 다시 '통감부'를 '총독부'로 명칭을 바꾸어 달고 입법, 사법, 행정, 군사 등 모든 것을 총괄하는 식민통치의 중추기관으로 만들었다. 총독부는 일본이 패망하고 광복이 될 때까지 존재하게 된다. 또 '동양척식주식회사'를 설립해 한국 농민의 토지를 강제로 빼앗아 자국민에게 나누어 주었다. 농지를 빼앗긴 조선의 농민들은 어쩔 수 없이 산에 들어가 화전민이 되거나 고국을 떠나 중국대륙을 전전하게 된 것이다.

일본의 그 다음 목표는 중국대륙이었다. 임진왜란 때 내세웠던 정명가도(征明假道; 명나라를 칠 테니 길을 열라)나 가도입명(假道入明; 명나라로 들어가는 길을 빌려 달라)이란 말처럼 조선을 대륙으로 진출하는 교두보로 삼았다. 그리고 원래 목표대로 '만주사변'과 '중일전쟁'을 차례로 일으켰다. 결국 중국은 물론이고 동남아마저 유린했다. 급기야는 '태평양전쟁'을 일으켜 미국과도 대적하며 섬나라의 호전성(好戰性)을 과시하고 침략성(侵略性)을 여실히 증명했다.

이처럼 일본을 포함한 세계열강들이 수탈의 대상을 찾아 지구촌 사냥에 나서고 있을 때 조선왕조는 세계사적 흐름을 읽지 못하고 구태(舊態)

에 매몰되어 있었다. 문을 꽁꽁 걸어 잠근 채 집안싸움과 파벌싸움에 몰두하며 각기 자기의 세력을 지키기 위해 외세에 의존하느라 바빴다. 조정이 혼란스러우니 지방의 관료들 역시 갖가지 부정부패가 극에 달했다. 힘없고 가난한 백성들을 억압하고 수탈을 일삼았다.

이에 저항하여 일어난 것이 동학혁명(東學革命)이다. 인간 평등과 자주국가 건설을 화두로 동학혁명을 이끌었던 전봉준(全琫準)과 구미열강에 의해 하릴없이 무너지는 청나라를 지켜보며 문호개방을 통한 부국강병(富國强兵)을 노렸던 개화파 김옥균(金玉均) 등의 구국의 몸부림이 있었다. 비록 둘 다 성공을 거두지는 못했지만 이는 올바른 선택이었다. 당시의 상황은 급진적 개혁(改革) 움직임이 태동할 수밖에 없는 환경이었다.

그러나 조선 왕실은 내부 분열에 매몰되어 그마저도 제대로 수용할 능력이 없었다. 오히려 이들을 물리치고 처단하기 위한 방책으로 청나라, 일본, 러시아 등의 외세를 끌어들임으로써 조선을 전쟁터로 만드는 우(愚)를 범하고 말았다. 결국 조선은 이 같은 폐쇄적인 분열과 갈등으로 인해 전쟁다운 전쟁, 제대로 된 대응 한 번 해 보지 못하고 맥없이 쓰러지고 말았던 것이다.

역사를 되돌려 일본의 침략과정을 돌이켜 보면 일본이 얼마나 집요하고 치밀하게 한반도 침탈준비를 했는지 명확하게 알 수 있다. 일제는 조선을 비롯한 주변국들을 침탈할 야욕실현을 위해 과거 일본이 서구 열강에게서 배운 학습과정을 토대로 그 수법을 한 치의 오차도 없이 한국에 적용했다.

유럽 제국주의의 식민지 정책을 답습하면서 맨 먼저 공략할 목표가 이웃 나라인 조선이었고, 1875년 9월 20일 강화도 앞바다에 불법 침투한 '운요호사건(雲揚號事件)'은 그 서막이었다. 일본의 함선 운요호(운양호; 雲揚號)가 강화해협을 불법으로 침입하여 해안을 측량하러 왔다는 허무맹랑한 말을 하며 시비를 걸어온 것이다. 조선은 일본 선박을 향해 정당

강화도 앞바다에 나타난 일본 함선 운요호 (1875.9.20.)

한 방어를 했지만 힘이 턱없이 부족했다. 결국 굴복할 수밖에 없었다. 이로써 그동안 견지해 오던 쇄국정책(鎖國政策)은 무너지고 일본에게 약점만 노출되고 말았다.

일본이 일으킨 '운요호사건'은 일본이 메이지유신 이후 한반도를 정벌하기 위해 계획된 것이었다. 첫째, 서구 문물의 결정체라 할 수 있는 근대화 된 무력이 그 발판이 되었고, 둘째, 그 수법 또한 일본이 과거 20년 전에 미국 페리제독에게 당하면서 배운 것을 그대로 적용한 것이었다.

일본이 '운요호사건(雲揚號事件)'을 책동하기 22년 전인 서기 1853년 미국의 외교사절 '페리'는 일본 동경만(東京灣)에 태평양함대 4척을 거느리고 나타나 개항과 통상수호조약을 요구한다. 당시 일본 사람들은 미국 함대를 보고 그 규모와 위용에 큰 충격을 받았다. 그러나 일본도 처음부터 순순히 페리의 요구를 허용한 것은 아니었다. 미국과의 통상과 개항을 최대한 뒤로 미루고 네덜란드에게만 제한적으로 입국을 허용한다.

미국의 페리는 물러서지 않았다. 페리제독은 집요하게 서양문물의 우수성(優秀性)과 중국이 영국과의 아편전쟁(阿片戰爭)으로 패한 사실을 일본에게 각인시키며 끈질기게 위협했다. 결국 1854년 미일화친조약(美日和親條約)을 맺음으로써 강제로 개항(開港)을 단행한다. 1858년에는 미일수호통상조약(美日修好通商條約)으로 요코하마 등 5개 항을 개항하며 전면적인 통상을 허용하게 된다.

미국 함대사령관 페리제독

일본은 한국에게 이와 똑같은 방법을 썼다. 운요호사건으로 길을 트고 1876년 2월 3일, '병자수호조약(丙子修護條約)' 이라 불리는 '강화도조약(江華島條約)' 으로 개항(開港)을 단행하게 된다. 물론 일제의 강압에 의한 불평등(不平等) 조약이다. 이후 조선은 밀물처럼 몰려드는 외세의 유입으로 걷잡을 수 없는 회오리에 휩싸이게 된다. 미국을 비롯한 서양 각국과의 수교는 물론이고, 1876년 2월 26일 부산항의 개항을 시작으로 1879년 원산항, 1883년 인천항, 1897년 목포항, 1899년 군산항을 연달아 개항해 한반도의 문을 활짝 열어젖힌다. 이에 편승한 국내 정치세력도 양분되기에 이른다.

개화파와 수구파의 대립이 날로 격화되고 임오군란(1882년), 갑신정변(1884년), 동학혁명(1894년), 갑오개혁(1894년) 등 정변과 개혁이 숨 가쁘게 진행된다. 이 와중에 일제는 그동안 한반도에 영향력을 행사하고 있던 청나라가 걸림돌이 되자, 청을 몰아내기 위해 1894년 '청일전쟁(淸日戰爭)' 을 일으켜 승리하게 된다. 청나라가 물러가자 기세가 오른 일본은 안하무인(眼下無人)이 되어 천인공노할 만행까지 서슴없이 저지르기에 이른다.

1895년 10월 8일, 주한공사 미우라는 조선인 복장으로 위장한 수십 명의 일본 낭인들과 수비대를 경복궁에 난입시켜 '을미사변(乙未事變)'을 일으킨다. 조선 침탈의 최대 걸림돌인 명성황후(明成皇后)를 무참히 시해하고 불태우는 천인공노할 만행을 저지른 것이다. 이때 신변에 위협을 느낀 고종은 러시아 공관으로 피신하게 된다. 우리가 역사에서 일컫는 '아관파천(俄館播遷)'이다. 고종은 이 일을 계기로 일본을 배척하고 러시아와 손잡게 된다.

그러나 유생들을 비롯한 러시아 견제 세력들의 상소가 빗발친다. 일국의 왕이 외국 공관에 머무르는 것은 부당하다는 명분을 내세웠지만 자세히 들여다보면 이 또한 한심한 세력다툼이었다. 고종은 1년 만에 아관파천을 끝내고 새로운 길을 모색하게 된다.

그것이 바로 '대한제국(大韓帝國)'의 탄생이다. 1897년 10월 12일, 환구단(圜丘壇)에 올라 연호를 광무(光武)로 하는 대한제국(大韓帝國)을 선포하고 황제(皇帝)의 자리에 오른다. 이성계가 건국해 505년간 지속되어 왔던 조선(朝鮮)은 막을 내리게 되고, 이때부터 새로운 대한제국(大韓帝國)의 시대가 열리게 된다.

고종황제는 중국 황제와 대등한 반열에 올랐다. 천세(千歲)가 아닌 만세(萬歲)를 부르게 된 것도 이때부터다. 고종의 이 같은 의도와 의기는 좋았지만 강적들인 외세를 축출하고 나라를 바로 세우기에는 이미 실기(失機)했고 국운과 대세는 하릴없이 기울고 있었다. 그 사이 일본은 한국과 만주에서 러시아의 세가 점차 강화되고 일본과의 충돌이 빈번하게 되자, 이를 제거하기 위한 전쟁준비에 돌입했다. 1904년, 또 다시 '러일전쟁(露日戰爭)'을 일으킨다. 1905년 일본이 러일전쟁마저 승리하게 된다. 세계 최강의 러시아까지 물리친 일본은 이제 아무 거리낌 없이 한국 병탄의 본색을 드러내기 시작한다.

1904년 2월 러일전쟁 중에 한·일 간의 '공수동맹'(攻守同盟; 둘 이상의 나라가 제삼국의 공격에 대하여 공동으로 방어하고 공격한다는 동맹을 말함)을 전제로 한 '한일의정서'를 강제로 체결한다. 일본이 한국을 보호한다는 내용을 담은 굴욕적인 내용을 담고 있다. 이는 '제1차 한일협약'으로 한국에 군사, 재정, 외교 고문을 파견해 노골적으로 내정(內政)을 간섭하게 된다. 더구나 러일전쟁 직후인 1905년 7월 29일에는 일본과 미국 간에는 다음과 같은 내용의 '가쓰라·태프트 밀약(密約)'까지 맺고 있었다.

"가쓰라·태프트 밀약이란 일본 내각총리 겸 외상 '가쓰라 다로'와 미국 육군 장관 '윌리엄 하워드 태프트'가 일본 도쿄에서 만나 대한제국에 대한 일제의 식민지 지배와 필리핀에 대한 미국의 식민지 지배를 상호 양해함으로써 조선을 일본의 희생양으로 삼은 밀실조약을 말한다."

일본의 가쓰라와 미국의 태프트의 밀약은 강대국들이 약소국을 제 입맛에 맞도록 마음대로 재단하는 전형적 수법이다. 이것은 일본이 미국을 끌어들여 조선침탈을 위해 준비한 간계(奸計)였음이 밝혀졌다. 일본은 이 밀약(密約)을 바탕으로 영국과 러시아까지 움직여 추인을 받음으로써 일본의 한국 점령에 대한 국제적 명분을 쌓는다.

드디어 1905년 11월 17일, 이토 히로부미와 을사5적(乙巳五賊; 박제순, 이지용, 이근택, 이완용, 권중현)이 참석한 가운데 무력을 동원해 '을사늑약(乙巳勒約)'을 강행한다. 이것이 '제2차 한일협약'으로서 대한제국의 외교권(外交權)이 완전히 박탈당해 일본의 보호령(保護領)으로 전락하게 된다. 을사늑약의 소식이 알려지자 국민들의 분노는 이루 말할 수 없었다.

먼저 을사늑약을 자행한 자들을 을사오적(乙巳五賊) 매국노(賣國奴)로 규정짓고 을사늑약의 부당함을 알리며 저항에 나섰다. 전국에서는 의병이 일어났고 언론인 장지연(張志淵)은 '시일야방성대곡(是日夜放聲大哭)'이라는 논설을 썼으며, 상인들은 문을 닫고 학생들은 동맹휴학에 돌

을사오적(乙巳五賊)의 사진 (서대문형무소 역사관)

입했다. 심지어 고종황제 호위대장 민영환(閔泳煥)처럼 분을 참지 못하고 스스로 목숨을 끊는 사람들도 있었다.

고종황제(高宗皇帝)는 '을사늑약(乙巳勒約)'의 부당함을 알리기 위해 1907년 6월 네덜란드 헤이그에서 열리는 '제2회 만국평화회의'에 이준(李儁), 이위종(李瑋鍾), 이상설(李相卨) 등의 황제밀사(皇帝密使)를 파견한다. 이들은 천신만고 끝에 헤이그에 도착해 을사늑약은 황제의 뜻이 아니고 일본의 강압에 의한 것이라는 일본의 침략에 대한 부당함과 을사늑약의 무효를 국제사회에 절절히 호소했다.

그러나 세계 어느 누구도 그들의 호소를 들어주는 나라는 없었다. 일본의 집요한 방해공작이 주원인이었지만 이미 기득권을 확보한 제국 침략주의자들은 유유상종(類類相從)하며 그들만의 잔치를 벌이고 있었던 것이다. 밀사 이준(李儁)은 이에 통분해 자결로 순국하고 만다. 이상설(李相卨)과 이위종(李瑋鍾) 역시 이완용(李完用) 내각의 궐석재판에서 종신형과 사형을 선고받고 영영 귀국하지 못한 채 한(恨) 많은 일생을 마쳤다.

일본은 '헤이그 밀사사건'을 빌미삼아 1907년 7월 20일 껄끄러운 고종(高宗)을 퇴위시키고 조선의 마지막 왕인 순종(純宗)이 즉위하게 한다. 그리고 다음 수순으로 1907년 8월 1일에는 '제3차 한일협약'이라 불리는 '정미 7조약'을 체결하여 한국의 모든 정무를 일본 통감에게 위임처리하게 만든다. 조선의 모든 정무를 위임받은 일본은 이제 조선의 군대(軍隊)까지 해산(解散)시키기에 이른다. 일제의 무력에 의한 군대해산이 단행되자, 대한의 국민들은 이에 반발해 전국적인 의병투쟁(義兵鬪爭)을 전개하며 항거했지만 일본과 대적하기에는 역부족이었다.

　그리고 마침내 1910년 8월 29일, 총리대신 이완용과 일본 3대 통감 데라우치 마사다케(寺内正毅)가 '한일합병조약(韓日合竝條約)'을 체결한다. 그리고 얼마 후 순종(純宗)을 겁박하여 일본에게 나라를 바치는 양국(讓國)조칙을 내리게 함으로써 우리는 통한의 '경술국치(庚戌國恥)'를 당하게 된 것이다. 그동안 명맥만을 유지하고 있던 대한제국(大韓帝國)

헤이그 밀사 (이준(李儁), 이상설(李相卨), 이위종(李瑋鍾))

의 주권(主權)이 일왕(日王)에게 통째로 넘어간 것이다.

이로써 조선왕조(朝鮮王朝)는 519년 만에 종지부를 찍게 된다. 대한제국 역시 14년 만에 마감하고 35년간의 일본식민통치시대가 시작되었다. 일본은 정한론(征韓論) 이래 1875년 강화도조약부터 1910년 한일합방까지 35년간 조선침탈을 준비해서 1910년부터 1945년까지 35년간 한국을 지배하게 된 것이다.

이는 우리 역사상 처음으로 외세(外勢)에 의해 민족의 정통성이 무너지고 역사가 단절되는 비극이었다. 국가적, 민족적 치욕(恥辱)을 안겨준 참담한 일이었다. 우리가 와신상담(臥薪嘗膽)하며 자자손손(子子孫孫) 세세년년(世世年年) 절대로 잊어서는 안 될 쓰리고 아픈 역사의 기록이다.

광복은 되었으나
남북분단이라는 악마의 사슬이

1945년 8월 6일 월요일 아침, 일본 히로시마(廣島) 상공에서 인류 역사상 최초로 미군에 의해 원자폭탄이 투하됐다. 당시 미국 대통령이던 '해리 트루먼'의 명령으로 실행하게 된 것이다.

엄청난 살상력을 지닌 '리틀 보이(Little boy)'라 불리는 우라늄 핵폭탄이 시내에 떨어져 폭발을 일으키자 도시건물의 60%가 순식간에 무너져 버렸고, 반경 500m 이내의 모든 생명체가 완전 소멸됐다. 인구 34만 명의 히로시마

히로시마에 투하된 '리틀 보이'의 버섯구름

인구 중 무려 10만여 명이 즉사하고 14만여 명이 원폭피해를 입었다.

그래도 일본이 항복을 미루자 사흘 후인 8월 9일, 이번엔 나가사키(長崎)에 또 한 차례 폭탄을 투하했다. 이번엔 '팻 맨(Fat man)'이라 불리는 플루토늄 폭탄이었다. 역시 5만여 명이 사망하고 7만여 명이 참혹한 피해를 입었다. 이처럼 눈 깜짝할 사이에 일본 본토가 초토화되고 수십 만의 국민이 처참하게 희생되는 가공(可恐)할 핵폭탄의 위력 앞에 세계는 깜짝 놀랐고 끝까지 저항하던 일본은 무릎을 꿇었다.

이때부터 미국은 태평양 전쟁의 승전(勝戰)과 함께 유일하게 핵무기를 보유한 세계 최강의 패권국으로 등극하게 된다.

1941년에 일본이 미국을 상대로 일으킨 '태평양전쟁'은 처음부터 무모하고 명분 없는 전쟁이었다. 선전포고(宣戰布告)도 없이 진주만을 기습 공격해 미 해군함대를 초토화시키며 초반 잠시 선전했으나 1942년 미드웨이 해전에서 패한 이후부터 급격히 전세가 기울기 시작했다. 역사에 가정(假定)이란 무의미한 것이지만 만약 일본이 태평양전쟁을 일으키지 않았더라면 그리 쉽게 무너지지는 않았을 것이다. 일본이 미국까지 도모하려고 한 것은 분명 지나친 만용이었다. 더구나 유럽에서는 일본 동맹국 독일이 서서히 힘을 잃어가고 있던 시점이었다.

니가사키의 '플루토늄' 핵폭탄 '팻 맨'의 위용

전쟁 초기 소련과 독일은 연합전선을 폈으나 독일이 태도를 바꾸어 소련을 침공함으로써 적으로 돌변했다. 이미 유럽 전역을 석권한 바 있는 막강한 독일이 우방국 소련까지 복속시키려 했던 것이다. 그러나 독일의 히틀러는 모스크바에서 뜻하지 않는 복병을 만나 그 뜻이 좌절되고 말았다.

그 유명한 '스탈린그라드 전투'에서 소련에 패함으로써 결정적 타격을 입고 말았다. 1942년 8월에서 1943년 2월까지 약 6개월 동안 200만 명이 사망한 2차 대전 중 가장 참혹한 전투로 불리는 이 전투에서 소련이 승리함으로써 독일은 패망의 길로 접어들었고 승기를 잡은 연합국 정상들은 독일은 물론이고 일본의 패배까지도 기정사실화 하고 있었다.

1943년 11월 27일, 미국 대통령 루스벨트, 영국 수상 처칠, 중국 총통 장제스 등 연합국 정상들은 이집트 카이로에서 종전 이후를 논의하며 조선의 독립 약속까지 하고 있었던 것이다. '카이로선언'은 '적절한 시기'라는 애매한 단서가 붙긴 했어도 국제사회에서 우리나라의 독립에 관심을 보인 최초의 일이었다.

그동안 일본에 가려 잊혀져 있다가 1919년 3.1만세 운동과 상해임시정부가 대한민국의 존재와 어려움에 처한 실상을 세계인들에게 알린 덕이었다. 한국에 대한 특별조항에는 "한국 국민이 일본의 노예상태에 놓여 있음을 유의하여 앞으로 한국을 자유 독립국가로 할 것을 결의한다"고 되어 있다. 이 선언은 1943년 11월 27일에 조인되어 12월 1일에 전 세계에 발표되었다. 그때는 일본의 군국주의(軍國主義) 동맹국인 이태리의 무솔리니가 실각한 후 1943년 9월에 이미 항복을 한 상태였다.

그로부터 약 1년 6개월 동안 독일과 연합군(미국도 참전)은 마지막으로 치열한 공방을 벌이게 된다. 그러나 전세는 독일에게 불리하도록 전개되어 갔다. 독일군의 모스크바 '스탈린그라드 전투' 패배와 1944년 6월, 연합군의 프랑스 '노르망디 상륙작전'의 성공으로 대세는 급격히 연합국

쪽에 기울고 있었다.

　예상한 대로 2차 대전을 일으켜 악명을 떨치던 나치 독일은 총통 '아돌프 히틀러'가 1945년 4월 30일 베를린 함락 직전에 권총자살로 생을 마감하게 된다. 부인 '에바 브라운'과 결혼식을 올리고 난 직후였다. 히틀러의 죽음으로 독일은 항복했고 나치는 사라졌다. 유럽에서의 전쟁은 끝나게 되고 이제 미국과 일본의 태평양전쟁만 남게 되었다.

　독일 항복에 앞서 1945년 2월, 미·영·소 연합국 수장들이 회합을 가졌다. 소련의 스탈린이 주도한 일명 '얄타회담'이다. 루스벨트, 처칠, 스탈린은 소련의 남부 크림반도 휴양도시 얄타에서 만나 일본의 패망을 기정사실화 하고 전후처리 문제를 논의하고 있었다. 항복직전의 독일을 4개국(미국, 영국, 소련, 프랑스)이 분할점령(分割占領)할 것을 추인했으며, 우리 한반도의 38도선 분할점령과 신탁통치(信託統治)가 함께 논의된 것으로 알려졌다.

　일본이 패망하면 한반도에 주둔하고 있는 일본군의 무장해제를 위해 38도선에 군사분계선을 설정하고 남쪽은 미군이, 북쪽엔 소련군이 주둔하기로 하고 일정기간 신탁통치를 하기로 잠정합의해 놓았던 것이다. 그

얄타회담의 미국, 영국, 소련 정상 (왼쪽부터 처칠, 루스벨트, 스탈린)

러나 이 같은 처사는 1943년 11월, 이집트 카이로에서 미국의 루스벨트, 영국의 처칠, 중국의 장제스(장개석; 蔣介石)가 모여 다짐했던 조선독립(朝鮮獨立)의 약속과는 그 궤를 달리하는 것이다. '카이로회담'으로 독립의 기대에 부풀었던 우리 국민들은 상실감이 컸다. 우리나라의 운명이 이들 강대국들에 의해 우리의 생각과는 완전히 다른 방향으로 흐르고 있었던 것이다.

또 그로부터 5개월 후인 1945년 7월, '태평양 전쟁'의 종전이 초읽기에 들어가자, 독일 베를린 근교 포츠담에서는 연합국 정상들이 다시 만났다. 일본이 항복한 후 전후처리 문제를 논의하기 위해서였다. 이 자리에는 미국의 트루먼(임기 중 뇌출혈로 사망한 루스벨트의 뒤를 이어 부통령인 트루먼이 미국의 33대 대통령이 됨)과 영국의 처칠(회담 도중 총리가 된 애틀리로 교체), 소련의 스탈린이 참석했다. '포츠담회담'에서는 '카이로선언'의 모든 조항은 이행되어야 함을 다시 한 번 확인하고 패색이 짙은 일본에게는 무조건 항복을 요구하기로 했다. 이것이 회담의 가장 큰 의제이기도 했다.

그러나 탐욕에 눈이 먼 일본은 패전이 분명한 상황인데도 끝까지 미련을 못 버리고 가미가제(神風)특공대와 1억 옥쇄(玉碎)의 결사항전을 외치며 끈질기게 버티고 있었다. 오랜 전쟁으로 피로감을 느낀 미국은 오로지 이 상황을 하루빨리 끝내고 싶었다. 그래서 종전 후 정치적 후폭풍을 간과한 채 소련에게 참전을 거듭 요구했던 것이다.

그러나 이는 전쟁의 조속한 승리만을 생각한 미국의 커다란 오판이었다. 일본이 이미 패색이 짙음을 간파한 소련의 스탈린은 여유롭게 참전 적기를 저울질하고 있었다. 동북아시아와 태평양지역으로의 세력팽창을 위한 야심을 숨긴 채 전력을 비축하면서 참전을 차일피일 미루며 미국을 애태우고 있었다.

미국의 트루먼은 어쩔 수 없이 인류역사상 한 번도 사용해 본 적이 없는 핵무기를 쓰기로 결정했다. 핵을 쓰려는 표면상 이유는 전쟁의 조기종식이었다. 어쩌면 원자탄을 실전에 시험해 보고 싶은 욕구와 힘의 과시욕도 작용했을 것이다. 결국 원자탄은 폭발했고 그처럼 끈질기게 저항하던 일본은 핵폭탄 두 방에 무릎을 꿇게 되었다.

그동안 참전을 망설이며 이해득실을 저울질하던 소련도 8월 6일의 히로시마 원자탄의 위력을 보고서야 서둘러 결단을 내렸다. 일본이 무조건 항복을 수락한다고 발표하기 2일 전인 1945년 8월 8일 황급히 참전을 선언하고 8월 9일 대일 선전포고를 하면서 합류하게 된다.

소만국경(蘇滿國境)지대에 대기하고 있던 150만의 소련군이 파죽지세(破竹之勢)로 공격해 오자 만주에 주둔해 있던 90만의 악명 높은 일본 관동군은 최대의 위기를 맞았다. 하지만 그들은 쉽게 포기하지 않았다. 최후의 결사대까지 조직해 가며 극렬하게 저항했다.

또한 더욱 교활하고 포악해지기까지 했다. 소련군 복장으로 위장하고 민간인을 닥치는 대로 학살했다. 주민들로 하여금 소련에 적대감을 품도록 유도하는 술책이었다, 만주의 조선인을 포함한 수많은 사람들이 그들의 총칼에 무참히 희생되었다.

그러나 전쟁의 승패는 이미 판가름이 난 상태였다. 2차 세계대전 유럽 전선에서 충분히 단련된 소련군의 전투능력과 진격속도는 상상을 초월했다. 더구나 중국 팔로군까지 합세해 공격해 오자 일본은 더 이상 버틸 수가 없었다. 전의를 상실하고 맥없이 무너져 버렸다. 소련군은 막강한 화력인 탱크를 앞세워 별 어려움 없이 만주와 사할린은 물론 한반도 북부까지 단기간에 점령해 버렸다. 참으로 무서운 돌파력이었다. 8월 초 연해주에서 8월 22일 평양까지 점령한 기간이 2주밖에 걸리지 않은 것만 보아도 그 기세를 가히 짐작할 만하다.

그러나 이 같은 소련의 참전과 승전은 우리 한반도에게는 새까만 먹구름이 밀려오는 악재(惡材)였던 것이다. 일찍부터 한반도 분단이 소련의 대일전 참가에 대한 대가로 작용했을 뿐만 아니라 그들은 군사만 진입해 온 것이 아니라 공산주의(共産主義)라는 사상까지 함께 가져와 한반도를 이념전쟁의 표본으로 만들고 말았던 것이다.

사상 처음으로 원자폭탄이라는 가공할 무기를 접하고 그 위력을 목격한 일본은 더 이상 퇴로(退路)가 없었다. 그동안 천황제 존속이라는 조건부 항복을 타진한 바 있었지만 이제는 무조건 항복 외에 다른 선택의 여지가 없었다. 나가사키 원폭투하 하루만인 8월 10일 무조건 항복의사를 밝혔다.

그리고 닷새 후인 1945년 8월 15일 정오, 일왕 히로히토(裕仁)는 떨리는 목소리로 전쟁의 종전(終戰)과 무조건 항복(降伏)을 선언하기에 이른다. 그리고 마침내 20여 일 후인 9월 2일에는 요코하마항에 정박해 있던 미국 전함 미주리호 선상에서 일본 외무상 시게미쓰 마모르가 맥아더가 지켜보는 가운데 항복문서(降伏文書)에 서명하게 된다. 일본은 패전국이 됐고, 미국을 비롯해 소련과 중국은 승전국이 되었다.

돌이켜 보면 우리 임시정부의 광복군이 소련처럼 잠시라도 이 전쟁에 참여했더라면 우리나라도 이날이 승전기념일이 되었을 것이다. 이로써 1939년 9월 1일 독일이 폴란드를 침공해 시작된 5,000만 명이 넘는 사상자를 낸 인류 최대의 전쟁 '제2차 세계대전'도 완전히 마무리되었다.

또한 1941년 12월 7일 일요일 아침에 하와이 진주만을 기습 공격함으로써 시작된 3년 8개월에 걸친 '태평양전쟁'도 모두 종결되었다. 일본이 항복(降伏)하고 패전(敗戰)함에 따라 우리 조선은 일제의 불법적(不法的) 점령(占領)으로 인한 35년간의 식민통치(植民統治)에서 해방(解放)되었던 것이다.

국민들은 삼천리 방방곡곡에서 거리로 뛰쳐나와 환호성을 지르고 서로 얼싸안고 감격의 눈물을 흘렸다. 꿈에도 그리던 조국 광복이었다. 얼마나 많은 사람들이 일제에 의해 목숨을 잃고 인권을 짓밟히고 역사와 말과 글이 유린되었는가. 얼마나 긴 세월을 자유를 억압당하며 노예의 삶을 살아

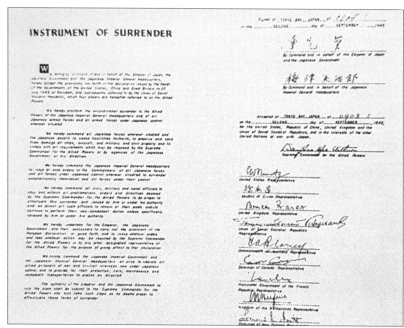
미국 전함 미주리호 선상에서 작성된 일제의 항복문서

왔던가. 강탈당한 나라를 되찾기 위해 얼마나 많은 독립지사들이 몸부림
치며 투쟁해 왔던가.

　돌이켜 보면 나라를 잃은 그 날부터 우리 민족이 간절히 고대하고 갈망
하던 광복이었다. 참으로 오랜 기간 피압박 민족으로 설움을 받으며 조국
의 독립만을 기다려 왔던 국민들로서는 실로 감개가 무량한 일이었다. 그
기쁨과 환희를 무엇으로 다 표현할 수 있을 것인가. 인간이 보금자리를
이루고 세상을 살아가는 데 수많은 슬픔과 기쁨이 존재하지만 나라를 잃
은 슬픔보다 클 수는 없을 것이며, 그 빼앗긴 나라를 되찾은 기쁨보다 더
벅찰 수는 없을 것이다.

　따라서 8.15 광복을 맞은 한민족의 환희를 어찌 필설로 다 형언할 수 있
을 것인가. 하늘도 땅도 산천초목도 눈에 보이는 모든 것이 우리 민족을
축복하고 아낌없이 응원하는 우군으로 보였을 것은 너무도 당연한 일이

다. 그 같은 가슴 벅찬 기쁜 나날이 한 달 가까이 이어졌고, 학병(學兵)으로, 징병(徵兵)으로, 지원병(志願兵)으로, 징용(徵用)과 정신대(挺身隊)라는 이름으로 일제의 올가미에 걸려 고국을 등졌던 젊은이들이 속속 귀국해 고향에 돌아왔다.

반면에 패전으로 쫓겨 가는 일본인들로 부산항은 대혼잡을 이루었고, 라디오에서는 '돌아오네 돌아오네'로 시작되는 노래 '귀국선(歸國船)'이 연일 흘러나오며 유행하기도 했다.

그러나 일제로부터 조선해방(朝鮮解放)의 기쁨은 잠시였다. 우리 민족에게는 또 다른 시련이 기다리고 있었다. 해방은 우리에게 분명 환희와 희망을 안겨주었지만 한 편에서는 또 다른 비극을 잉태하고 있었던 것이다. 우리의 힘으로 독립을 쟁취하지 못하고 남의 힘에 의해 해방을 맞이하게 된 것이 족쇄(足鎖)가 되었던 것이다. 그렇다. 그것은 분명 악마의 사슬이었다. 일본이 물러가자 불과 얼마 전까지 연합하여 일본을 물리친 미국과 소련은 조선의 해방정국에서 노골적으로 사사건건 대립하며 숨겨두었던 마각(馬脚)을 드러내게 된다.

그들은 갖가지 아전인수의 변명(辨明)과 명분(名分)을 내세우지만 속셈은 뻔했다. 얄타에서의 밀약(密約)대로 진행되고 있었다. 또 다시 우리 한민족은 또 다른 세력에 의해 예속되었고, 한반도에는 일본군(日本軍) 대신 미군(美軍)과 소련군(蘇聯軍)이 들어오게 된 것이다. 그리고 그들의 힘의 논리 앞에 우리 조선의 독립정부 건설의 꿈은 산산조각이 나고 말았다.

점차 대립으로 치닫는 두 강대국 미국과 소련에 종속된 채 국토(國土)가 분단되고 국민들마저 좌익(左翼)과 우익(右翼) 두 진영으로 나뉘어 싸우게 되는 비참한 운명에 놓이게 되었다. 한반도와 한민족의 장래가 이렇게 외부의 힘과 내부의 분열에 의해서 또 다시 처참하게 추락하고 있었던 것이다.

이 시절 해방정국의 민초(民草)들이 이 같은 세태를 풍자해 불렀다는 민요가 지금도 전해지고 있다. 참으로 당시를 기막히게 묘사한 노랫말이다. "미국 놈 믿지 말고, 소련 놈에 속지 말라. 일본 놈 일어서고, 중국 놈들 되나온다. 조선 사람 조심하자." 강대국에 둘러싸여 힘이 없던 그 당시 우리나라의 처지를 이처럼 간결하면서도 정확하게 대변하고 있었던 것이다. 그때로부터 70여 년이 지난 지금이라고 다르겠는가. 아니다. 결코 다르지 않다. 또 다시 방심하면 그 치욕의 역사가 반복될 수 있다는 사실을 반드시 가슴에 품고 기억해야 한다.

국제정세의 급변과 미·소 냉전시대의 개막

그랬다. 광복은 우리 민족에게 빛과 어둠, 광명(光明)과 암흑(暗黑)을 동시에 가져다주었다. 해방 이후 한반도는 급격히 격랑에 휩싸이게 된다. 국제정세는 급변하고 있었다. 전쟁에 지친 기존의 유럽 강대국들은 종전(終戰)과 함께 앞가림도 제대로 할 수 없을 정도로 몰락(沒落)의 징후가 뚜렷했고, 세계는 새로운 강대국으로 부각된 미국과 소련을 중심으로 재편되기에 이른다. 이른바 민주(民主)와 공산(共産)이라는 두 이념이 치열하게 대립하는 냉전(冷戰) 구도로 진입해 있었다.

제2차 세계대전 당시 독일과 일본이라는 강대국과 맞서기 위해 어쩔 수 없이 공동전선을 펼 수밖에 없었던 그들이었다. 미국과 소련은 이제 공동의 적이 소멸되자 본격적인 미·소 냉전이 시작되면서 각기 세력(勢力) 확장(擴張)에 나선 것이다. 미국과 소련은 약소국(弱小國)들을 가만히 놓아두지 않았다. 도마 위에 올려놓고 제 입맛에 맞게 재단해 나가고 있었다.

특히 미국과 소련은 앞 다투어 아시아와 유럽의 세력장악에 열을 올리고 있었다. 폴란드, 체코, 루마니아, 헝가리를 비롯한 수많은 동유럽 국가들이 소련의 위성국가로 전락하고, 그밖에 서유럽 나라들은 미국의 영향권 아래 놓이게 된 것도 이 무렵부터다.

동북아시아의 정치 지형 역시 미국과 소련의 각축장이었다. 서로 이념과 영역확보를 위해 대립하고 있었다. 중국은 마오쩌둥(모택동; 毛澤東)이 힘겹게 장제스(장개석; 蔣介石)를 대만으로 몰아내고 천하통일을 했다고는 하나 소련에 비해 모든 것이 열악했다. 소련을 공산주의 종주국(宗主國)으로 받들면서 안정을 도모할 수밖에 없는 처지였다. 일본은 겨우 생사의 위기를 벗어나 미국에 예속된 채 수단과 방법을 가리지 않고 실리 찾기에 골몰하고 있었다.

한반도 역시 광복의 기쁨 속에서 새나라 건설의 꿈에 부풀어 있었다. 건국을 준비하기 위한 기구도 설치되었고, 해외에서 투쟁하던 요인들도 독립국가 건설에 대한 가슴 벅찬 기대를 품고 있었다. 그러나 모든 것이 허사가 되고 말았다. 광복의 혜택을 누리기는커녕 미국과 소련, 그들 냉전세력의 제물로 부각되어 희생양이 되어 가고 있었다. 미국과 소련은 우리의 의사와는 관계없이 일방적으로 북위 38도선을 경계(境界)로 군사분계선(軍事分界線)을 설정해 한반도를 미·소 두 세력의 최전선으로 만들어 놓았다.

당시 한반도를 놓고도 미·소간에는 신경전을 벌이고 있었다. 소련은 대일 선전포고 이후 만주를 거쳐 한반도까지 빠르게 진격해 옴으로써 한반도 점령에서 미국보다 유리한 위치에 있었다. 그러자 미국은 초조해지기 시작했다. 아직 태평양지역 미군인 자국군대는 한반도에서 1,000km나 떨어진 오키나와에 위치해 있었기 때문이다. 아직 한반도에 진입할 준비가 덜 된 상태에서 소련이 얄타에서의 약속을 지키지 않고 한반도를 점령할 것을 우려했다.

한반도 전체가 소련의 지배하에 들어가 친소정권이 들어서 공산화될

38선 표지석 (지도에 38선이 표시되어 있다.)

것을 극도로 경계했고 마음이 다급해졌다. 심지어 스탈린은 한반도는 물론 일본 북부까지 욕심을 내고 있었다. 그래서 미국은 소련과의 38선 경계의 분할점령을 급하게 서둘렀던 것이다. 결국 러일전쟁의 패전으로 일본에게 넘어갔던 사할린 북부와 쿠릴열도를 되돌려주고 한반도 북쪽을 소련에 넘겨주는 것으로 봉합되기에 이르렀다.

소련 역시 미국과의 불필요한 마찰로 시간을 끄는 것보다 다른 지역의 이권쟁취를 끌어내는 것이 유리하다고 생각해 미국의 한반도 38선 분할점령 안을 수락하게 된다. 이로써 동서로 250km에 달하는 한반도 군사분계선은 확정되고 말았다. 미·소의 이 같은 처사는 한민족의 생각은 물론이고 지역적 특성이나 산업, 경제, 행정의 특수성도 전혀 고려하지 않은 야만적이고 일방적인 폭거였다.

미국과 소련의 입장에서는 참으로 절묘한 선택이었는지 모르지만 우리 민족에게는 참담한 비극(悲劇)의 씨앗을 잉태하게 된 것이다. 이에 따라 북에는 8월 24일 소련군(蘇聯軍)이 평양에 들어와 일본군의 무장해제라는 명분으로 주둔하게 되고, 한 발 늦은 9월 9일에는 미군(美軍)이 서울에 들어와 일본 총독부로부터 행정권을 이양 받아 모든 국정을 장악(掌握)해 버렸다.

광복의 기쁨을 채 맛보기도 전에 북쪽에는 소련 군정이, 남쪽에는 미국 군정이 들어서게 된 것이다. 우리 민족 내부의 반발과 자체독립국가 건설의 목소리도 있었지만 그것은 찻잔 속의 태풍에 불과했다. 우리 스스로 정치적 역량을 발휘할 환경도 되지 못했고 개척할 의지도 빈약했다. 미·소의 절대적인 영향력과 민족 내부의 분열로 인해 힘 한 번 제대로 써보지도 못하고 자주독립국가의 꿈은 사라져 버렸다.

북쪽에서는 이미 스탈린의 절대적 신임을 얻은 30대 초반의 김일성(본명 김성주)이 들어와 공산노동당을 창설하고 조만식 등 민족지도자를 압박해 무력화시키고 실권 장악에 나서고 있었다.

미군정하의 남쪽에서도 사정은 마찬가지였다. 박헌영(朴憲永)을 중심으로 한 남로당 좌익세력과 이에 맞서는 대다수의 우익세력들이 제각기 다른 목소리를 내며 혼란한 정국이 계속 이어지고 있었다. 이 과정에서 국정을 책임지고 있는 미군정은 우유부단(優柔不斷)했다. 정치적 중립을 지킨다는 명분하에 좌우익 대결을 그저 지켜보기만 할 뿐 악화되고 있는 상황을 제대로 관리하고 대처하지 못했다. 그보다 더 기막힌 일은 혼란사태가 걷잡을 수 없게 되자 뒤늦게 치안장악력을 높인다는 명분으로 악질 친일파들에게 면죄부를 주어 끌어들인 일이다.

일본 통치시대 악랄한 반민족적 친일행각을 벌인 그들이 광복이 되자 응징이 두려워 서울을 비롯한 전국 각처에 숨어 지내고 있었는데 그들을 찾아내 대거 군정경찰(軍政警察)이란 이름으로 승진까지 시켜 기용한 것이다. 이렇게 됨으로써 마땅히 척결되고 처벌받아야 할 친일파(親日派)들이 도리어 독립지사(獨立志士)들을 체포, 구금, 고문하는 일까지 벌어지게 됐다. 미군정은 그야말로 적반하장(賊反荷杖)을 조장함으로써 우리의 민족정기(民族正氣)마저 흐려놓는 대죄(大罪)를 범하고 말았다.

해방 직후 국내에서는 민족지도자 여운형(呂運亨)이 주도한 '건국준비위원회'가 전국적으로 조직되어 주도적으로 활동하고 있었다. 그러나 기대를 모았던 건국준비위원회는 국민들의 기대에 부응하지 못한 채 유명무실(有名無實)로 끝나고 말았다. 참으로 아쉬운 대목이었다.

해방정국의 민족 지도자 몽양(夢陽) 여운형(呂運亨)

여운형이 일제 마지막 총독 아베 노부유키가 부탁한 일본인들의 안전한 본국 송환과 함께 공백기 국내 치안을 맡아달라는 제안을 받아들여 해방정국에서 활발하게 활동하며 큰 호응을 받았다. 자칫 무질서하게 벌어질 수도 있었던 일본인들에 대한 무차별 복수의 살육을 막는 등 해방정국을 무난히 이끌었다. 미군정이 들어오기 전인 초기에는 북쪽의 조만식과 함께 독립국가 건설이라는 야심찬 계획을 세우며 의욕을 보이기도 했다.

그러나 당시의 국내 사정은 여운형(呂運亨)이 생각한 만큼 그리 녹록치가 않았고, 특히 각 계파간의 분열로 제구실을 하지 못했다. 의견대립으로 창립인사들이 줄줄이 탈퇴를 선언하며 별도의 조직을 만드는 등 건준(建準)은 시간이 흐를수록 본래의 취지가 퇴색하고 말았다. 더구나 점차적으로 좌경화로 변질된 데다 처음부터 건국준비위원회의 정치적 지위를 인정하지 않는 미군정의 벽에 막혀 결국 소멸되고 말았다.

이 같은 상황에서 10월 16일 미국에서 활동하던 이승만이 귀국했다. 그는 기자회견을 통해 '뭉치면 살고 흩어지면 죽는다' 는 귀국일성(歸國一聲)으로 정국주도를 선점하고 나섰다. 중국 대륙을 전전하며 일제와 맞서 싸웠던 임시정부 요인들도 귀국을 서둘렀지만 미군정에 의해 제동이 걸리고 말았다.

임시정부는 정부 대표성을 갖고 해방된 조국에 돌아가기를 원했다. 그러나 미군정은 이를 단호히 거부했다. 임시정부 귀국이 늦어질 수밖에 없었다. 우여곡절 끝에 김구 주석이 정부가 아닌 개인자격으로 입국한다는 서약(誓約)을 하고서야 미군정으로부터 귀국 항공편을 제공받았다.

이 또한 주객(主客)이 전도된 말할 수 없는 굴욕(屈辱)이었지만 어쩔 수 없는 일이었다.

1945년 11월 23일에야 제1진이, 12월 2일에는 제2진이 비로소 귀국할

대한민국 임시정부(臨時政府)를 이끈 요인들

수 있었다. 해방이 된 지 3개월이 지난 뒤였다. 국민들의 기대와 열망과는 달리 참으로 답답하고 초라한 귀국이었다. 그러나 국민들의 임시정부에 대한 기대와 신뢰는 변함없고 굳건했다. 돌아온 독립지사들을 열렬하게 환영했고 임시정부 요인들이 가는 곳마다 인파가 몰렸다. 군정은 견제에 나섰다. 그 후로도 미군정은 임시정부 요인들에 대해 결코 호의적이지 않았다.

당시 임시정부가 국제적으로 인정받지 못한 때문이기도 했지만 그보다는 김구가 주장하는 조선의 완전독립(完全獨立)이 미군정의 선택을 받지 못한 결과였다. 미군정은 남한의 지도자로 자신들의 입맛에 맞는 인사를 찾고 있었던 것이다. 강직한 민족주의자 김구보다는 친미 성향의 실리적 인사인 이승만을 선호한 것은 어쩌면 당연한 것이었다. 그러나 그들의 밀월도 오래가지 않았다. 이승만과 하지는 남한 단독정부 수립 과정에서 뜻이 맞지 않아 사사건건(事事件件) 충돌하게 된다.

1945년 12월 소련의 모스크바에서는 한반도의 운명을 가를 국제회의가 열리고 있었다. 소위 모스크바 3상회의다. 미·영·소 강대국 외상들은 16일부터 26일까지 모스크바에서 3개국 외상회의를 열었다. 제2차 세계대전 전후 처리문제를 논의하기 위한 회합이었다. 이 회담에서 한반도 임시정부수립에 따른 독립문제가 마지막으로 논의되고 있었던 것이다.

그런데 예상과는 달리 의제에 오른 한반도 논의가 우리 민족에게 큰 재앙(災殃)을 몰고 올 줄은 그 누구도 예상치 못했다. 이때는 세계대전이 끝나고 국제정세가 대전환기를 맞아 급박하게 요동치고 있던 때였다. 특히 동유럽과 동북아시아를 놓고 미·소간에는 세를 불리기 위한 힘겨루기가 한창이었고 한·중·일 세 나라 또한 거센 사회주의 열풍이 불고 있었다. 세계 곳곳에서 이데올로기의 첨예한 갈등이 고조되고 있었던 것이다.

모스크바 3상회의 골자는 조선의 임시정부수립을 원조하기 위한 협의체로 '미소공동위원회' 라는 기구를 만든다는 것이었고, 또 하나는 조선은 자력으로는 국가를 통치할 능력이 없으므로 미(美)·영(英)·중(中)·소(蘇) 강대국들이 한반도를 최소 5년 동안 이를 지원하며 '신탁통치(信託統治)'를 한다는 것이었다. 미국의 루스벨트는 30년을 스탈린은 5년을 주장한 것으로 알려졌다. 결국 스탈린의 주장대로 5년으로 합의됐다.

물론 발표 전날 나온 동아일보에 소련의 신탁통치 강경론에 대한 기사와 신탁통치와 임시정부수립에 대한 순서가 뒤바뀐 채 보도된 오보가 상당한 영향을 미친 것은 사실이었다. 그렇다 하더라도 그것이 결정적인 것은 아니었다. 핵심은 신탁통치 결의안 자체가 대단히 잘못된 결정이었던 것이다. '즉각독립(卽刻獨立)'이라는 우리 민족의 염원과는 거리가 멀어도 너무 멀었다. 또 조선이 자력통치능력(自力統治能力)이 부족하다는 것도 어불성설(語不成說)이었다. 미·소의 양두구육(羊頭狗肉)의 속내를 드러내는 것일 뿐이었다.

이 소식을 접한 국내에서는 그들의 그 같은 결정을 내리게 된 동기나 전달과정에 대한 정확한 진위파악(眞僞把握), 또 임시정부수립을 어떤 방식으로 할 것인지에 대한 구체적 내용보다는 오로지 신탁통치(信託統治)라는 말에만 무게 중심이 쏠리고 말았다. 한 마디로 참을 수 없는 분노의 표출이었다. 당연히 그럴 수밖에 없었다. 일제 35년의 식민통치에서 광복이 된 지 불과 4개월밖에 되지 않았는데 또 다시 다른 나라의 신탁통치라니 독립국가 건설의 꿈에 부풀었던 국민들에게는 청천벽력(青天霹靂) 같은 소식이었기 때문이다. 이것은 도저히 용납하거나 묵과할 수 없는 일이었다.

당연히 국민들은 하나가 되어 극렬한 저항에 나섰다. 미군정과 가까운 한민당(韓民黨)을 비롯하여 이승만과 김구를 중심으로 한 우익진영은 말할 것도 없고 박헌영이 이끄는 공산당의 좌익진영까지도 총출동해 반탁운동에 나서게 된 것이다. 그랬다. 이때까지만 해도 전 민족이 모든 계파를 초월하여 거국적인 반탁운동에 나섰고 대규모 시위까지 하면서 한 목소리를 냈던 것이다.

　모처럼 한민족이 분열을 멈추고 하나로 뭉쳐지는 바람직한 계기가 되는 것처럼 보였다. 특히 김구가 주도한 임시정부를 내세운 반탁 시위는 국민들의 열렬한 호응과 결속을 이끌어내는 성과를 거두었다. 이와 함께 좌우익 대립에서 국민들의 지지도가 우익 쪽으로 급격히 기우는 계기가 된다. 박헌영은 물론 여운형도 뒷전으로 밀리고 있었다.

　이 같은 상황 때문이었는지 새해가 되면서 반탁운동에 대한 기류가 이상한 방향으로 흐르고 있었다. 좌익 공산당들의 태도가 갑자기 돌변한 것이다. 가장 앞장서서 적극적 반탁운동을 벌였던 공산당들이 1946년 1월 6일 갑자기 신탁통치를 지지한다는 성명을 발표하고 반탁(反託)에서 찬탁(贊託)으로 돌아섰다. 국민 대다수는 불과 6일 만에 모스크바 3상회의 결정을 지지한다는 좌익세력들의 태도변화를 이해할 수 없었다.

　그러나 좌익들의 이 같은 생각은 굳건했고 소련 공산당의 지시 또한 그와 같았다. 그들의 논리는 반탁운동의 주도세력이 이미 임시정부 세력과

신탁통치 절대 반대와 절대 찬성의 거센 물결은 혼란정국의 시발점이었다

우익에게 넘어간 것에 대한 우려와 북한은 이미 공산화 되었는데 이제는 남한 공산화를 위해 박차를 가해야 하는 이때 반탁운동에 합류하는 것은 시간 낭비라 생각했다. 반탁운동이 한반도 공산화에 도움이 되기는커녕 오히려 걸림돌로 작용할 것으로 보았기 때문이다. 소련의 적극성까지 더해져 반탁에서 찬탁으로 급선회한 것이었다.

우익세력들은 좌익들의 돌변이 무척 당황스러웠다. 좌익의 그 같은 태도급변이 이해가 되지 않았기 때문이다. 여러 정황상 소련의 사주를 받았다고 판단할 수밖에 없었다. 이때부터 국민들은 공산주의를 믿지 못할 집단으로 생각하기에 이른다. 또 찬탁은 곧 소련 공산주의를 지지하는 것이 되고, 반탁은 민주주의를 수호하고 소련을 거부하는 것이라는 이분법적 논리가 빠르게 형성되기에 이르렀다. 당연히 전보다 좌우익 대립은 더 거세졌고 우익들은 이때부터 더욱 강력하게 전방위적 반탁운동(反託運動)을 벌여나가게 된다.

혼돈의 수렁 속으로 빠져든 해방정국

해방정국은 이제 혼돈의 수렁 속으로 빠져들었다. 독립국가 건설이나 민족의 장래보다 자신들의 이념적 사고에 대한 집착에서 헤어나오지 못하게 된다. 이것은 매우 위험하고 그릇된 판단이었다. 미국과 소련의 대결과 영역확장에 초점을 맞춘 꼭두각시의 길로 접어들게 된 것이다. 결국 이것이 도화선이 되어 한반도는 대혼란에 빠지고 말았다. 지도자들도 국민들도 극도로 시야가 좁아져 나무만 보고 숲을 보지 못한 채 이성을 잃어가고 있었다.

독립국가 건설이라는 명제는 실종되고 오로지 반탁(反託)과 찬탁(贊託)을 놓고 극심한 분열로 치닫고 있었으며 날이 갈수록 정국혼란(政局

昏亂)만 가중되었다. 좌우익 모두 한 치의 양보가 없는 사생결단의 투쟁의 길로 들어서게 된 것이다. 민족화합(民族和合)의 길은 점점 멀어져가고 있었다. 순수한 민족의식은 실종되고 미국과 소련 양대세력을 등에 업고 그들을 대변하는 이념논쟁(理念論爭)만 난무했다. 그때에 잘못 뿌려진 불씨가 꺼지지 않고 오늘날까지 타고 있는 것이다.

해방 다음해인 1946년 3월 20일 서울에서 '제1차 미소공동위원회'가 열렸다. 혼란으로 치닫고 있는 한반도의 정국수습방안을 논의하는 자리였지만 미국과 소련은 자기들에게 유리한 상황을 만들기 위해 상반된 주장을 늘어놓기 시작했다. 결국 서로의 견해차이만 드러낸 채 결렬되고 말았다. 미소공동위원회의 결렬소식이 전해지자 국민들의 저항은 날이 갈수록 격렬해졌다. 특히 결렬책임이 소련에 있다고 판단한 남쪽 국민들의 분노는 날이 갈수록 소련에 대한 적개심으로 번지고 있었다.

이 같은 상황은 또한 친일파들이 부활할 수 있는 여건을 만들어 주었다. 이것을 본 여운형(중도좌파)과 김규식(중도우파), 안재홍(安在鴻) 같은 중도세력들은 이를 막기 위해 1946년 7월부터 약 1년여 동안 미군정 하지의 지원을 받아가며 좌익과 우익의 합작을 통해 남북통일 임시정부 수립을 모색하게 된다. 이들은 남북 임시정부 수립, 미소공동위원회 속개 천명 등 '좌우합작 7원칙'을 내세우며 마지막까지 의욕을 보였다.

그러나 내부분열과 극우(極右)·극좌(極左)의 첨예한 대립, 그리고 좌우합작의 주동인물인 여운형(呂運亨)마저 1947년 7월 19일 괴한에 의해 암살됨으로써 결국 빛을 잃고 말았다. 이 과정에서 미·소는 1947년 5월 21일 또 한 차례 미소공동위원회를 열었으나 6개월 동안 시간만 끌면서 서로 주도권 다툼만 하다 10월 21일 이마저도 결렬된 채 끝나고 말았다. 미국과 소련의 수뇌부는 조선의 자주독립을 지원하기보다는 한반도를 자신들의 야욕을 채우기 위한 교두보로 여기고 있었기 때문에 처음부터 좌우합작(左右合作)은 기대하기 어려운 구조였다.

1947년 9월 미국은 한반도 문제를 유엔으로 가져가 남북한 총선거와 정부수립 후 미소 양군의 철수안을 상정했다. 당시 유엔총회에서는 한반도에서 임시위원단 감시 하에 인구 비례에 의한 남북총선거를 실시할 것을 결의한다. 제2차 유엔총회의 결의에 따라 '유엔한국임시위원단'을 파견하여 남북 총선거를 통해 정국안정을 도모하려고 했다. 하지만 이마저도 소련과 북측의 격렬한 반대로 무산되고 말았다.

이때부터 부쩍 남한만이라도 단독 정부를 세워야 한다는 목소리가 힘을 얻기 시작했다. 꿈에 부풀었던 통일독립정부의 수립은 물거품이 되고 한반도 분단은 기정사실로 점점 고착화 되어가고 있었다. 돌이켜보면 해방정국 3년 동안 한반도의 찬란한 꿈은 사라지고 인심은 걷잡을 수 없게 흉흉해지고 이성마저 실종되고 말았다. 그 와중에 아까운 인재들만 하나둘 흉탄에 희생되고 말았다.

송진우(宋鎭禹), 여운형(呂運亨), 장덕수(張德秀) 같은 수많은 인사들이 꿈에 그리던 독립국가 건설의 웅대(雄大)한 뜻을 펴보지도 못한 채 냉전이념의 희생양이 되어 유명을 달리하고 말았다. 할 일 많고 갈 길 바쁜 우리 민족에게는 이루 말할 수 없는 큰 손실이었다. 또한 이 사태는 오래지 않아 펼쳐질 끔찍한 동족상잔(同族相殘)의 6.25 한국전쟁의 예고편이요, 시발점이기도 했다.

이 같은 사실과 민족분열을 예견한 김구와 김규식을 비롯한 몇몇 인사들이 남북협상을 위해 발 벗고 나섰다. 임시정부 요인들이었던 그들은 노구를 이끌고 삼팔선을 오가며 남과 북의 단독정부 수립을 막으려 최선을 다했다. 분단을 이대로 방치했다가는 필연적으로 민족의 비극을 몰고 올 것은 불을 보듯 뻔했던 것이다.

당시 모든 정황이 그렇게 돌아가고 있었다. 누가 보아도 통일정부 수립은 결코 쉽지 않은 일임을 알고 있었지만 마지막까지 분단의 잘못을 바로잡아 보려고 했던 것이다. 백범은 '삼천만 동포에게 고한다'는 성명을 통해 내가 38선을 베고 죽는 한이 있더라도 민족의 불행이 훤히 들여다보이는 단독정부 수립에 찬성할 수 없다는 말을 남기고 북으로 떠났다. 남북이 통일되지 못하면 진정한 독립이라 말할 수 없다던 본인의 말대로 마지막 독립운동을 하려 함이었다.

그러나 사태는 이미 늦은 감이 역력했고 정국은 걷잡을 수 없을 만큼 복잡하게 얽혀 있었다. 이 난국에서는 미국과 소련이 야심을 거두고 대국적으로 움직이지 않는 한 모든 것이 불가능한 일이었다. 설사 남북협상이 성사되더라도 통일정부 수립은 어려울 것이라는 분명한 사실을 국민들도 알았고 남북협상을 위해 떠나는 김구 일행도 알았을 것으로 생각된다. 하지만 마지막까지 정도(正道)를 두고 사도(邪道)로 갈 수는 없었을 것이다.

이렇게 되자 그동안 적잖은 정치적 지향점이 달라 대립하면서도 국가의 미래를 위해 대국적 협력을 유지해 왔던 김구(金九)와 이승만(李承晩)

삼천만 동포에게 고하고 남북협상 길에 오른 백범 김구

도 이제는 결별이 불가피해졌다. 정국을 주도하는 세력들 또한 김구를 중심으로 한 남북협상파와 이승만을 중심으로 한 단독정부파로 극명하게 갈라져서 맞설 수밖에 없었다. 많은 사람들의 만류를 뿌리치고 38선을 넘은 김구와 김규식 등은 북한 김일성 일파의 견제로 처음부터 모든 것이 순탄치 않았다.

북쪽의 공산주의자들은 이미 소련의 지령을 받아 정해진 각본대로 움직이고 있었다. 훗날 밝혀진 바에 의하면 남쪽 인사들에 대한 노골적인 푸대접은 물론이고 남북의 대등한 협상이라기보다 마치 주객이 전도된 것 같은 느낌을 받았다고 전해진다. 이 같은 어려운 상황에서도 남북인사 15인 회담을 통해 외국군을 철수시킬 것과 내전방지 약속 등 몇 가지 사안에 합의했다. 또 김구(金九), 김규식(金奎植), 김일성(金日成), 김두봉(金枓奉) 등의 4자회담을 촉구하여 끝까지 통일정부 수립을 모색하기도 했지만 성공시키기에는 역부족(力不足)이었다.

대세는 이미 분단으로 기울었고 화살은 시위를 떠난 뒤였다. 북한의 김일성과 공산주의자들은 처음부터 이 같은 결말을 알면서도 명분을 축적하기 위해 백범 일행을 형식적으로 이용한 것이었다. 해방정국의 한번 잘못 짜여진 좌표는 걷잡을 수 없이 소용돌이쳤고, 화합(和合)이 아닌 단절(斷絶)을 향해 치닫고 있었다. 이성은 실종되고 야성만 폭발하고 있었다.

김구 일행의 남북협상 실패 이후 남쪽에서는 남북협상파(南北協商派)의 목소리는 상대적으로 작아지고 이승만을 중심으로 한 단독정부세력(單獨政府勢力)이 정국을 주도하게 됨으로써 남북은 돌아올 수 없는 강을 건너 각각 제 갈 길을 가게 된다. 남쪽에서는 이미 1946년 초 외신을 통해 잠시 언급된 바 있고 그해 6월 3일, 이승만이 정읍에서 발언한 대로 남한만의 단독정부를 수립하는 쪽으로 급격히 기울게 된다. 유엔도 여기에 동조해 감시단을 파견해 한반도에서 가능한 지역만이라도 선거를 치르기로 한 것이다.

그러나 남쪽에서는 아직도 단독정부 수립을 반대하는 세력의 저항이 만만치 않았다. 단독정부 수립을 둘러싸고 대립과 갈등이 점점 거세지고 있었다. 제주 4.3사건과 10.19 여·순사건과 같은 끔찍한 일들이 발생한 것이다. 그리고 이것은 결코 있어서는 안 될 비극적 상황으로 발전하고 말았다. 특히 4.3사건은 우리 현대사의 가장 큰 비극 중 하나였다. 분단과 냉전의 모순이 만들어 낸 씻을 수 없는 민족적 참극이 벌어지고 만 것이다. 이 사건의 발단은 단독정부의 반대 시위와 이에 대한 탄압으로 시작되었다.

초기엔 단독정부 수립을 극렬하게 반대하는 남로당과 좌익들을 색출한다는 명분에서 시작된 일이었다. 하지만 날이 갈수록 시위가 격렬해지자 미군정과 서북청년단 등 극우세력들은 이를 진압하는 과정에서 비이성적 행위를 공공연히 자행한 것이다. 아무 관련이 없는 다수의 무고한 양민들까지 좁은 공간에 몰아넣고 학살을 저지른 것이 문제였다. 범법의 유무나 경중을 가리지 않고 무분별하고 무참하게 학살이 행해졌던 것이다.

그러나 그 후 이 끔찍한 사건은 오랫동안 입에 올리는 것조차 금기시되어 왔다. 따라서 그 정확한 진상이 완전히 규명되지 않은 채 지내오다가 최근에 와서야 조금씩 일반 국민들에게 알려지기 시작한 것이다. 이처럼 해방정국과 한국전쟁을 거치면서 이념적 대립의 희생물이 되어 아무 잘못도 없이 무고하게 희생된 민간인은 그 수를 헤아릴 수 없을 만큼 부지기수였다.

이들은 아무것도 모른 채 냉전의 이념과 이에 편승한 남북의 갈등에 의해 죽어갔던 것이다. 또 그들의 가족들은 연좌제(緣坐制)라는 연대책임에 묶여 평생을 전전긍긍하며 살아야 했다. 취업은 물론 아무 것도 할 수 없는 그늘 속 식물인간으로 살아가야 했던 것이다.

한반도에 국토분단과 국가분단이 현실이 되고

남한만의 단독정부수립(單獨政府樹立) 쪽으로 가닥이 잡히자 정국은 점점 더 경색되어 갔고, 파벌은 사분오열(四分五裂)되었다. 상당기간 이 같은 우여곡절(迂餘曲折)을 겪은 끝에 마침내 남쪽에서는 1948년 5월 10일, 유엔의 감시 하에 남한만의 단독 총선거가 실시되기에 이른다. 광복 후 최초의 근대적 민주선거(보통, 자유, 평등, 비밀, 직접)였다. 투표율이 무려 95%였으니 우리나라 선거사상 전무후무(前無後無)한 기록이었다. 아마도 새나라 건설에 대한 국민들의 기대감 때문이었을 것이다.

선거결과에 따라 임기 2년의 198명의 의원들이 선출되었다. 그리고 이들로 구성된 제헌국회가 탄생하게 되어 초대 국회의장에 이승만, 부의장에는 신익희(申翼熙)와 김동원(金東元)이 선출되었다. 원래 남북을 합해 선출하기로 한 국회의원 정수는 300명이었으나 북쪽에서 참여를 거부한 탓에 200명만 뽑기로 한 것이다. 198명이 선출된 것은 제주도지역 2명의 의원 선출이 제주 4.3사건의 여파로 인해 무효가 선언되었기 때문이다.

제주도는 1년 뒤 재선거를 치르게 됐다. 또 나머지 100명은 통일정부 수립을 염두에 두고 차후 상황이 좋아지면 38도선 이북지역에서 선거를 통해 선출하기로 하고 남겨두었던 것이다. 그 구상은 참으로 그럴 듯했으나 실현되기 어렵다는 것은 누구나 다 아는 사실이었다. 실제로 70년이 흐른 지금까지도 남북 총선은 이루어지지 않고 있다. 공교롭게도 현재 남한의 국회의원 정수가 제헌의원 정수였던 300명이 되었다.

제헌국회가 출범하자 곧바로 헌법 제정에 착수했다. 드디어 단기 4281년(서기 1948년) 7월 12일 대한민국의 헌법이 제정되었다. 헌법제정이 완성된 지 닷새만인 단기 4281년 7월 17일 만천하에 대한민국 헌법을 공포하게 된다(이때까지만 해도 우리는 단기를 쓰고 있었다). 그래서 우리는 이날을 제헌절(制憲節)로 기념하고 있는 것이다.

헌법을 공포하고 뒤이어 7월 20일에는 제정된 제헌헌법(憲法)의 규정에 따라 국회에서 대통령에 이승만(李承晚), 부통령에 이시영(李始榮)을 선출하게 된다. 그리고 마침내 광복 3주년인 1948년 8월 15일 반공과 민주주의를 표방한 남한 단독정부(單獨政府)를 수립(樹立)하게 된 것이다.

제헌헌법은 전문(前文)을 포함 본문(本文) 10장 103조로 구성되어 있다. 또한 전문에는 3.1정신으로 대한민국을 건립한 독립정신을 계승한다는 것을 분명히 하고 있다. 대한민국의 건국 또한 1919년 임시정부로부터 비롯되었음을 적시하고 있는 것이다. 헌법 제1조에는 대한민국은 민주공화국임을 분명히 했다. 이는 조소앙(趙素昻) 선생이 기초한 대한민국 임시정부 헌장의 건국 강령으로 채택한 민주공화제의 국가 이념과 법통을 그대로 이어받게 된 것이다.

그러함에도 일부 몰지각한 인사들에 의해 대한민국 건국시점에 대한 논란이 일고 있는 것을 보면 딱한 생각마저 든다. 다른 나라들은 없는 역사도 확장하기 위해 발버둥치고 있는데 우리는 실존(實存)의 역사마저 축소하려고 하니 기가 막힐 따름이다. 단기 4281년(서기 1948년)에 만들어

대한민국(大韓民國) 정부수립 (1948.8.15.)

진 제헌헌법은 한국전쟁 중이던 1952년 7월 피난정부시절 부산 임시수도에서 있었던 소위 제2차 발췌개헌(拔萃改憲) 때까지 존속하였다.

대한민국 제헌헌법 전문

유구한 역사와 전통에 빛나는 우리들 대한민국은 기미 3.1운동으로 대한민국을 건립하여 세계에 선포한 위대한 독립정신을 계승하여 이제 '민주독립국가'를 재건함에 있어서 정의 인도와 동포애로써 민족의 단결을 확고히 하며 모든 사회적 폐습을 타파하고 민주주의제 제도를 수립하여 정치, 경제, 사회, 문화의 모든 영역에 있어서 각인의 기회를 균등히 하고 능력을 최고도로 발휘케 하며 각인의 책임과 의무를 완수케 하여 안으로는 국민생활의 균등한 향상을 기하고 밖으로는 항구적인 국제평화의 유지에 노력하여 우리들과 우리들 자손의 안전과 자유와 행복을 영원히 확보할 것을 결의하고 우리들의 정당 또 자유로이 선거된 대표로써 구성된 국회에서 단기 4281년 7월 12일 이 헌법을 제정한다.

한반도 북쪽에서도 남쪽과 마찬가지로 사정은 비슷했다. 해방 직후 평양에서는 고당(古堂) 조만식(曺晚植)을 중심으로 한 '건국준비위원회'가 결성되어 있었다. 그러나 고당(古堂)이 소련의 생각과는 달리 모스크바 3상회의 결정을 끝내 거부함으로써 소련군정에 의해 축출당하고 만다. 이때 대타로 떠오른 인물이 김일성(본명 김성주)이었다.

1945년 9월 소련 해군의 운반선을 타고 원산항을 통해 입국한 김일성은 정세를 관망하며 기민하게 움직이고 있었다. 소련군정은 자신들을 대신해 북한의 공산정권을 책임질 적임자로 생각했던 조만식이 무산되자 대타로 자신들의 입맛에 맞는 33살의 김일성을 낙점하게 된다. 그들은 공산주의 수법대로 연일 군중들을 모아놓고 김일성 영웅 만들기에 나섰으로써 그를 정치전면에 화려하게 등장시킨다.

또 1946년 2월에는 북조선 최고 권력기관인 '임시인민위원회'를 출범 시키면서 위원장에 김일성(金日成), 부위원장에 김두봉(金枓奉)을 내세 웠다. 1948년 2월에는 조선 인민군이 창설되었다. 5월에 남한에서 총선거 가 실시되자 곧바로 5월 14일에 그동안 남한으로 보내던 송전선을 끊어 버림으로써 완전 결별을 선언한다.

8월 15일 남한에 단독정부가 들어서자 곧바로 8월 25일 선거를 실시해 조선최고인민회의가 창설되었다. 9월 8일에는 최고인민회의를 열어 임 시헌법을 공포하고 김일성은 수상의 자리에 올랐다.

그리고 다음날인 1948년 9월 9일, 태극기를 인공기로 바꾸어 달고 공산 주의를 내세운 '조선민주주의인민공화국'이라는 한반도에 또 하나의 정 부를 수립하게 된다.

이때부터 한반도는 돌이킬 수 없는 강을 건너고 말았다. 민주진영과 공 산진영이라는 냉전이념(冷戰理念)의 늪 속으로 깊숙이 빠져들었다. 38선 이라는 국토분단(國土分斷)에 이어 이제 국가분단(國家分斷)마저 현실화 된 것이다. 남북에 세워진 두 개의 정부는 서로가 자신이 정통성을 갖춘 한반도의 유일한 정부라고 주장하며 수십 년 동안 대립하고 있는 것이다.

당시 한반도는 미국과 소련의 농간(弄奸)으로 인해 마땅히 일본이 받아 야 될 칼날을 아무 잘못이 없는 식민지 피해국인 우리가 대신 받는 희생 양(犧牲羊)이 되고 말았다. 하지만 여기서 우리는 심각하게 생각해 보아 야 한다. 과연 우리의 잘못은 없었는지 되돌아볼 필요가 있다. 분단이 강 대국들의 횡포에 의한 것은 분명하지만 우리에게는 정녕 잘못이 없었다 고 말할 수 있는가, 다시 한 번 냉정하게 생각해 볼 일이다. 남의 탓을 하 기에 앞서 우리 민족의 책임이 더 크다고 볼 수도 있기에 그렇다.

일제 식민지배에서 벗어나자마자 서로를 부정하고 비난하며 자기몫 챙 기기에 앞서 서로 협력하여 하나의 독립된 국가부터 건설한 다음에 그 틀

안에서 이념과 정체성에 대한 논쟁을 벌였더라면 적어도 반 토막의 국가로 전락하지는 않았을 거라는 아쉬움이 남아 있는 것이다. 그것은 과거에만 적용되는 것이 아닐 것이다. 지금도 변함없이 우리들이 살피고 또 살펴야 할 교훈인 것이다.

1949년 6월 26일 낮 12시 45분 서대문에 자리한 김구의 사저 경교장(京橋莊)에서는 요란한 총성이 울렸다. 한평생을 이국땅에서 풍찬노숙(風餐露宿)하며 오직 이 나라의 완전독립만을 소망하며 심혈(心血)을 기울여 헌신(獻身)해 왔던 민족지도자 백범 김구(金九)가 안두희(安斗熙)의 흉탄에 쓰러지고 말았던 것이다. 어려운 시기에 민족의 희망이었던 마지막 거목(巨木)이 서거함으로써 이제 더 이상 남북의 이음매 역할을 해줄 여지나 희망마저도 함께 사라지고 말았다. 백범 암살사건은 한반도의 운명과 민족의 비운(悲運)을 몰고 온 참으로 통탄할 일이었다.

당시 군인 신분이었던 안두희(安斗熙)는 범행 직후 체포되어 종신형을 선고 받았다.

그런데 어떤 일인지

임시정부 주석 백범 김구 선생상 (남산 백범광장)

1951년 2월, 특사로 풀려나 육군 중령으로 화려하게 복귀했다. 예편 후에는 한때 양구에서 군납관련 사업가로 활동하기도 했다. 이는 권력의 비호 없이는 불가능한 일이다. 그는 한평생 목숨을 노리는 사람들이 많아 계속 쫓기면서 숨어 살아야 했다.

지금까지 상해임시정부 주석 백범의 암살에는 많은 의혹과 함께 배후가 있을 것으로 보고 있다. 그래서 뜻있는 사람들에 의해 이를 밝히려는 노력이 계속 이어져 왔다. 그러나 끝내 말들만 분분할 뿐 아직까지 명쾌하게 밝혀진 것이 없다. 특히 배후로 지목된 사람들 대부분이 석연치 않은 의문의 죽음을 맞았기 때문에 진실을 밝히기가 더욱 어렵게 되었다.

민간인 권중희(權重熙) 등이 배후를 밝히려 집요하게 안두희(安斗熙)를 추적해 설득과 위협을 병행했으나 안두희(安斗熙)는 죽을 때까지 횡설수설하며 진실을 말하지 않았다.

그는 1996년 10월 23일 인천 중구 신흥동 자택에서 평소 백범 선생을 마음속으로 존경해 왔다는 사회운동가이자 택시기사인 박기서(朴琦緒)의 정의봉(正義棒)을 맞고 사망하게 된다.

반민특위 무산과 '샌프란시스코 강화회의' 좌절

어쨌든 한반도에는 각기 체제와 이념을 달리하는 반쪽짜리 두 개의 정부가 서게 되었다. 그것도 부끄럽고 바람직스럽지 못한 일인데 우리나라 역사의 물줄기가 잘못 흐르게 되는 또 다른 두 가지 안타까운 일들이 분단정국에서 태동(胎動)하고 있었다.

하나는 남한 단독정부를 수립한 이승만 정부가 반민특위(反民特委)를 탄압하고 방해하여 친일파 청산을 무력화시킨 일이요, 또 하나는 우리나라가 2차 세계대전 전후 처리를 위한 '샌프란시스코 강화회의' 초청대상에서 외면당하게 된 일이다. 이때 이 두 개의 단추가 잘못 끼워짐으로써 향후 우리나라 역사의 불편한 멍에가 되고 수많은 국제분쟁(國際紛爭)을 야기하는 오류(誤謬)로 작용하게 되었다.

'반민특위(反民特委)' 란 '반민족행위특별조사위원회' 의 약칭이다. 한 마디로 친일파 처벌기구다. 1948년 제헌국회에서 맨 먼저 제정하여 통과 된 '반민족행위처벌법' 을 집행하기 위해 설치된 특별기관을 말한다. 반 민특위(反民特委)는 친일세력을 척결하기 위해 전 국민의 지지 아래 강 한 의욕과 정당성을 갖고 활동을 개시했던 것이다. 당시 '반민족행위처 벌법(反民族行爲處罰法)' 의 주요 내용은 다음과 같다.

1. 국권피탈에 적극 협력한 자는 사형 또는 무기징역에 처한다.
2. 일제로부터 작위를 받거나 제국의회 의원이 된 자, 독립운동가 및 그 가족을 살상 박해한 자는 최고 무기징역 최하 5년 이상의 징역에 처한다.
3. 직간접으로 일제에 협력한 자는 10년 이하의 징역이나 재산 몰수 에 처한다.

그러나 이 같은 법조항은 훌륭했지만 제대로 집행되지 못한 채 유명무 실하게 되고 말았다. 친일 잔재 청산 역시 무위로 끝나버리고 만다. 일제 에서 해방이 되자마자 곧바로 친일파부터 척결하여 민족정기(民族正氣) 를 바로 세웠어야 했다. 그런데 이 기회를 두 번씩이나 놓치게 된 것이다.

첫 번째는 미군정 시절 이 같은 친일파 척결여론이 비등했음에도 미군 정은 치안유지를 이유로 일제강점기의 통치 구조를 그대로 유지했을 뿐 만 아니라 친일파를 대거 요직에 등용함으로써 첫 단추를 잘못 끼우게 된다.

1948년 정부수립 이후에도 기회는 있었다. 그러나 이승만 정부는 미군정의 통치 구조를 여전히 답습하였고, 친일파 역시 그의 비호로 건재하게 살아남아 활동하게 된다. 그들은 오히려 이승만의 비호를 받으며 정부의 핵심 친위대 역할을 하게 되고 자신들의 비리와 칼날을 피하기 위해 반민특위(反民特委)의 활동을 적극 방해하고 무력화 시키는 일에 앞장섰던 것이다.

이렇게 됨으로써 전 국민의 열화와 같은 지지를 얻었던 반민특위를 통한 친일파 청산은 무위로 끝나고 말았다. 더 기막힌 일은 친일파들이 독립운동을 했던 애국 열사들을 잡아다 고문하고 조롱하며 핍박하는 적반하장(賊反荷杖)의 행태가 공공연히 자행됐다는 것이다. 그때 청산되지 못한 친일세력들이 오늘날 한국사회의 지배세력으로 자리 잡으면서 역사왜곡 등을 통해 현대사를 더럽히고 있는 것이다.

이와는 반대로 독립운동으로 모든 것을 바친 가문들은 제대로 평가 보호받지 못한 채 쇠락(衰落)의 길을 걷게 되었으니 이것이 어찌 정상이라 할 것이며, 이 나라의 민족정기(民族正氣)가 바로 섰다고 말할 것인가.

또 하나 통탄할 일은 일제의 제1의 피해국이면서도 단 한 마디 항변의 목소리나 피해보상을 요구하지 못했다는 것이다. 2차 세계대전 전승국들이 전후 처리를 위해 '샌프란시스코 강화회의'(세계 제2차 대전이 끝난 후 1951년 패전국 일본과의 강화조약을 체결하기 위해 미국 샌프란시스코에서 열렸던 국제회의를 말함)가 열렸다. 그러나 우리는 전승국이 아니라는 이유로 서명국 대열에 끼지 못하고 말았다.

처음에는 초청대상에 포함됐으나 일본을 비롯한 미국과 소련 등 이해당사국들의 전략적 농간으로 인해 제외되고 말았다. 더구나 조인 직전에 터진 6.25 한국전쟁은 실낱같은 희망마저 절망적으로 만들어 버렸다. 이로써 우리는 독립국이 아니라 일본에서 분리된 나라로 격하(格下)되고 말았고, 우리의 주장을 펼 수 있는 천금 같은 기회를 놓치게 된 것이다.

이는 실로 엄청난 손실이었다. 일본의 강압에 의해 우리와는 아무 상관도 없는 전쟁에 조선인 수십만 명이 강제 동원되어 죽고 징용노무자와 근로정신대로 끌려가 노예처럼 착취당했으며 심지어는 나이 어린 여성들이 일본군의 성노리개가 되는 치욕을 당했지만 사죄와 배상은커녕 그 문제를 논의하는 자리에 참석조차 할 수 없었다.

조선이 해방은 되었으나 완전한 독립국 대접을 받지 못했다. 당연히 마땅히 주장해야 할 모든 것을 손 한 번 쓰지 못하고 송두리째 잃고 말았다. 일본을 반공전선에 끌어들이기 위한 미국 주도의 엉성했던 '샌프란시스코 강화회의'는 2차 대전의 전후처리보다는 전범국 일제에게 면죄부만 주게 되는 많은 문제점을 남겼다.

지금까지도 한·일간에 신경전을 벌이고 있는 독도문제를 비롯한 수많은 갈등요인들이 이때 잘못 잉태되고 있었던 것이다.

씻을 수 없는 민족의 비극,
6.25 한국전쟁

1950년 6월 25일 일요일 새벽 4시, 서해안(西海岸)의 옹진반도(甕津半島)로부터 동해안(東海岸)에 이르는 38선 전역에 걸쳐 북한군의 기습남침(奇襲南侵)이 시작되었다. 6.25 한국전쟁(韓國戰爭)이 발발한 것이다. 소련의 전폭적인 지원을 받은 북한은 민족해방이라는 이름으로 동족의 가슴에 총부리를 겨누었다.

마침 그날은 일요일이었고 농번기여서 다수의 장병들이 외출과 휴가 등으로 병영은 비어있었다. 북한의 입장에서는 공격하기에 최적의 조건인 셈이다. 북한은 사전에 치밀한 계획을 세워놓고 남한이 방심한 틈을 노린 것이다. 북의 인민군 11만 명이 240여 대의 소련제 탱크와 상당량의 대포 등 소련으로부터 지원받은 최신식 무기로 무장하고 파죽지세(破竹之勢)로 밀려왔다. 거침이 없었다.

인민군 1사단은 9시 30분, 국군 1사단이 주둔하고 있던 개성을 점령하고, 오후 3시에는 임진강에 다다랐다. 인민군 3사단은 오전 11시에 포천을, 오후 6시에는 송우리, 새벽 1시에는 의정부의 7사단마저 점령하고 만다. 6월 27일 밤에 방학동과 수유리를 거쳐 28일 11시 30분에 서울 도심인 돈암동까지 들어오고 말았다. 대한민국의 심장이라 할 수 있는 수도 서울이 적의 수중에 들어간 것이다.

북한군의 기세에 당황한 국군은 모든 군사력을 동원해 총력전을 펼치게 된다. 그러나 마치 괴물처럼 돌진해 오는 적의 탱크 앞에서는 어찌해 볼 도리가 없었다. 국군의 방어선이 속수무책(束手無策)으로 뚫리고 있었다. 수도 서울이 위협받는 상황이 되자 후방사단인 2사단과 3사단, 그리고 5사단까지 끌어올려 전선으로 투입하고 그것도 모자라 아직 훈련이 덜된 육군사관생도와 교도대원까지 전선에 투입할 만큼 절박했다.

계급과 군번도 부여받지 못한 이들을 동원해서라도 어떻게든 서울만은 사수하려 안간힘을 썼지만 허사였다. 이들 사관생도들을 포함한 국군 8개 사단 가운데 6개 사단의 4만여 명의 국군과 민간인들이 죽거나 포로가 되었다.

6.25 한국전쟁의 참상, 무자비한 학살에 희생된 민초들의 모습

그나마 전방사단인 강릉의 8사단과 춘천의 6사단만 남아 끝까지 분전했다. 특히 6사단장 김종오(金鍾五) 대령이 이끌던 춘천지구 전투는 전사에 길이 남는 전투로 기록되고 있다. 북한군의 기세가 등등했던 개전 초기인 6월 25일부터 27일까지 춘천의 옥산포, 소양강, 봉의산 일대에서는 어려운 여건 속에서도 민(民)·관(官)·군(軍)이 혼연일체가 되어 북한군의 남하를 3일 동안이나 저지함으로써 김홍일(金弘壹) 장군이 한강 방어선을 구축할 수 있는 시간을 벌게 되었기 때문이다.

또 한강 방어선이 구축됨으로써 미군과 유엔군이 참전할 수 있는 계기를 만들어 주었으니 그 전공은 참으로 큰 것이었다. 하지만 이것이 근본적인 대책이 될 수는 없었다. 그저 잠깐 동안의 시간을 벌기 위한 방어책에 불과했다. 전력상 국군은 모든 것이 절대적 열세였다. 결국 북한군은 한강도하가 임박하게 된다. 국군은 어쩔 수 없이 후퇴에 후퇴를 단행할 수밖에 없게 되었다.

당시 남한의 이승만 정부는 무기력했다. 특히 국방장관 신성모(申性模)는 너무도 무능했다. 군의 방어태세도 완벽하지 못했고, 북한의 전면전 가능성이 여러 차례 대두되기도 했었지만 이를 무시하고 대비책을 강구하지 않았다. 따라서 전쟁에 대한 모든 방어태세가 부실한 것은 당연했다.

그뿐만 아니라 국방 총수들은 적이 이미 코앞에 다가왔는데도 사실을 호도하고 숨기기에만 급급했다. 반면에 북한은 치밀하게 남침을 준비해 왔다. 비밀리에 소련, 중공과의 밀약(密約)에 의한 지원 약속까지 받아놓고 있었다. 특히 북한군은 소련군의 전폭적인 군장비지원이 있었기에 남침을 단행할 수 있었다.

그 대표적인 것이 당시 국군에게는 없었던 'T-34' 소련제 탱크였다. 그 것을 앞세웠기 때문에 속전(速戰)이 가능했다. 6.25 한국전쟁 당시 'T-34' 소련제 탱크는 공포의 대상이었다. 마치 괴물과 같은 것이 굉음을 내며 돌진해 오면 막을 방법이 없었다. 기관총과 수류탄으로 무장한 열악한 국군의 화력으로는 탱크를 저지하는 데 역부족이었다. 큰 충격이었다. 탱크를 파괴할 수 있는 수단이 없었다. 육탄으로 저지하는 수밖에 없었다.

국군은 희생자만 늘어났다. 결국 후퇴(後退) 외에 다른 방법이 없었다. 북한군은 3일 만에 서울을 점령했고 중앙청에는 인공기가 올랐다. 인민군들은 시민들을 잡아다 놓고 인민재판이란 이름으로 인권을 유린하기 시작했다. 수많은 인사들이 죽거나 납북되었고, 시민들은 곤욕(困辱)을 치르며 희생을 감수해야만 했다.

6월 27일 새벽 대통령과 내각은 이미 시민들을 버리고 서울을 빠져 나간 뒤였다. 대통령은 급한 나머지 대구까지 내려갔다가 다시 대전으로 올라와 머물고 있었다. 인민군이 서울 진입을 시작했는데 그때까지도 라디오에서는 이승만 대통령의 음성으로 국군이 적을 섬멸하고 있으며 북진하고 있다는 방송이 흘러나왔다. 적은 패주하고 있으며 정부는 여러분과 함께할 것이니 안심하라는 방송이 반복하여 흘러나오고 있었다. 녹음된 방송이었다.

서울 시민들은 이 방송을 믿고 피난준비를 하지 않았다. 기막힌 일이었다. 그리고 마침내 한강 인도교가 폭파되었다. 북한군의 남진(南進)을 막기 위한 방편이라지만 너무 성급한 처사였다. 피난민들의 정황을 살피지 않고 졸속으로 행해진 한강교 폭파는 결국 참극을 빚고 말았다. 100만 서울 시민들에 대한 배려는 전혀 없었다. 버려진 것이나 다름없었다.

국군이 선전하고 있다는 방송만 믿고 안심하고 있던 시민들은 인민군들이 서울로 들어오기 시작하자 당황하기 시작했다. 정부를 원망할 겨를도 없었다. 시민들은 남부여대(男負女戴)하고 서둘러 피난을 가기 위해 필사적으로 한강 인도교로 몰려들었던 것이다.

한국전쟁이 일어난 지 3일째인 6월 28일 적의 전차가 미아리를 거쳐 돈암동까지 들어왔다는 보고를 받은 참모총장 채병덕(蔡秉德)은 서울 철수

1950년 6월 28일 새벽 2시 30분 굉음과 함께 처참하게 폭파된 한강다리 잔해

를 결심한다. 육군본부를 영등포로 옮기고 최창식(崔昌植) 공병감에게 한강다리 폭파를 지시한다. 새벽 2시 30분, 한강 인도교는 거대한 섬광과 함께 내려앉고 말았다. 국군에 의해 폭파된 것이다. 갑작스런 한강다리 폭파로 강 이북에 있던 국군들은 고립되었으며 피난길에 올랐던 수많은 시민들이 한강다리와 함께 무참히 희생되었다.

한강다리 폭파는 엄청난 파문을 몰고 왔다. 정부는 서울 방어실패 책임과 함께 한강다리 폭파책임을 물어 참모총장 채병덕(蔡秉德) 소장을 전격 해임조치했다. 그는 영남편성군 사령관이라는 좌천된 직책으로 전선에 투입되었으나 하동전투에서 전사하게 된다. 후임에는 교육차 미국에 가 있던 30대 초반의 정일권(丁一權) 준장을 급히 임명했다. 또 상관의 명령에 따라 한강다리를 폭파했던 공병감 최창식(崔昌植) 대령은 총살형을 당했다. 이는 한국전쟁의 씻을 수 없는 오점이요, 어처구니없는 비극이었다.

한강다리가 끊어지자 남진하는 적을 막기 위해 사력을 다해 분투했던 국군장병들은 눈물을 머금고 중화기와 차량 등, 군수품까지 적에게 내주고 후퇴할 수밖에 없었다. 서울을 미처 빠져나가지 못한 시민들은 고립무원(孤立無援)이었다. 적의 치하에서 9월 28일 서울이 수복될 때까지 만 3개월 동안을 악몽 같은 수난을 견딜 수밖에 없었다. 훗날 서울에 남았다는 이유만으로 억울하게 부역자의 누명을 쓴 사람도 부지기수였다.

화(禍)를 불러들인 '애치슨라인(Acheson line)'의 오판

당시 미국은 오랜 전쟁으로 지쳐 있었다. 2차 세계대전을 승리로 이끌었지만 극심한 전쟁의 후유증을 겪고 있었다. 전쟁 피로감은 물론이고 과도한 국방예산으로 인한 큰 부담을 안고 있었다. 이러한 이유로 핵폭탄의 위력을 믿고 육군을 계속해서 줄여나가고 있었다. 남한에서도 약간의 고문단만 남기고 미군을 철수시킨 상태였다. 그런 와중에 생각지 않았던 한국전쟁이 터진 것이다. 미국 수뇌부는 당혹감을 느낄 수밖에 없었다. 방위비를 절약하기 위한 '애치슨라인(Acheson line)'의 오판이 결국 큰 화(禍)를 부른 것이란 질타가 쇄도했다.

당시 미국은 소련의 스탈린과 중공 마오쩌둥의 공산주의 팽창을 견제하기 위한 극동 방위선이 필요했다. 그래서 1950년 1월 12일 미국 국무장관 '딘 애치슨'은 태평양에서 미국의 방위선을 발표했는데 알류산열도, 일본, 오키나와제도와 필리핀을 잇는 선으로 한다고 되어 있었다. 미국의 보호선에서 한국과 대만 인도차이나 반도가 제외된 것이다. 이들 나라들은 미국의 보호가 아닌 국제연합의 보호에 의존해야 한다는 말도 덧붙였다.

그에 따라 한국에 주둔해 있던 대다수 미군이 철수하게 된 것이다. 이 같은 사실은 미국이 일본위주의 방어선을 구축하며 한국을 버린 것이나 다름없었다. 오래 전부터 미군 철수만을 학수고대(鶴首苦待)하고 있던 김일성은 쾌재(快哉)를 불렀다. 기다렸다는 듯이 소련 스탈린의 동의를 얻어내 남침을 단행하게 된 것이다.

당시 미국은 '매카시열풍'(1950년대 미국을 휩쓸었던 반공산주의 열풍)으로 공산주의자들에 대한 적대감이 절정에 달하고 있었다. 더구나 미국 언론과 조야에서는 미국이 소련에게 중국을 빼앗겼다는 비난에 직면해 있었다. 미국 대통령 트루먼은 당황했다. 소련과 북한은 이미 전쟁준비를 마쳤는데 미국은 남한을 일본방위를 위한 전초기지 정도로 생각한 것이 큰 화근(禍根)이었다.

북한과 소련 공산주의자들에게 한반도를 넘겨주어서는 안 된다는 급박함을 느낀 트루먼은 기민하게 움직였다. 3일 만에 유엔 안보리를 소집하고 5일 만에 16개국의 유엔군 파병을 결의하도록 했다. 이제 한국전쟁은 내전(內戰)에서 명실 공히 국제전(國際戰)으로 비화하게 된 것이다.

그 사이에도 한국군은 계속해서 전선이 밀리고 있었다. 겨우 7월 2일이 되어서야 일본에 주둔하고 있던 미 24사단의 일부병력이 긴급 투입되었다. 빠른 속도로 밀려오는 인민군의 남하(南下)를 저지하기 위한 긴급 방어수단이었다. 7월 14일에는 이승만 대통령에 의해 한국군에 대한 작전지휘권(作戰指揮權)도 유엔군 사령관인 맥아더에게 넘어간 상태였다. 그러나 전세는 여전히 불리하게 전개되고 있었고 타개책 또한 여의치 않았다.

북한군은 최신식 전차와 야포, 잘 훈련된 보병을 앞세워 국군에게 재정비의 시간을 주지 않기 위해 속전(速戰)을 강행했기 때문이다. 후방에서는 남로당을 비롯한 불순분자들이 게릴라전으로 한국지리에 어두운 미군들을 괴롭혔다. 결국 7월 20일에 믿었던 미 24사단이 대전에서 패퇴(敗退)하고 말았다. 부대는 궤멸(潰滅)되어 흩어지고 2차 대전 참전영웅들이 하염없이 죽어가고 있었다. 수많은 미군들이 죽거나 포로가 되었다.

설상가상(雪上加霜)으로 후퇴하던 미 24사단장 '윌리엄 F. 딘' 소장마저 길을 잃고 전북 진안의 산악지대를 헤매다가 인민군의 포로가 되었다(밀고에 의해 포로가 된 딘 소장은 휴전협정 조인이 끝난 1953년 9월이 되어서야 3년 만에 판문점을 통해 귀환하게 된다). 장마와 더위 속에 국군과 미군은 후퇴를 거듭했다. 그야말로 속수무책(束手無策)이었다. 전선이 낙동강까지 밀리게 되었다.

대부분의 국토를 상실한 상태에서 남은 희망은 해외지원군뿐이었다. 국군의 작전지휘권이 이미 유엔군 사령관에게 넘겨진 상태였기 때문에 모든 작전은 미8군 워커 사령관의 지휘 하에 있었다. 국군과 미 해병대는 더 이상 물러설 곳이 없었다. '낙동강 방어선'을 구축하고 해외에서 유엔군이 오기만을 기다리며 사력을 다해 버티고 있었다.

8월 초가 되어서야 부산항에는 미군 2개 사단을 비롯한 증원된 유엔지원군이 최신식 무기를 가지고 속속 들어오기 시작했다. 낙동강 전선에서는 밀고 밀리는 피 말리는 전투가 연일 계속되었다. 국군과 유엔군은 물론이고 심지어는 경찰과 학도병까지 참여해 '부산교두보'라는 마지막 방어선을 사수하기 위한 사투(死鬪)를 벌이고 있었다.

정부와 각 기관들, 정치권의 주요 인사들은 일찍이 대전에서 부산으로 옮겨와 있었다. 부산은 전국에서 몰려 온 8도의 피난민들로 장사진을 이루게 된다. 그 시절 부산에서 벌어졌던 정치파동인 발췌개헌(拔萃改憲) 등 수많은 정쟁(政爭)과 고달픈 피난생활(避難生活)에 대한 에피소드는 비일비재(非一非再)하다. 이에 대한 것들은 당시는 물론 훗날 문학작품과 영화와 드라마 등으로 계속해서 만들어졌다. 그만큼 소재가 풍성했기 때문이다.

지금도 가요무대 등에서 애창되고 있는 '이별의 부산정거장', '삼팔선의 봄', '전선야곡', '아내의 노래' 등, 많은 애창가요들이 이때 만들어졌다. 전쟁과 피난살이로 고달픈 국민들에게 대중가요가 큰 몫을 차지했던 것이다. 고령이 된 어른들은 그때의 피난생활을 평생 잊지 못할 쓰라린 추억으로 간직하고 있다.

1950년 여름은 그야말로 악몽(惡夢)과 같았다. 특히 8월과 9월 2개월에 걸친 낙동강전투는 나라의 운명을 가르는 혈투로 기록되어 있다. 대한민국의 90%를 북한군에게 빼앗기고 절체절명(絶體絶命)의 위기에 봉착한 상태였기 때문이다. 당시 낙동강 7백리 240km에 걸쳐서 숨 가쁘게 펼쳐졌던 이 전선을 '낙동강 방어선' 또는 '부산교두보' 라 칭한다. 또 미 8군 사령관이던 워커가 설정한 방어선이란 의미로 '워커라인' 이라고 부르기도 한다.

이 낙동강 전투야말로 한국전쟁 최대의 승부처였다. 백척간두(百尺竿頭)에 서 있는 나라를 구하기 위해서는 더 이상 피할 수 없는 마지막 보루(堡壘)였기 때문이다. 한국군 5개 사단과 미군 3개 사단이 합심하여 총력전에 나섰다. 인민군도 14개 사단 전 병력을 낙동강전투에 대거 투입시키며 매섭게 공격해 왔다. 이른바 북한군의 8월 공세(1950년 8월 5일~8월 20일)였다.

이 전투에 투입된 북한군 병력 8만 명중 3분의 1은 남한에서 강제 징집된 일명 의용군(義勇軍)이었다. 따라서 낙동강에서는 필설로 형언할 수 없는 생지옥을 방불케 하는 전투가 연일 펼쳐졌던 것이다. 이름도 군번도 없는 수많은 전사들이 처참한 시체가 되고 낙동강을 피로 물들이며 사라져 갔다.

당시 김일성은 승리를 확신하고 8월 15일 광복절 행사를 대구에서 승전식과 함께 치르려는 야심을 가지고 있었다. 그래서 낙동강을 건너려는 북한군의 총공세는 끈질기고, 집요하고 거셌다. 낙동강 전역에 총 4개의 공격루트를 설정해 국군이 지키고 있는 낙동강 방어선을 돌파하고 대구와 부산을 점령하는 것이 북한 지휘부의 최종목표였다.

이에 맞서 국군과 학도병, 유엔군은 천혜의 방어선인 낙동강을 사이에

대한민국 최후의 방어선 낙동강 전투에서 국군들이 사투하는 모습

두고 북한군과 필사적인 공방전을 벌였다. 당연히 수없이 많은 곳에서 악전고투(惡戰苦鬪)가 펼쳐지고 수많은 사상자를 낼 수밖에 없었다. 낙동강 고지 곳곳에서 시체 썩는 냄새가 진동하는 참으로 지옥을 방불케 하는 처절한 전투였다. 이 같은 절박한 상황이 8월 1일에서 9월 24일까지 무려 55일 동안이나 계속되었다. 양측 모두 배수의 진을 친 격전이었으니 그야 말로 아비규환(阿鼻叫喚)을 방불케 했다.

그중에서도 대구 북쪽 22km 지점인 경북 칠곡의 '다부동전투(多富洞戰鬪)'는 한국전쟁 중에서도 가장 긴박하고 처참했으며 치열한 전투로 남아 있는 전설과 같은 전투였다. 백선엽(白善燁) 준장이 이끄는 국군 1사단은 대구를 공략하려는 북한군 정예부대 3개 사단을 상대로 무려 한달 넘게 12번의 공방전을 벌이고 있었다. 만약 북한군이 낙동강을 건너게 되면 국가의 존망이 위태로운 상황이었기 때문에 더는 물러설 곳이 없었다.

국군 1사단 장병들과 전국에서 자원한 어린 학도병들은 필사적으로 북한군을 저지하고 있었다. 학도병들은 부산에서 불과 10여 일의 사격술 훈련만을 익혀 전선에 투입된 터라 그 희생은 말로 형언할 수 없었다. 그러나 이들은 무려 1만여 명의 사상자를 내면서도 3만의 인민군을 상대로 끝까지 분전했다. 그리고 기어이 낙동강을 지켜내고야 말았다. 다부동의 승리는 국군이 전세를 역전시키는 계기가 되었고 북한군을 낙동강전투에서 패전으로 이끌어 가까스로 국가의 위기를 넘기게 되었던 것이다.

백선엽(白善燁)은 공과(功過)가 뚜렷한 인물이다. '국군의 영웅이냐, 악질 친일파냐'를 놓고 평가가 엇갈리고 있다. 1920년 평안남도 강서 출신인 그는 한국전쟁에서 그 유명한 '다부동전투'를 비롯한 여러 전투에서 세운 공로로 소장, 중장, 한국 최초의 4성 장군, 참모총장, 각국 대사, 공기업 대표, 교통부 장관 등으로 초고속 승진과 함께 요직에 승승장구하였다. 휴전 이후에는 국내 보수우파는 물론 특히 미국에 의해 신화적 인물로 부각되어 구국의 영웅이자 살아있는 우상이란 칭호를 들으며 100세의 천수를 누리다 2020년 7월 10일 사망하였다.

그러나 그는 해방 전 일본이 세운 만주국 봉천군관학교를 나와 소위로 임관한 뒤 '간도특설대(間島特設隊)'에 들어가 독립군을 탄압한 것이 밝혀져 평생 친일파라는 꼬리표가 붙어 따라다니게 된다. '간도특설대'는 일제의 기획에 따라 만주에서 활약하는 독립군을 도륙하기 위해 조선인 800명으로 만들어진 '조선인토벌작전부대'로서 조선인들을 내세워 조선인들을 처단하도록 하는 일본 야만성의 표본이었다. 이 부대의 주된 임무는 만주에서 항일독립운동을 하던 조선인 독립지사들과 이에 동조하는 주민들을 잔인하게 사살함은 물론 약탈과 강간, 방화를 자행해 만주의 조선인들을 공포에 떨게 만들었다.

낙동강전투에서 아군의 승리에 큰 힘이 되었던 또 하나 빼놓을 수 없는 전력이 있었다. 그것은 미군의 제공권장악(制空權掌握)이었다. 당시 극동사령부 소속 한미연합군 8개 사단을 지휘했던 워커 사령관의 활약에 힘입은 바 컸다. 미 공군 전투기인 'B29폭격기'가 수시로 적진을 향해 융단포격을 퍼부음으로써 북한군 지휘부에 심리적 타격을 주었기 때문에 북한군의 공격을 위축시키고 도강을 막을 수 있었다.

워커 사령관은 후일 교통사고로 순직했는데 이때의 공적을 기려 '워커힐 호텔'이라는 이름이 만들어지기도 했다. 어쨌든 이처럼 국군과 미군 장병들의 목숨을 건 희생정신으로 북한군의 8월 총공세를 막아냈던 것이다. 또한 북한군의 낙동강 돌파를 저지하고 절체절명(絶體絶命)의 위기에서 나라를 구해낸 것이다.

북한군은 이와 반대로 이곳 '낙동강전투(洛東江戰鬪)'에서 패함으로써 전력이 급격히 쇠진(衰盡)되었다. 8월 공세에 실패한 북한군은 다급한 나머지 후방에서 인민의용군까지 강제로 끌어다 투입하고 남은 병력을 추슬러 마지막 9월 공세(1950년 9월 2일~9월 15일)까지 폈지만 전세는 이미 기울었다.

그동안 총력을 쏟아부었던 북한군의 사기는 한풀 꺾였고 유엔군 병력은 날이 갈수록 점점 더 보강되었다. 국군은 사기가 충천했다.

그 기세를 몰아 연합군은 다시 반격할 수 있는 계기를 만들게 된다. 이때 만약 낙동강 방어선이 무너졌더라면 한반도는 공산화되었을 것이다. 맥아더의 인천상륙작전도 아무런 의미가 없었을 것이다. 당연히 '다부동전투(多富洞戰鬪)'를 비롯한 왜관, 마산, 신녕, 영천, 창녕, 포항 전투 등, 낙동강지구 방어전투는 한국전쟁에서 가장 빛나는 최고의 전투로 전사에 남아 기억되고 있다.

가을로 접어들면서 '유엔군사령관 맥아더'는 승부수를 던진다. '인천상륙작전'이다. 이 작전은 2차 세계대전의 '노르망디 상륙작전'에 버금가는 평가를 받는다. 그 당시 수많은 전략가를 비롯한 지휘관들 모두가 입을 모아 이 작전은 결코 성공할 수 없다고 했다. 인천 앞바다의 조류(潮流)를 비롯한 여러 가지 여건상 100% 실패할 것이라며 만류했다.

그러나 맥아더는 물러서지 않았다. 오히려 적들도 그렇게 생각할 것이라는 점이 성공을 말해 준다며 상황을 역이용한 것이다. 수많은 전투에서 터득한 경험이 그에게 작전 성공의 확신을 심어준 것이다. 260척의 군함과 7만 명의 병력으로 상륙작전에 들어갔다.

마침내 9월 15일 새벽 6시 30분, 만조(滿潮)를 이용해 미 해병 제1사단 제5연대의 특공대 289명은 인천 월미도 상륙에 성공했다. 북한군 2천 명이 방어하던 인천을 장악함으로써 북한의 보급선을 완전 차단하게 된다. 맥아더가 성공확률 5천분의 1, '세기의 도박' 이라 불렸던 암호명 '크로마이트'로 명명된 '인천상륙작전(仁川上陸作戰)'을 성공시킨 것이다.

맥아더는 이 작전의 성공으로 거의 신(神)적인 존재가 되었다. 그러나 호사다마(好事多魔)요, 새옹지마(塞翁之馬)라 했던가. 맥아더는 인천상

맥아더의 인천상륙작전을 지휘하는 모습

류작전의 성공으로 영웅의 반열에 오른 동시에 대통령의 견제를 받아 군복을 벗어야 하는 개인적 불운을 맛보아야만 했다. 트루먼과 맥아더의 이같은 갈등은 새삼스러운 일이 아니고 예전부터 이미 싹트고 있었다.

철저한 군인이었던 맥아더가 승전(勝戰)에 비중을 두었다면 노련한 정치인이었던 트루먼은 확전(擴戰)을 경계하려는 정치적 고려가 우선이었기 때문에 맞설 수밖에 없었다. 또한 두 사람은 차기 미국 대선의 강력한 정치적 라이벌로까지 부각되기에 이른다. 어찌되었건 중국에 원자탄을 써서라도 전쟁을 승전으로 끝내려던 맥아더는 트루먼에 의해 전격 해임되었다. 그리고 그의 후임으로는 리지웨이 미 8군사령관이 유엔군 총사령관으로 부임하게 된다.

맥아더와 트루먼의 주장에 대한 사람들의 평가는 시각에 따라 다를 수있다. 또 나라마다 이해가 상충되기 때문에 아전인수(我田引水)의 해석을 내놓을 수밖에 없을 것이다. 그러나 한국전쟁에서 인천상륙작전이 차지하는 비중은 엄청난 것이었다. 맥아더가 전역연설에서 했던 '노병(老兵)은 결코 죽지 않는다. 다만 사라질 뿐이다' 라는 인용문은 미국 국민뿐아니라 세계의 많은 사람들에게 뜨거운 감동과 감명을 안겨주었다.

맥아더의 '인천상륙작전' 으로 전세는 역전

인천상륙작전의 성공으로 국군은 드디어 반전의 기회를 맞는다. 전세는 빠르게 역전되었다. 북한군은 병참 수송로와 퇴로가 차단되자 당황하기 시작했다. 사기를 잃고 뿔뿔이 흩어져 일부는 포로가 되었고 일부는 산속으로 잠입해 빨치산이 되었으며 대부분은 북으로 넘어갔다. 국군은 서울을 빼앗긴 지 3개월만인 9월 28일, 다시 탈환하고 중앙청 옥상에 태극기를 게양했다. 그리고 그 여세를 몰아 맹렬하게 북진을 서둘렀다. 38

선 이남은 거의 대부분 탈환했다.

드디어 10월 1일 국군 3사단 23연대 3대대가 강원도 양양에서 최초로 38선을 넘었다. 국군으로선 참으로 감격적인 순간이었다. 그래서 이날을 기념해 10월 1일이 '국군의 날'이 된 것이다. 그러나 국군의 북진에 제동이 걸렸다. 38선을 넘어서 더 이상 나아갈 수가 없었다.

38선을 넘어 계속 북진하려면 유엔의 승인이 필요했다. 이를 두고 미국과 소련의 이해관계가 충돌했다. 소련은 미군이 북한을 점령하면 중국이 위험하다고 판단했고, 미국은 이 기회에 공산주의 영역을 탈환할 절호의 기회라고 생각했다. 미국과 소련이 팽팽히 맞서고 있었기 때문에 국군의 북진은 늦어지고 있었다.

그러나 10월 7일, 결국 유엔은 북한공격을 결의했다. 국군과 유엔군은 이제 거침이 없었다. 미군의 'B-29폭격기'가 융단포격을 퍼부으며 북한 땅 전역을 단숨에 초토화시켰다. 훗날 김일성은 미군들의 무자비한 폭격으로 북한에는 지붕 하나 성한 곳이 없었다고 말할 정도로 폐허(廢墟)가 되었다.

국군과 유엔군은 10월 10일에는 원산에 상륙하고, 10월 19일에는 평양을 점령했다. 북한 김일성은 10월 12일 북한 정부와 인민군을 평양에서 완전 철수시키고 강계로 후퇴한 상태였다. 또한 전세가 불리해지자 북한 수뇌부는 내분이 일어나고 있었다. 김일성(金日成)과 박헌영(朴憲永)은 서로 전쟁을 망친 것이 당신 탓이라고 책임론을 제기하며 공방을 벌였다.

김일성은 박헌영에게 그렇게 장담하던 남로당은 도대체 어디에서 무엇을 하고 있었단 말이냐. 그들의 호응이 없었기 때문에 남조선 해방의 절호의 기회를 놓쳤다고 질타했다. 박헌영도 물러서지 않았다. 김일성 당신이 뒤를 살피지 않고 성급하게 무모한 공격을 편 것이 잘못된 것이었다. 결국 당신의 작전 실패로 쉽게 이길 수 있었던 전쟁을 망치게 되었고 맥아더에게 허를 찔려 실패했다며 격렬한 싸움을 벌였다고 한다.

이런 가운데 국군과 유엔군은 진격을 계속했다. 10월 26일에 청천강의 초산, 장진호, 압록강, 혜산진까지 점령하고 11월에는 마침내 두만강까지 진격했다. 북진통일(北進統一)이 거의 눈앞에 보였다.

다급해진 김일성(金日成)과 박헌영(朴憲永) 등, 북한 수뇌부는 마오쩌둥(모택동; 毛澤東)에게 군사파병을 요청하는 급서를 보냈다. 그러나 지원 요청을 받은 중공의 마오쩌둥은 파병을 망설이며 고민에 빠졌다. 이제 겨우 중국의 내전을 끝내고 통일했다고는 하나 아직은 모든 것이 불안정한 상태였기 때문이다. 그러나 한 편으로는 미군이 대만과 합세하여 중국으로 다시 쳐들어올지 모른다는 불안감이 존재하고 있었다.

고심하던 마오쩌둥은 결국 내부의 복잡한 사정을 외부로 돌리기 위한 수단과 사상적으로 불순한 세력들을 전쟁터로 내몰아 격리시킬 필요가 있다고 결론을 내렸다. 또 북한이 미군들의 수중에 들어가게 되면 더 큰 화를 부를 수 있다는 생각에 한국전 참전을 결정하게 된다.

이는 이미 한국전 발발 한달 전인 1950년 5월에 김일성과 마오쩌둥의 '베이징밀약'에 의해 유사시에는 서로 돕기로 결정된 사항이기도 했기 때문이다.

드디어 10월 25일, 항미원조(抗美援朝; 미국을 반대하고 조선을 돕는다)라는 명분을 내세우며 북한 파병을 결정했다. 곧바로 수백만 명의 군사가 물이 차가워지기 시작한 압록강을 건너기 시작했다. 그리고 마침내 11월 27일, 한반도에 들어온 중공군의 엄청난 인해전술(人海戰術)이 시작된다.

수십만 명의 중공군이 요란한 악기소리를 내며 남하하기 시작했다. 불과 얼마 전까지 '국공내전(國共內戰)'을 벌이며 풍부한 실전경험을 쌓은 중공군의 위세는 실로 대단했다. 그 군사들 중에는 마오쩌둥의 아들 마오안잉(모안영; 毛岸英)도 끼어 있었다. 중공군 사령관 펑더화이(팽덕회; 彭德懷)의 통역으로 참전했지만 얼마 되지 않아 미군의 포격으로 전사한다.

압록강을 건너 끝도 없이 몰려오는 수백만 중공군의 인해전술(人海戰

術)에 국군과 유엔군은 망연자실(茫然自失)했다. 전쟁의 승리와 통일을 눈앞에 두고 중공군 때문에 눈물을 삼키며 후퇴할 수밖에 없었다. 12월 4일에는 어렵게 탈환한 평양을 다시 내어주게 된다. 이때 국군과 미군은 북한군 외에도 두 가지 적과 싸워야 했다. 하나는 중공군이고 또 하나는 영하 40도에 육박하는 추위와 싸워야 했던 것이다.

중공군의 인해전술로 도저히 전세를 역전시킬 기미가 보이지 않자 맥아더와 트루먼은 핵폭탄 카드를 꺼내들고 논의하고 있었다. 24개의 원자탄으로 중국을 공격하려 했다. 특히 맥아더의 의지는 강했다. 그러나 트루먼은 망설였다. 그러기에는 부담이 너무 컸던 것이다. 2차 세계대전이 끝난 지 얼마 되지 않았는데 또 다시 3차 세계대전을 일으킬 수 없다고 판단해 핵카드를 거두어들임으로써 결국 무위로 끝나고 말았다.

만약 그때 미국이 일본에 이어 중국에도 원자탄을 사용했더라면 세계역사, 아니 동북아시아의 역사는 크게 달라졌을 것이다.

중공군 수십만 명의 인해전술은 조국통일의 걸림돌이었다

장진호전투와 '흥남부두철수작전'

　중공군은 물밀 듯이 몰려오고 국군과 유엔군은 다급했다. 중공군 수십
만 명은 끈질기게 공격해 오는데 엄동설한(嚴冬雪寒)에 후퇴 외에 다른
방법이 없었다. 이른바 대표적인 것이 장진호전투와 흥남철수작전이다.

　장진호전투는 1950년 11월 27일부터 12월 11일까지 동부전선에서 전
개한 작전을 말한다. 미 제10군단 예하 미 제1해병사단이 서부전선과의
연결을 유지하기 위해 중공군을 상대로 영하의 살인적 추위와 싸워가며
2주간에 걸쳐 펼쳤던 혹독한 방어전투(防禦戰鬪)이자 철수작전(撤收作
戰)이다.

　당시 원산이 적에게 점령당해 퇴로가 차단당한 미10군단 장병들은 영
하 27도의 추위 속에서 중공군의 공격을 방어해 가면서 작전기지인 함흥,
흥남으로 천신만고(千辛萬苦) 끝에 후퇴하였다. 원산에 주둔해 있던 미
제3사단도 중공군이 남쪽의 퇴로를 막아버리자 이곳으로 이동해 왔다.
이 전투에서 미군은 수천 명의 사상자를 내고 말았다.

　대부분 전투보다는 동상으로 희생된 사람이 더 많았다. 몰아닥친 지독
한 영하의 추위는 모든 것을 얼어붙게 만들었다. 옷을 겹겹이 껴입어도
손과 발은 물론이고 얼굴도 하얗게 변해 버렸다. 수통의 물도 전투식량도
얼어서 먹을 수가 없었으며, 수류탄마저도 불발되는가 하면 차량의 시동
마저 걸리지 않을 정도였다고 한다.

　'장진호전투'는 미군이 일본의 '진주만공격' 이후 처음으로 대패한 전
투라 할 정도로 처절했다. 장진호전투에서만 미군 3,000여 명이 전사하고
사상자는 17,000여 명에 달했다. 겨우 살아남은 병사들도 대부분 뿔뿔이
흩어져 동상에 걸린 몸으로 포위망을 빠져 나오기에 급급했다. '장진호
전투'는 한 마디로 2차 세계대전 당시 소련의 '스탈린그라드전투'에 비
견될 만큼 처절했다고 하니 그때의 긴박한 참상을 짐작하고도 남는다.

중공군도 예외가 될 수 없었다. 전투병과 비전투 요원을 합해 수만 명의 희생자를 냈으며, 이로 인해 전투력에 막대한 손실을 입게 되었다. 쌍방이 모두 그 유명한 한반도 북쪽의 지독한 영하의 한파에 전투력을 상실한 채 희생자만 점점 늘어가고 있었다.

천신만고(千辛萬苦) 끝에 흥남으로 집결한 병력은 10만5천여 명에 달했다. 그러나 이제 더 이상 갈 곳이 없었다. 미군과 한국군의 지휘부는 어쩔 수 없이 철수작전을 계획하게 된다. 사령관 맥아더의 재가를 받아 흥남부두에서 배와 수송기를 이용해 수로를 이용한 철수를 결정했다. 결코 쉽지 않은 작전이었다. 그런데 설상가상으로 또 한 가지 문제가 생겼다. 북한에서 남한으로 탈출하려는 북한 피난민들이 부두로 한꺼번에 몰려들기 시작한 것이다.

함흥 방면에서 올라온 주민들이 전투를 피해 주변 계곡이나 동굴에 숨어 있다가 미군이 나타나자 함께 데려가 달라고 매달린 것이다. 미군은 이들을 도와줄 여력이 없었다. 그리고 작전상 어려움 때문에 도저히 불가능한 일이었다. 하지만 그들은 국군 장교들과 피난민들의 간곡한 설득에 마음이 흔들렸다. 또 살려달라고 아우성치는 어린이와 여인들을 외면할 수가 없었다.

흥남부두 철수장면 (1951.12.15.~20)

마침내 비장한 결심을 하게 된다. 그들은 피난민을 한 사람이라도 더 태우기 위해 배의 무게를 최대한 줄이는 결단을 내렸다. 생명과도 같은 무기와 장비들을 모두 버릴 수밖에 없었다. 그들은 적들이 포위망을 조여 오는 긴박함과 매서운 추위와 싸우면서도 몰려든 30여 만 명의 주민들 중 10여 만 명을 안전하게 구출하게 된다. 한겨울인 1951년 12월 15일부터 24일까지 북동부전선 흥남부두에서 있었던 일이다.

11만 명의 국군과 유엔군, 그리고 10만 명이 넘는 피난민들이 흥남부두에서 해상을 통해 부산으로 대규모의 철수를 하게 된 것이다. 이 대규모 '흥남부두철수작전'은 기네스북에도 등재될 만큼 유명하고 감동적인 단기간의 대형철수작전이었다. 가수 현인이 불러 히트한 '굳세어라 금순아'의 가사 속에는 이 시절의 애환이 고스란히 담겨져 있다.

굳세어라 금순아 _작사 강사랑/ 작곡 박시춘/ 노래 현인

눈보라가 휘날리는
바람찬 흥남부두에
목을 놓아 불러봤다. 찾아를 봤다.
금순아 어디로 가고
길을 잃고 헤매었느냐.
피눈물을 흘리면서
1.4 이후 나 홀로 왔다.

일가친척 없는 몸이
지금은 무엇을 하나

이 내 몸은 국제시장 장사치기다
금순아 보고 싶구나.
고향 꿈도 그리워진다.
영도다리 난간 위에
초생달만 외로이 떴다.

철의 장막 모진 설움
받고서 살아를 간들
천지간에 너와 난데 변함 있으랴
금순아 굳세어다오.
남북통일 그날이 오면
손을 잡고 웃어보자
얼싸안고 춤도 춰보자.

또 이밖에도 한국전쟁의 처절함
과 참상을 적나라하게 말해 주는
또 한 장의 사진이 있다. 파괴된 대
동강 철교와 그 철교를 타고 넘는
수많은 피난민들의 사진이다. 이
사진은 한국전쟁의 비참함을 상징
적으로 증언하고 있다.

당시 미국 출신 종군기자로 한국
전쟁을 취재하기 위해 참전한 '맥
스 데스퍼' 가 촬영한 사진이다. 맥
스 데스퍼는 대동강 철교를 타고
넘는 피난민을 찍은 사진 하나로

폭파된 대동강 철교를 타고 넘는 피난민들(1950.12.4.)

그해 '퓰리처상' 을 수상한 바 있는데 그는 이때의 광경을 다음과 같이 회고한 바 있다.

맥스 데스퍼 미국 종군기자
(2018년 104세로 타계)

"나는 피난민들이 자유를 찾아 목숨 걸고 탈출하는 것을 보고 말할 수 없는 경외감을 느꼈다. 폭격으로 파괴된 대동강 철교 교각 사이에 달라붙어 있는 사람들의 모습이 마치 개미떼가 이동하는 모습 같았다. 나는 여러 전쟁에 종군해 전쟁의 참혹함을 수없이 지켜봤지만 그처럼 비참한 광경은 내 생애 처음이었다."

그러나 이 무렵 남쪽에서는 이와는 정반대의 수치스럽고 고개를 들 수 없는 참담한 일들이 연이어 벌어지고 있었다. 1951년 1월에 터진 '국민방위군사건' 이 그것이다. 국가의 위기를 맞아 병력을 보충하기 위해 17세에서 40세까지의 장정들을 '국민방위군' 이라는 이름으로 소집했다. 그런데 소집되었던 수만 명의 장정들이 한겨울에 입을 것과 먹을 것이 없어 얼어 죽고 굶어 죽은 사건이다.

아무리 전시라 해도 결코 있어서는 안 될 어처구니가 없는 일이 벌어진 것이다. 그들을 그렇게 만든 이들은 국민방위군을 이끌던 대한청년단 간부들이었다. 병사들에게 지급해야 될 식량과 피복들을 뒤로 빼돌려 착복했기 때문에 생긴 일이었다.

그 당시 필자의 부친도 수만 명의 장정들과 함께 국민방위군 소집에 동원됐다. 인솔자를 따라 한없이 걷고 또 걸어서 전선을 향해 가다가 어느 날 갑자기 해산명령이 내려졌다고 한다. 사실은 수용할 능력이 없자 버려진 것이었다. 구심점을 잃은 장정들은 하루아침에 거지신세가 되어버렸다. 천신만고(千辛萬苦) 끝에 영양실조에 걸린 상태로 겨우 집에 돌아왔을 때는 피골이 상접한 몰골이 시체와 같았다는 어머니와 어른들의 이야기를 수없이 전해 들었다.

어찌 나라의 명운이 걸린 전시에 지휘관이란 자들이 이 같은 일을 저지른단 말인가. 이 같은 정신과 지휘체계로 어찌 전쟁에서 승리할 수 있단 말인가. 있을 수 없는 일이다. 당시 사건의 책임자들은 전시였기에 즉시 군법회의에 회부되어 총살형을 당했다. 또 이시영(李始榮) 부통령은 충격과 실망감을 견디지 못하고 사임했고, 국방장관 신성모(申性模)도 물러났다. 그리고 그 자리는 이기붕(李起鵬)이 임명되었다. 전시에 국방총수(國防總帥)가 교체된 것이다.

또 같은 해 2월에는 이보다 더 큰 참극이 국군에 의해 자행됐다. 일명 '거창양민학살사건' 이다. 죄 없는 어린이 359명을 포함한 700여 명이 넘는 양민들이 공비토벌이란 명목으로 무차별 학살되는 일이 벌어진 것이다. 생각해 보라. 북쪽의 흥남부두에서는 엄동설한(嚴冬雪寒)에 외국인들이 자국민도 아닌 남의 나라 국민들을 한 명이라도 더 구출하기 위해 목숨을 걸고 있을 때 남쪽에서는 국군이 죄 없는 양민과 어린이를 그처럼 처참하게 죽일 수 있었단 말인가.

이것이 과연 국민의 수호자라는 국군이 할 수 있는 일인가. 국군은 국민의 안전을 지키기 위해 존재하는 것이 아닌가. 그들도 군법회의에 회부되어 당연히 유죄를 선고받았다. 그런데 어쩐 일인지 얼마 지나지 않아 그들은 대부분 사면(赦免)되고 말았다. 심지어 일부 인사들은 정부에 의해 요직에 재등용되는 일까지 있었다.

추악한 정상배들의 정권욕(政權慾)이 법의 존엄성(尊嚴性)과 함께 도덕성마저 훼손시킨 것이다. 그때 잘못을 바로잡지 않았기 때문에 몇 십 년이 지나 1979년 12월에 벌어졌던 군부 하극상과 1980년 5월 광주항쟁 때도 이와 똑같은 일이 반복된 것이다. 국가의 안위보다는 정권욕에 사로잡힌 정치군인들이 헌법을 유린하고 상관을 욕보이고 공수부대를 동원해 무차별하게 양민을 학살하는 만행을 거침없이 저지르게 된 것이다. 너무나 어처구니가 없고 참담함을 금할 수가 없다.

광주를 포함한 모든 의문사의 진상을 언제까지라도 추적해 낱낱이 밝혀야 하고 당사자들은 그에 합당한 처벌이 반드시 있어야 한다. 선진국은 그냥 저절로 되는 것이 아니다. 진정 선진강국(先進强國)이 되려면 결코 이 같은 일이 일어나서도 안 될 뿐더러 진상규명 또한 흐지부지 넘어가서는 안 된다. 군은 국민으로부터 절대적으로 신뢰받는 마지막 보루이고 국가의 기둥이 되어야 하지 않겠는가. 충무공(忠武公) 이순신(李舜臣)을 비롯한 위대한 군인들의 제1덕목은 권력에 대한 향배(向拜)가 아니라 국민들의 안위(安慰)가 최우선이었음을 명심할 일이다.

승자도 패자도 없는 전쟁, 그리고 휴전협정

해가 바뀐 1951년 1월, 전황은 국군과 유엔군에게 불리하게 전개되고 있었다. 중공군의 집요하고 끈질긴 인해전술에 밀려 1월 4일 또 다시 서울을 내어주게 된다. 소위 1.4후퇴다. 7일에는 수원을 내주었다. 급기야 중공군의 1,2,3차에 걸친 대공세로 압박하게 된다. 이 공세로 인해 1월 25일, 유엔군과 국군은 전선이 평택, 제천, 삼척으로 이어지는 선까지 밀렸다.

그러나 중공군은 4차공세의 실패와 세 차례의 공세로 인한 급격한 전력상실로 공격력이 저하되어 전세는 또 다시 역전된다. 미군을 위시한 유엔군은 강력한 화력을 앞세워 작전의 주도권을 쥐게 되고 다시 반격의 기회를 맞게 된다.

이승만(李承晩)은 북의 남침으로 38선은 이미 없어졌다고 주장하며 북진통일(北進統一)을 미국에 통보한다. 3월 14일에는 서울을 재탈환(再奪還)한다. 수도의 주인이 네 번째 바뀌는 순간이었다. 이때부터 전세는 완전히 역전되었다. 국군과 유엔군은 다시 북진을 시작했다.

하지만 이때 한반도의 운명을 가르는 뼈아픈 변수가 등장하게 된다. 미국의 정치적 고려와 공산진영의 이해관계가 맞아떨어져 휴전(休戰)이라는 카드가 물밑에서 꿈틀거리게 된 것이다. 이 문제를 계기로 미국 수뇌부인 대통령 트루먼과 유엔군 총사령관 맥아더가 의견대립을 보이기 시작한다. 맥아더는 현재 전쟁중인 중국의 기를 꺾지 못하면 장차 화근이 된다면서 아시아를 중시했다.

이미 앞부분 인천상륙작전에서 기술(記述)했듯이 맥아더는 이 기회에 전선을 중국까지 확대하려 했고 핵폭탄카드까지 꺼내들었다. 반면에 트루먼은 3차 대전을 우려해 확전을 반대한다고 했지만 사실은 동아시아에서 전선이 확대될 경우 미국이 아시아에 신경 쓰는 사이 유럽이 소련의 영향권에 들어갈 것을 우려했기 때문이었다.

결국 1951년 4월 11일 트루먼은 3차 대전을 막고 세계평화(世界平和)를 지킨다는 명분을 내세워 휴전 쪽으로 결단을 내린다. 동시에 대통령에 반기를 들며 대립하고 있던 맥아더를 전격해임하고 대신 유럽을 지키기 위해 아이젠하워를 NATO(소련으로부터 서유럽을 지키기 위해 결성한 북대서양방위조약기구) 사령관으로 임명한다.

그러나 파장은 만만치 않았다. 미국 국내에서는 이 문제로 대통령 탄핵 움직임까지 일고 있었다. 이때부터 전선은 교착상태에 빠지고 만다. 연일 밀고 밀리는 상태가 계속되자 전황의 불리함을 깨달은 소련은 1951년 6월이 되자 말리크 유엔 대표를 통해 전격적으로 휴전(休戰) 교섭을 제의하게 된다.

남한의 이승만은 통일 없는 휴전은 무의미하다며 끝내 휴전을 반대했

국군과 유엔군은 인민군과 중공군을 상대로 치열한 고지탈환전을 펼쳤다

다. 차제에 북진통일(北進統一)을 관철하려 했다. 그러나 한국의 반대에
도 양측은 2년여 동안 자국의 이해득실을 따지며 160여 회의 지지부진한
휴전회담을 이어가게 된다.

한편 전선에서는 1951년 6월, 휴전논의가 시작되었던 그날부터 전쟁의
승패에는 관계없는 필사적인 고지탈환전이 불을 뿜기 시작한다. 전선마
다 끔찍한 전사자(戰死者)만 양산시키는 전투가 계속되고 있었다. 북한
군과 중공군의 저항은 날이 갈수록 더욱 완강해지기 시작했다. 국군은
북·중연합군의 격렬한 저항으로 더 이상 나아가지 못했다. 양측은 배수
의 진을 치고 불퇴전(不退轉)의 공격을 퍼부었다.

전선은 지금의 휴전선 일대에서 밀고 밀리는 교착상태에 빠지고 만다.
이미 판문점에서는 휴전회담이 진행 중이기 때문에 전쟁의 승패와는 상
관없는 전투였다. 하지만 영토를 한 뼘이라도 더 차지하려는 아군과 적군
의 공방전(攻防戰)이 치열하게 전개됐던 것이다. 이 의미 없는 공방은 무
려 2년 동안이나 계속됐다. 6.25 한국전쟁의 70%가 넘는 전투가 이때 이

곳에서 펼쳐졌다.

필사의 고지탈환 전투가 날마다 밤낮으로 이어졌다. 그로 말미암아 피아간에 무수한 희생자가 양산되었다. 이 기간에 펼쳐졌던 수많은 고지전 중에서도 가장 치열했던 전투가 1952년 10월에 있었던 철원의 백마고지 전투다. 중공군 14,000명과 국군 9사단 장병 3,400명이 희생되었다. 밤낮으로 전투를 벌여 고지의 주인이 무려 12번이나 바뀌었다는 이야기가 전설처럼 남아 있다. 세계 전쟁사에 유례가 없는 끔찍한 고지탈환전(高地奪還戰)이란 이름도 이때 생긴 말이다.

판문점에서 열린 휴전회담의 주요 관건은 세 가지였다. 첫째는 모든 외국군은 한반도에서 철수하자는 공산군의 주장을 유엔군은 아직은 시기가 아니라고 반대하는 것이었고, 또 하나는 영토 경계선 문제였다. 북한과 중국은 기존 38선의 경계를 고집했고, 유엔군은 현 전선으로 고정하자는 것이었다. 그것은 교전선이 38선 북쪽으로 올라가 있었기 때문이었다. 마지막 하나는 포로교환 문제였다. 이 문제가 가장 첨예하고 격렬하게 맞선 쟁점(爭點)이기도 했다. 공산군은 모든 포로는 무조건 전원 송환시키자는 것이었고, 유엔군 측은 1대1 비율로 희망자만 송환시키고 나머지는 자유의사에 맡기자고 하며 양측이 팽팽하게 대립하고 있었다.

북한군은 포로교환에 매우 소극적이었다. 그것은 전황이 이미 38선 이북으로 밀려나 있는 데다가 포로들을 맞바꾸게 되었을 때 남쪽에 잡혀 있는 북한 포로들이 북으로 돌아오지 않을 것을 우려한 때문이었다. 또 북한에 잡혀 있는 국군과 유엔군은 1만2천여 명에 불과하지만 유엔군이 수용하고 있는 공산군 포로는 17만여 명이나 되었다. 그중 5만여 명은 북한과 중국으로 가는 것을 공공연히 거부하고 있는 실정이었기 때문이다.

그러나 이 문제와는 별도로 소련의 스탈린은 또 다른 속셈이 작용하고 있었다. 유럽에서 소련의 지위를 강화하기 위해 미군과 중공군을 한국전선에 장기간 묶어두는 것이 유리하다고 판단했기 때문에 의도적으로 회담을 지연시키고 있었다. 그러나 역사는 그들의 뜻대로 움직여주지 않았다. 이 즈음 미국과 소련 양국에서는 갑작스런 돌발변수가 생긴 것이다.

1953년 1월이 되자 미국에서는 한국전쟁을 총괄하던 33대 대통령 트루먼이 물러나고 선거에서 승리한 제2차 세계대전의 영웅 '아이젠하워' 가 34대 대통령으로 선출되었다.

또 바로 두 달 후인 1953년 3월에는 소련의 철권 통치자 '이오시프 스탈린' 이 갑자기 사망한 것이다. 무자비한 숙청을 통한 공포정치로 소련을 이끌었고 미국으로 하여금 서유럽에 집중하지 못하도록 일부러 한국전 휴전회담마저 지연시키고 있던 그의 갑작스런 죽음은 많은 의혹과 함께 정세변동을 몰고 왔다.

우선 그의 죽음에 대해 정치적 책략설과 독살설 등 갖가지 의혹이 난무했으나 뇌출혈에 의한 사망으로 밝혀졌다. 또한 그의 죽음은 판문점 휴전회담을 가속화시키는 계기가 됐다. 지도자가 교체되고 정국이 불안정한 소련은 중국을 압박해 정전(停戰)을 독려하기 시작했다.

미국도 사정은 비슷했다. 국민들의 휴전에 대한 여론은 날이 갈수록 더욱 거세지기 시작했다. 한국전쟁을 끝내겠다는 공약을 내세워 트루먼의 뒤를 이어 대통령에 당선된 아이젠하워는 대통령선거 공약을 지키라는 미국 국민들의 압력에 연일 시달리고 있었다. 아이젠하워 역시 휴전을 서둘 수밖에 없었다.

이렇게 되자 판문점에서 한 치의 양보도 없이 시간만 지루하게 끌어가던 휴전회담이 1953년 4월부터 빠르게 진전된다. 휴전 반대를 주장해 온 이승만은 크게 반발하였다. 중공군 즉각 철수와 한국군 단독 북진을 주장하며 반공포로 27,000여 명을 전격 석방해 버린다.

미국의 아이젠하워는 '로버트슨' 국무차관보를 한국에 급파해 '한미상호방위조약' 과 '경제원조' 를 조건으로 한미공동방위(韓美共同防衛)를 약속하며 이승만을 설득했다. 말이 설득이지 당시 한국에게는 이를 거

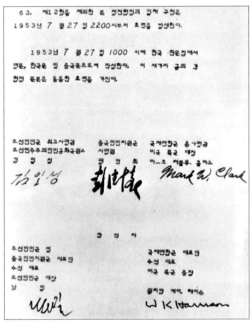

한국전쟁 휴전협정 조인 문서 (1953.7.27.)

부할 힘이 없었다. 모든 결정권은 미국에 있었고 미국 국내에서는 철군(撤軍) 여론이 점점 거세지고 있었다.

북한도 힘이 없기는 마찬가지였다. 이미 전투력이 한계점에 도달해 있었다. 중공군에 의지해서 겨우 전투를 이어가고 있는 상황이었기 때문이다. 마오쩌둥과 아이젠하워는 자신들의 정치적 고려에 의해 최종 결단을 내린다. 한국이 참여하지 않은 상태에서 종전(終戰)이 아닌 휴전상태(休戰狀態)로 전쟁을 봉합하기로 결심하고 이를 서로에게 통보한다.

그리고 마침내 1953년 7월 27일 오전 10시, 판문점에서 '휴전협정(休戰協定)' 은 조인되고 말았다. 공식적인 '평화협정(平和協定)' 이 있을 때까지 전쟁을 보류한다는 내용이었다. 3년 여의 처절한 전쟁이었지만 승리한 쪽도 패배한 쪽도 없었다. 다만 전쟁이 중단되었을 뿐이다. 정전협정 조인을 위한 자리에는 북한의 남일(南日)과 중국의 펑더화이(펑덕회; 彭德懷), 그리고 '마크 웨인 클라크' 유엔군 대표가 참석했다. 한국은 끝까지 휴전을 반대해 참석하지 않았다.

이렇게 해서 한반도에는 원한의 38선 대신 이번에는 통한의 휴전선(休戰線)이 그어지게 되었다. 남북 군사분계선(軍事分界線)과 비무장지대

(非武裝地帶)가 만들어졌다. 한국전쟁이 일어난 지 만 3년 1개월, 일수로는 1,129일 만이었고, 휴전 논의가 시작된 지 2년 1개월 만의 일이었다.

휴전 직후인 1954년 4월 스위스 제네바에서 한반도에 관한 회의가 열렸다. 외국군 완전철수와 한반도 통일에 대한 강대국들의 회담이었으나 아무 성과 없이 끝나고 말았다. 한국 국민들은 통일에 대한 실오라기 같은 희망을 갖고 기대했지만 결과는 실망스러웠다. 그것은 강대국들이 벌인 하나의 통과의례(通過儀禮)에 불과했던 것이다.

이것이 한반도 통일을 위한 처음이자 마지막 국제회의가 되었다. 길고 긴 한반도 분단의 비극이 시작된 것이다. 이때부터 남한은 북진통일을 위한 철저한 반공국가가 되었고, 북한은 이때부터 한국전쟁을 남한이 아닌 미국과의 전쟁으로 규정짓게 되었던 것이다.

그리고 70년이 흘렀다. 그런데 아직도 전쟁을 끝내지 못한 채 휴전상태(休戰狀態)가 지속되고 있다. 155마일 휴전선(군사분계선; 軍事分界線)과 이를 경계로 한 남북 각각 2km씩 4km의 완충지대인 비무장지대(非武裝地帶)를 만들었다. 원래 비무장지대란 군대의 주둔이나 무기의 배치, 군사시설의 설치가 금지된 곳을 말한다. 그런데도 휴전 기간이 길어짐에 따라 경계의 폭은 점점 가까이 좁혀졌고, 산봉우리와 능선들을 따라 수많은

1953년 7월 27일 한국전쟁 휴전협정 조인식 장면

GP(감시초소)가 자리 잡게 되었다.

　남쪽에만 90여 개, 북쪽에는 200여 개의 GP가 만들어졌다. 한국전쟁 당시 200만 개 이상의 지뢰가 매설된 지역을 남북 군사력의 70%가 중무장한 채 집결해 있다. 한없이 서글프고 무서운 일이다. 한 뿌리에서 난 피를 나눈 형제가 마치 대륙세력(大陸勢力)과 해양세력(海洋勢力)의 전위대(前衛隊)인 양 총칼을 겨누며 대치하고 있다. 70년을 넘게 총성(銃聲) 없는 전쟁(戰爭)을 치르고 있다. 한국전쟁은 아직 끝나지 않은 것이다.

통한(痛恨)의 휴전선을
평화(平和)의 상징으로

전쟁 발발부터 휴전이 성립되기까지 만 3년 1개월(1,129일) 동안 지속된 한국전쟁은 동족상잔(同族相殘)의 씻지 못할 오욕(汚辱)의 전쟁이었다. 또한 미국과 소련이라는 두 냉전세력이 개입된 전쟁이자 미국과 중국이 부딪힌 국제분쟁이기도 했다. 다시 말해서 내전(內戰)이 국제전(國際戰)으로 비화된 이념전쟁(理念戰爭)이었다. 기네스북에도 한국전쟁은 가장 많은 나라가 참여한 가장 참혹한 전쟁으로 기록되었다.

북에서는 인민군 3개 군단과 중공군 9개 군단 300만 명이 인해전술을 펴며 참전했다. 남에서는 한국군과 미군 178만여 명을 비롯한 16개국의 유엔군이 정예 병력을 이끌고 참전했다(군 편제가 공산국가는 군단 중심이고 한국군과 미군은 사단 중심으로 되어 있다).

그 밖에 5개국이 의료를 지원했으며, 무려 42개국이 군수물자를 지원함으로써 도합 63개국이 참여한 두 차례의 세계대전에 버금가는 대규모 전쟁으로 기록된 것이다.

그 결과 한반도 국토의 80%가 폐허(廢墟)로 변했으며 320만 명이라는 엄청난 인명피해(人命被害)를 냈고 막대한 경제적 손실을 가져왔다. 피아간에 38도선을 무려 세 번씩이나 넘나들면서 남으로는 낙동강, 북으로는 압록강에 이르는 한반도 전체가 화염에 휩싸이는 전쟁터였다. 한국전쟁은 그야말로 필설로는 형언하기 어려운 참화(慘禍) 그 자체였다.

국방부 자료에 따르면 한국군은 13만 7,899명이 숨지고 8,000여 명이 포로가 되었다. 34만 명이 참전한 유엔군은 5만 7,933명이 목숨을 잃었으며, 그중 5,773명이 포로가 되었다. 부상자는 이루 헤아릴 수 없었다. 미군도 실종을 포함해 5만 4246명이 전사했고, 2,150여 대의 항공기를 잃었다.

북한군 역시 22만 명의 병력을 잃었고, 중공군은 90여 만 명의 사상자를 냈다. 민간인의 희생은 100만 명에 달했고, 300만 명이 넘는 이재민이 발생했다. 6.25를 전후해 북한에서는 수십 만 명의 주민들이 자유를 찾아 월남했고, 4만여 명의 반공포로가 북송을 거부하기도 했다. 또한 20만 명의 전쟁미망인과 10만 명의 전쟁고아(戰爭孤兒)가 발생했으며, 1,000만 명의 이산가족(離散家族)이 생겨나게 되었다.

그뿐 아니다. 북한군은 사전 계획에 따라 안재홍(安在鴻), 김규식(金奎植), 조소앙(趙素昻), 정지용(鄭芝溶), 정인보(鄭寅普), 손진태(孫晉泰) 등 8만 명이 넘는 정치인, 언론인, 예술인, 학자, 법조인 등 각계각층(各界各層)의 인사를 북으로 납치해 갔다. 납북 인사 중 대다수가 미처 피난을 가지 못한 채 자택이나 사무실 등에서 납치되었다.

그들을 납치해 끌고 갔던 통로가 주로 미아리고개였기에 '한(恨) 많은 미아리고개'라는 가슴 저미는 노래가 만들어지기도 했다. 반야월 작사, 이재호 작곡, 가수 이해연이 부른 '단장의 미아리고개'라는 노래는 당시는 물론 오늘날까지도 그 절절한 사연과 함께 많은 사람들의 심금을 울리고 있다.

이 얼마나 비통하고 참혹(慘酷)한 전쟁인가. 전쟁은 신이 아니라 인간이 만들어 낸 지옥이라는 사실을 결코 잊지 말아야 할 것이다. 이 생지옥과 같았던 참담한 한국전쟁(韓國戰爭)으로 인해 우리는 국토분단(國土分斷), 국가분단(國家分斷)에 이어 이제 민족분단(民族分斷)이라는 무거운 멍에를 안고 살아가게 되었던 것이다.

앞에서 살펴본 것처럼 구한말에서 현재까지의 우리의 근현대사는 '식민과 해방', '분단과 전쟁' 그리고 '냉전의 시대' 로 이어지는 파란만장의 연속이었다.

그러나 우리 민족은 그 속에서도 좌절하지 않았다. 끊임없이 미래를 향해 도전해 왔다. 마침내 우리는 각고의 노력 끝에 세계에서 유일하게 산업화와 민주화의 금자탑을 쌓아 올렸다.

이제 마지막으로 분단의 멍에를 푸는 일이 남았다. 남의 손에 맡기지 말고 우리 손으로 풀어야 한다. 얼룩지고 굴곡(屈曲)진 역사를 이젠 끝내야 한다.

불행했던 역사의 늪속에서 빠져나와야 한다. 일제침략의 부산물로 우리의 의사와 관계없이 만들어진 분단구조(分斷構造)를 남북이 머리를 맞대고 지혜롭게 해결해야 한다.

이제 국제사회 그 누구도 한국전쟁을 떠올리는 나라는 없다. 우리에게는 끝나지 않은 전쟁이지만 그들에게는 완전히 잊혀져 버린 전쟁이다. 더구나 한반도 통일은 그들의 경계대상은 될지언정 관심대상은 더욱 아니다. 그러기에 우리가 나서지 않으면 안 되는 것이다.

분단극복도 한반도 통일도 반드시 우리가 해내야 한다. 한반도 평화체제(平和體制)를 구축해 민족(民族)과 국가(國家)와 국토(國土)를 온전히 하나로 만들어 후손에게 물려주어야 한다.

이것이 지금 이 시대를 살고 있는 우리가 해야 할 가장 큰 과제(課題)요 중요한 사명(使命)이다.

비무장지대 _ 태종호

도라산 전망대에 올라
호흡 한 번 가다듬고
북녘 땅을 바라본다.
눈 크게 뜨고 발돋움하며
내 산하 내 동포를 찾는다.
시력 갈증 느끼며
머리 들어 하늘을 보니
창공을 나는 새처럼
흘러가고 밀려오는 구름처럼
파란 하늘빛 속에
완성된 통일조국이 보인다.

내 마음은 어느새
심장의 박동소리와 함께
휴전선을 사뿐히 넘어
개성을 지나고 있다.
금강산과 평양을 지나
백두산 천지에 올라
압록강 너머 대륙을 살피고
다시 두만강을 건너
광활한 시베리아를 달린다.
통일열차에 올라
세계를 향해 거침없이 달린다.

그러나 어찌하랴
문득 아래를 내려다보니
비무장지대 적막 속에
숨소리조차 잦아들고
분단 70년 세월에 녹슬어버린
철조망은 탄식하며 울고 있다.
저 멀리 송악산 아래
우리의 역사 담겼는데
눈앞의 제 3땅굴 표지판은
가슴을 저며 온다.
땅속으로 어찌 통일을 열고
총칼로 어찌 평화를 얻으랴

평화통일 험한 고개 넘어
가야 할 길은 한없이 먼데
내 강토 내 민족 되살릴
통일의 부푼 꿈은 어찌하고
편 갈라 싸우느라
총명했던 지혜마저 고갈되어
한반도의 풀기 어려운 방정식만
머릿속을 맴도는 오늘
DMZ 세계평화공원 설계도만
바람결에 흩날린다.

— 을미년(乙未年, 2015년) 5월
　　　도라산 전망대에서 비무장지대를 바라보며

판문점(板門店)을 평화의 광장으로

2018년 4월 27일 역사적인 판문점(板門店) 남북정상회담(南北頂上會談)이 열렸다. 이후 판문점은 길고 긴 겨울잠에서 깨어났다. '판문점도끼 만행사건'으로 대표되는 부정적(否定的) 이미지를 말끔히 걷어내고 세계가 주목하는 평화(平和)를 상징(象徵)하는 명소로 되살아났다. 나는 예전부터 언론을 통해 '판문점 남북정상회담(南北頂上會談)'을 주장해 왔다 (2011.5.30. 통일신문; 2011.6.10. 세계일보; 2018.1.30. 출간된 '태종호의 통일직설' 1권 26쪽).

그런데 마침내 그것이 성사되었고 이를 기점으로 한반도에 평화의 서광이 비치기 시작했다. 국가적으로는 말할 것도 없고 나 개인적으로도 매우 기쁘게 생각한다. 광복 이후 70년의 굴곡진 역사는 차치하고라도 가까이는 불과 1년 전만 해도 한반도는 풍전등화(風前燈火)처럼 위태로웠다. 한 치의 양보 없는 북·미의 충돌로 인해 일촉즉발(一觸卽發)의 전쟁의 위기가 연일 계속되었다.

그런데 북한의 평창 동계올림픽 참가를 계기로 서광이 비치기 시작했다. 역시 피는 물보다 진했다. 4.27 판문점 남북정상회담이 열렸다. 한반도 상공을 감돌고 있던 전쟁(戰爭)의 기운을 잠재웠고 대신 판문점선언으로 평화(平和)의 문을 열었다. 북·미도 세 차례의 정상회담(판문점 비공식회담 포함)을 통해 북한의 비핵화와 한반도 평화체제를 논의하고 있다. 마침내 극적인 반전(反轉)을 이루어 낸 것이다.

판문점은 남북관계를 되짚어볼 수 있는 '남북관계사(南北關係史)'의 축약판이라 할 수 있다. 그럼에도 남북한을 막론하고 일반 대중들에게는 낯설고 생소한 곳이다. 나는 과거에 드문드문 판문점을 여러 차례 다녀온 적이 있었다. 그때마다 판문점(板門店)을 바라보는 느낌은 별반 다름이 없었다.

남북이 수시로 만나서 시급한 현안들과 협력방안을 모색하고 종전과 평화를 논의한다거나 한반도 통일을 심도 있게 의논하거나 또는 남북의 학생들이 모여 민족의 장래에 대한 희망이나 발전을 토론하는 장소라기보다 그저 유엔군이 관리(管理)하고 주둔(駐屯)하고 있는 외인부대(外人部隊)를 보는 것 같은 인상이 짙게 배어있었다.

판문점은 서울에서 서북쪽으로 62km, 평양에서는 남쪽으로 215km 떨어져 있다. 서울에서 차로 불과 30여 분 거리지만 아무나 쉽게 접근(接近)할 수 없는 금단의 장소였다. 복잡(複雜)한 방문절차(訪問節次)를 통과해야만 갈 수 있고, 가더라도 제약과 통제가 많아 짧은 시간에 어두운 그림자만 스치듯이 보고 오는 곳이었다. 혹 여유가 있으면 진한 검은색 안경을 착용한 무표정의 경비병과 사진 한 장 찍고 북측 초소(哨所)에 서 있는 북한 경비병(警備兵)을 지근거리(至近距離)에서 보고 오는 것으로 만족해야만 했다.

판문점은 남과 북이 가장 가까이에서 마주하고 있지만 사실은 가장 멀게 느껴지는 곳으로 각인(刻印)되었다. 외국인들에게는 민족(民族)을 갈라놓은 비극(悲劇)의 장소라기보다 마지막 남은 냉전(冷戰)의 유물을 구경하는 흥미로운 관광지로 비쳐지기도 했다.

판문점을 방문한 저자 (2010년 10월)

그런데 이제 그 판문점이 달라졌다. 따라서 국민들의 인식도 달라졌다. 70여 년 만에 남북정상(南北頂上)과 북미정상(北美頂上)이 함께 손잡고 콘크리트 군사분계선(軍事分界線)을 새털처럼 가볍게 넘나들면서 두껍고 무거운 장벽(障壁)을 한 순간에 무너뜨려 버렸다. 한민족(韓民族)은 물론이고 세계인 모두가 이 광경을 지켜보며 희열(喜悅)을 느끼고 아낌없는 박수갈채(拍手喝采)를 보냈다.

이제 판문점은 모처럼 '자유의집'과 '평화의집'의 이름값을 해내고 있다. 과거에는 심각한 사건이 발생하거나 별로 달갑지 않은 일로 얼굴을 붉히는 모습을 많이 보아왔었다.

그런데 지금은 남북대표와 북미대표가 수시로 만나 한반도 현안(懸案)을 논의하는 희망의 장소가 되고 있다. 과거에도 어쩌다 남북적십자회담이나 남북총리회담이 열린 적이 있긴 하지만 이젠 남북정상회담과 남북미정상회담이 연달아 열리게 된 것이다.

어찌 그 무게가 같다 하겠는가. 회담내용도 파격이어서 격세지감(隔世

판문점에 남북 정상이 함께 평화와 번영을 심다. (2018.4.27.) 사진 충청일보

之感)마저 느끼게 한다. 장벽(障壁)의 높낮이나 이념(理念)의 단절(斷絕)
은 결코 철옹성(鐵甕城)이 아니라 마음먹기에 달렸다는 것을 적나라하게
보여주고 있다. 남북 정상이 함께 심은 나무가 무럭무럭 자라는 것처럼
통일의 기운도 힘차게 샘솟기를 기원한다.

70년 만에 불고 있는 널문리(판문점; 板門店)의 꽃바람

한국전쟁의 휴전회담(休戰會談) 장소였던 판문점은 지금의 판문점이
아니다. 현재의 판문점에서 약 1km 정도 떨어진 경기도 장단군 진서면
널문리에 위치하고 있었다. 영어 약자로는 JSA(Joint Security Area)로 통하
고, 우리말로는 '군사정전위원회 판문점 공동경비구역'이라 부른다.

1950년 6월 25일, 한국전쟁이 발발하고 1년여 동안 위도 38도선 부근에
서 연일 치열(熾烈)한 공방(攻防)이 계속되면서 전선이 교착(膠着)되자
휴전의 필요성이 제기되기에 이른다.

결국 1951년 7월 10일부터 1953년 7월 27일 정전협정이 조인될 때까지
2년여 동안 '널문리 가게' 앞 콩밭에 가건물을 지어서 휴전회담장소(休
戰會談場所)로 이용하게 되었다.

그 '널문리 가게'가 한자어로는 판문점(板널빤지판 門문문 店가게점)이 된
다. 그 지명(地名) 판문점이 오랜 분단(分斷)의 상징(象徵)인 고유명사(固
有名詞)가 되어 오늘날까지 쓰이고 있다.

한때 이곳 판문점 '공동경비구역'을 주제로 한 영화가 만들어져 절찬
리에 상영되기도 했고, 1976년 8월 18일에는 그 유명한 '판문점도끼만행
사건'이 일어나기도 했다. 이 사건은 판문점 공동경비구역에서 미루나무
의 가지치기를 하던 미군 장교 두 명이 북한 경비병에게 도끼로 피살당한
사건을 말한다. 이 사건으로 인해 남북은 일촉즉발(一觸卽發)의 전쟁 위

기를 겪기도 했다.

또 널문리라는 지명의 유래에 대해서도 오래 전부터 전해지는 이야기가 더 있다. 1592년 임진왜란(壬辰倭亂) 당시 왜군(倭軍)들이 파죽지세(破竹之勢)로 북상하며 도성까지 몰려오자 선조임금은 서둘러 몽진(蒙塵; 임금이 난리를 피하여 안전한 곳으로 피함)을 하게 되었는데 임진강에 도착했으나 강을 건너갈 다리가 없었다. 왜군(倭軍)은 추격해 오는데 강을 건너지 못해 임금과 신하들이 우왕좌왕(右往左往)하고 있을 때 그 지역 백성들이 판자로 된 대문(大門)을 뜯어다가 다리를 놓아 건너게 했다는 것이다.

그 뒤부터 이 지역이름을 '널문리' 로 부르게 되었다고 전한다. 어찌됐건 대표적인 분단(分斷)의 상징(象徵)이었던 공동경비구역 판문점은 이제 과거의 어두운 그림자를 씻어내고 대변혁(大變革)을 예고하고 있다.

우선 JSA(공동경비구역) 내에서 무기(武器)가 사라지게 되었다. 65년만이다. 남북의 초소(哨所)의 위치도 혼재형식(混在形式)으로 변화되고 남북 군인들의 근무형태(勤務形態)까지 대폭 바뀌었다. 매우 고무적인 일이다.

그러나 이는 새로운 것이라기보다 1976년에 있었던 판문점 도끼만행사건 이전의 모습으로 되돌려 놓은 것이라 볼 수 있다. 예전처럼 판문점내의 군사분계선(軍事分界線)도 없애고 공동경비구역 내 남북지역(南北地域)을 자유롭게 왕래하는 실질적인 비무장지대(非武裝地帶)로 환원(還元)되는 것이다.

얼마 만에 들려오는 반가운 소리며 다행스런 일인가. 판문점은 이제 한반도 통일을 이끌어 내는 산실이요, 명실 공히 분단(分斷)의 상징에서 평화(平和)의 상징으로 되살아나게 될 것이다. 우리 민족 모두가 지혜를 모아 반드시 그리 되도록 해야 한다.

새 역사(歷史) 쓴 판문점(板門店) _ 태종호

2018년 4월 27일 오전 9시 30분
남북(南北) 정상이 만난다.
한민족의 한이 서린 널문리에서 만난다.
역사적인 오늘!
안개도 사라진 아침
하늘은 높고 날씨는 청명했다.
봄꽃들은 에서제서 활짝 웃고
새소리도 청아(淸雅)하다.

아침 8시
청와대를 나선 대통령을 보고
국민들이 환호한다.
통일염원 가득 담아 힘내라고 응원한다.
결의에 찬 대통령도 잘 하겠노라 화답한다.
차는 북녘으로 달린다.
자유로를 달린다. 통일대교를 달린다.
판문점을 향해 거침없이 달린다.
55분을 단숨에 달려온 판문점엔
활기(活氣)가 있고 희망(希望)이 넘친다.

9시 30분
군사분계선을 사이에 두고
남북정상이 마주보고 서서 두 손을 잡는다.

이렇게 쉬운 일이 너무 오래 걸렸다.
강제로 허리를 묶어 국토를 찢고
가족을 갈라놓은 통한의 선을
두 정상이 새털처럼 가볍게 넘는다.

굴곡진 세월이 너무나도 허망(虛妄)하다.
한 번씩 더 넘나들며 통일의지를 다진다.
70년 묵은 응어리를 풀기 위해
한 맺힌 분단의 장벽을 허물기 위해
평화의집 문을 활짝 열고 들어선다.
맞다. 그렇다.
민족이 힘 합치면 무슨 일인들 못하랴.

아! 오늘, 지금 이 순간!
가슴이 벅차오른다.
남북(南北)의 대표들이
평화의집 원탁(圓卓)에 둘러앉아
현안(懸案)을 논의한다.
회담장 분위기도 둥그런 원탁처럼
화기애애(和氣靄靄) 다정하다.

통역도 필요 없고
번역기도 필요 없다.
우리말 우리 글로 말하고 받아쓴다.
품격과 예의 갖춰
꾸밈없는 진지한 자세로

한반도의 어려운 방정식을
하나하나 풀어낸다.

한반도의 비핵화를 결의하고
종전선언과 평화협정 평화체제
이산가족 상시상봉
땅길, 바닷길, 하늘길 다시 열고
금강산과 개성공단
조국의 평화통일 다짐하고
언약의 소나무 함께 심으며
도보거리 산책길 70년을 반추(反芻)한다.

평화(平和)를 약속하며
남북 정상이 얼싸안는 모습에는
외신기자들도 눈물 글썽이며
본국으로 감동의 메시지를 전한다.
그렇다. 누구인들 이 장면을 보고
감동받지 않으리.

6시가 넘어가고 날이 저물자
영부인들도 합류하여 만찬식장을 빛내고
한민족의 정서 가득한 공연은
우리가 문화민족임을 과시한다.

드디어 9시 30분
만난 지 겨우 열두 시간 지났는데

모두가 백년지기(百年知己)가 되어
남북정상은 잡은 손 놓지 않고
가을을 약속하며 석별의 정을 나눈다.
아! 이곳 판문점(板門店)에서
한반도의 새 역사는 이렇게 창조되었다.

— 2018년 4월 27일 화창한 봄날에

판문점 남북정상회담을 보고, 京山 씀

남북 정상이 군사분계선에서 손을 맞잡고 있다 (2018. 4. 27)

3차 평양(平壤)남북정상회담 3일 _태종호

2018년 9월 18일 첫째 날

제3차 평양남북정상회담의 날이다.
서울의 아침 하늘은 맑았다.
서울공항에는 각계각층의
남북정상회담 대표단 일행이
분주히 움직이고 있었다.
8시 30분, 헬기가 도착하고
9시 대통령이 전용기에 오르자
북으로 기수를 향한 비행기는
서해 상공으로 힘차게 비상했다.
이륙한 지 한 시간이 채 안 된
9시 40분, 대통령 전용기는
평양 순안공항에 무사히 착륙했다.
가장 멀게만 느껴졌던 그곳이
참 가깝다는 것을 여실히 보여주었다.

이른 아침부터 순안공항에는
북쪽 지도자 내외와 수뇌부
평양의 시민들이 함께 나와
남쪽 귀빈들을 기다리고 있었다.
대한민국이란 글씨가 선명한
공군 1호기에서 내린 대통령

두 정상은 4월 27일
판문점에서의 첫 만남처럼
뜨겁게 포옹했다.
그리고 이때부터 예전에는
볼 수 없던 광경이 벌어졌다.
21발의 예포 발사와 함께
의장대장의 대통령 각하를 위해
도열했다는 구령으로 시작된
의장대 사열과 분열까지
파격은 계속될 것임을 예고했다.

두 정상이 나란히 탄 무개차가
평양시내로 달리는 도로변엔
한복과 정장을 차려입은 시민들이
육교 위까지 구름처럼 모여
한반도기와 꽃을 흔들며
열광적인 목소리로 환호했다.
그들의 한결같은 외침은
조국통일과 평화번영이었다.
남쪽의 대통령은 환영 나온
북쪽의 수많은 시민들을 향해
걸음을 멈추고 정중하게 답례를 한다.

숙소는 백화원 영빈관이다.
오찬과 휴식을 취한 후
오후 3시 45분, 두 정상은

김 위원장의 집무실이 있는
북의 심장부 노동당사에서 다시 만났다.
북의 속살을 고스란히 드러내고
손님을 맞이한 것이다.
한반도의 미래를 담보할
역사적인 정상회담이 시작되었다.
핵심들만 참여한 회담이다.
모두 발언으로 덕담이 이어진다.
문 대통령이 먼저
"판문점의 봄이 평양의 가을이 됐다.
우리는 다섯 달 만에 세 번을 만났다.
8000만 겨레의 한가위 선물로
풍성한 결과를 남기자."
김 위원장도
"우리는 가까워졌다. 큰 성과는
남북관계와 조미관계의 개선인데
문 대통령의 노력 덕분에 이루어졌다."
두 시간여 동안 진행된
첫 정상회담은 5시 45분에 끝났다.

그 외에도 각 분야의 다양한 만남과
평양대극장 삼지연 관현악단 공연 관람,
목란관 만찬까지 남북의 교류와
북의 환대는 늦은 밤까지 이어졌다.

2018년 9월 19일 둘째 날

오늘은 이번 남북정상회담의
성패를 가르는 매우 중요한 날이다.
어제에 이어 진행된 단독 정상회담.
긴장되고 지루한 시간이 흐른다.
어떤 합의문과 성명이 나올지
평양에서 워싱턴에서
서울의 프레스 센터에서
3,000여 명의 내외신 기자들이
촉각을 곤두세우고 기다린다.

드디어 백화원 영빈관의 문이 열리고
다소 지치고 긴장된 모습의
정상들이 걸어 나온다.
합의하고 서명한 성명서를 교환한다.
이른바 9.19 평양공동선언문이다.
군사부문합의서와 경제교류협력증대
인도적인 협력강화
다양한 분야 협력교류추진
한반도 비핵화 조속한 진전
김정은 위원장 서울방문 등
오랜 진통 끝에 나온
한반도 평화와 번영의 청사진이다.

옥류관 오찬장에서 두 정상이

홀가분한 마음으로 평양냉면을 먹는다.
영부인들과 남북의 인사들도
함께 어울려 환담이 이어진다.
대동강과 여명거리,
그 밖의 평양의 명소를 둘러본다.
둘째 날이 저물어 가는 저녁
대통령과 대표단 일행은
대동강 수산물식당에서
주민들과 환담하며 만찬을 한다.

대동강변 능라도 5.1경기장에는
15만 관중이 모였다.
'빛나는 조국' 이란 주제의
대집단체조와 공연이 펼쳐진다.
열기 가득한 군중들에게
김 위원장이 문 대통령을 소개한다.
남쪽 대통령이 북쪽 지도자가
지켜보는 가운데 15만 군중들에게
사상 최초의 연설을 한다.

"우리 민족은 강인하고 위대하다.
우리는 5000년을 함께 살았고
70년을 헤어져 살았다.
우리는 함께 살아야 한다.
우리 민족은 평화를 사랑한다.
나는 김 위원장과 함께

핵무기도 없고 핵위협도 없는
평화스런 한반도를 만들겠다.”
감동적인 명연설이 끝나자
15만 관중은 일어나 열광했다.
5.1경기장은 함성으로 가득했다.

2018년 9월 20일 셋째 날

평양에서의 마지막 날이다.
새벽 4시
예정에 없던 백두산을 가기 위해
숙소를 나온 방북단은 또 한 번
놀라운 사실을 발견했다.
동이 트려면 아직도 멀었는데
순안공항으로 가는 길목마다
수만 명의 환송인파가 나와
꽃을 흔들며 작별인사를 한다.
도대체 이럴 수가 있는가.
동도 트기 전 꼭두새벽이다.
세계 어디에서도 그 유례를
찾아볼 수 없는 손님대접이다.
오직 동방예의지국이라 일컫는
우리 민족만 할 수 있는 일이다.

삼지연공항까지는 공군2호기로 간다.

대표단이 순안공항을 출발하여
삼지연공항까지 걸린 시간은 한 시간
이곳에서도 환영인파는 여전했다.

드디어 백두산 초입에 섰다.
한민족의 뿌리, 백두산에 왔다.
아! 당당히 우리 땅으로 오른다.
200만 년의 신비를 간직한 성지,
백두산의 정상 천지를 향해 오른다.
남북 정상과 대표단만 오르는 게 아니다.
이 광경을 지켜보고 있는 한민족과
온 세계인들이 함께 오른다.
우뚝 솟은 장군봉이 눈앞에 있다.
백두산에서 제일 높다는 2750m
남북 정상이 대표단들과 함께
케이블카를 타고 그곳을 향해 오른다.
나무 한 그루 돌멩이 하나마다
전설이 깃든 성스러운 산을
조국통일의 꿈을 안고 오른다.
저마다의 소망을 안고 오른다.
하지만 마음속은 긴장으로 떨린다.
과연 천지가 모습을 허락할 것인가.
그 신비로움을 보여줄 것인가.
아니면 아직 이르다고 미룰 것인가.

드디어 오전 9시

쾌청한 날씨와 함께 천지가 보인다.
짙푸른 천지가 그 위용을 자랑한다.
모두가 함께 환호한다.
감격에 눈시울이 뜨거워진다.
우리 민족의 영산 백두산!
우리 민족의 젖줄 천지!
남과 북이 하나 되어 오른 오늘,
조상님도 축복을 내려주었다.
마음을 열어 가슴을 내어준 천지.
조심스레 손을 내밀어 입을 맞춘다.
모두가 천지에서 한 마음이 된다.
진도아리랑 가락 속에
환한 얼굴로 기록을 남기며
전설을 이야기한다.
그리고 그들은 또 후손들을 위해
아름다운 전설을
만들어내고 있었다.
2018년 9월 18일에서 20일까지
2박 3일의 3차 평양남북정상회담.
모든 일정을 마무리했다.

4월의 봄에
판문점에서 씨앗을 뿌려
9월의 가을에
평양에서 열매를 거두었다.
평양의 가을은 훈훈했고

평양의 두 정상 내외는 다정했다.
평양의 손님대접은 극진했고
평화의 발걸음은 새털처럼 가벼웠다.
백두산에서 한민족은 모처럼 행복했다.
겨레의 발원지 천지에서
평화를 사랑하는 백의민족의 후예들이
세계를 향해 힘차게 소리쳤다.
남북 정상이 함께 맞잡은 손 높이 들어
우리는 하나임을 세계만방에 알렸다.

2018년 9월 무술년 가을에 제3차 평양남북정상회담을 보고
조국통일을 기원하며, 京山 씀.

남북 정상이 민족의 영산 백두산 천지에 올라 손을 치켜들고 있다. (2018. 9. 20)

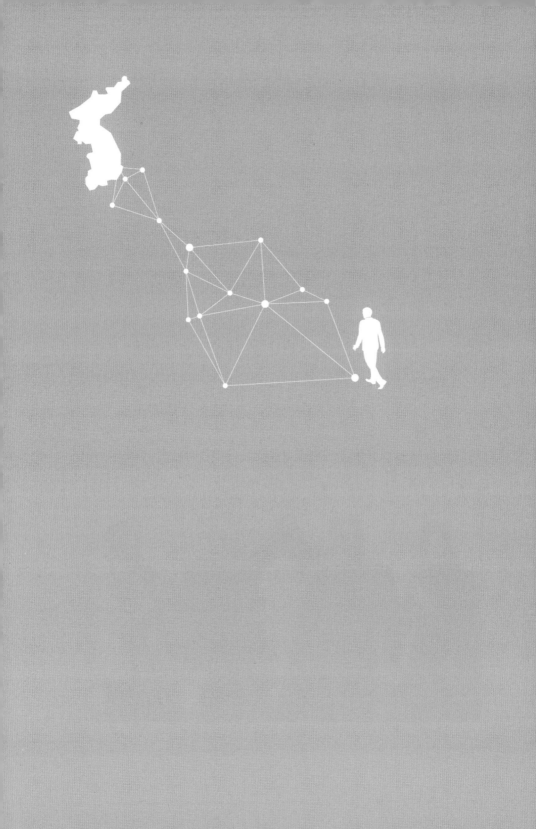

제 2 부

아직 끝나지 않은 시련 한반도

서해에서 중동부전선을 거쳐 동해까지

(155마일 휴전선 최전방 방문 기록)

1988년 10월 ~ 2018년 10월

01

서해(西海) 최북단
백령도(白翎島)를 가다

2011년 9월 6일 목요일 (첫째 날)

통일교육위원 2011년 추계 연찬회가 수유리 통일교육원에서 있었다. 연찬교육 끝 순서로 현장체험을 가게 되었다. 장소는 서해(西海) 최북단의 섬 백령도(白翎島)로 정해졌다. 이는 아마도 지난해 있었던 천안함침몰사건(天安艦沈沒事件)에 대한 여파가 사회적 이슈가 되고 있는 상황을 감안해 결정된 것으로 보인다. 천안함사건이란 2010년 3월 26일, 백령도 인근 해상에서 해군 제2함대 소속 1,200톤급 초계함인 천안함(天安艦)이 침몰된 사건을 일컫는 말이다.

보도에 의하면 천안함 배 뒤편(船尾)에서 원인을 알 수 없는 폭발이 일어나 침몰한 것으로 알려졌다. 이 사건으로 승조원 104명 중 58명은 구조되었으나 40명은 사망했고 6명은 실종되었다. 침몰 원인을 규명하기 위해 정부는 민간, 군인 합동조사단을 구성해 조사를 마치고 결과를 발표했는데 침몰 원인이 북한의 어뢰공격(魚雷攻擊)으로 알려졌다.

하지만 일부에서는 이와는 다른 해석이 나와 갈등(葛藤)이 고조되고 있는 실정이다. 지금은 천안함 문제로 남남갈등은 물론이고 남북관계마저 과거 10년과 달리 냉엄한 대립상태에 놓여있다. 더구나 5.24조치까지 발효되어 남북교류가 전면 중단됨으로써 통일의 길은 점점 더 멀고도 험난한 여정을 예고하고 있는 실정이다.

백령도로 떠난 통일교육위원 현장학습

아침 6시

광화문 정부종합청사 후문에 집결해 교육원 버스로 인천 연안부두로 향했다. 나는 어제 교육원에서 출발을 앞두고 열린 사전 모임을 통해 이번 백령도 체험연수단의 단장을 맡게 되었다. 지난해인 2010년 여름 과로로 발병하여 입원치료를 받은 바 있는 나로서는 막중한 책임을 피하고 싶었다.

퇴원은 했으나 아직 온전치 못한 몸이었기에 여러 차례 고사했으나 여러 위원들의 강권에 못 이겨 수락하고 말았다. 임무를 맡은 이상 책임을 다해야 한다는 생각에 다른 위원들보다 더 일찍 나와서 인원점검과 일정표 배부 그리고 연수 중 주의사항 등을 챙기게 되었다. 함께하는 위원들 모두가 이미 교육원에서 며칠 동안 연수를 함께했기 때문에 화합이 잘 이루어져 큰 어려움은 없었다.

또한 몇 명을 빼고는 위원들 대부분이 백령도를 처음으로 방문하기 때문에 기대도 컸다. 서해5도에 대한 여러 가지 질문도 많았고 호기심도 숨기지 않았다. 나는 차로 이동하는 동안 알고 있는 범위 내에서 간략하게 설명해 주었다.

서해5도란 원래 군사용어로 쓰였다. 황해도의 옹진군, 벽성군, 장연군에 속한 섬이었는데 해방이후 38선이 그어지면서 경기도로 편입되었다. 6.25 한국전쟁 초기에는 북한이 점령했으나 인천상륙작전 이후 해상통제권을 수복하여 현재 대한민국이 실효지배하고 있다.

서해5도는 인천에서 가까운 순서대로 우도(隅島), 연평도(延坪島), 소청도(小靑島), 대청도(大靑島), 백령도를 말한다. 행정적으로는 우도 대신 소연평도가 포함된다. 그것은 우도가 5도중 유일하게 무인도(無人島)이기 때문이다. 그 중에서 백령도가 면적이 제일 크다. 북한이 계속 서해5도의 영유권을 주장하는 가장 큰 이유도 남한이 서해5도를 요새화(要塞化)할 경우 첨단무기를 동원해 가까운 황해도는 물론 평양까지 위협할 수 있기 때문이다.

서해 최북단의 섬인 백령도는 남한 땅이지만 북한과 지척의 거리에 있다. 북한으로서는 서해5도 중에서도 특히 백령도가 마치 옆구리의 비수(匕首)와 같은 존재로 느껴져 불편할 수밖에 없다. 반대로 북한이 서해로 침략을 감행할 경우 백령도는 한국군의 최전선인 1차방어선이 된다.

만일 서해5도를 북한이 점령할 경우 북방한계선(NLL)이 무력화되고 남침을 위한 전초기지(前哨基地)가 될 수 있다. 북한의 해군과 공군의 활동 반경이 확대되어 대한민국의 안보에 커다란 위협이 되는 것은 불문가지(不問可知)다. 또 중국으로 가는 항로가 막혀 인천항의 물류수송에 지장을 초래하게 된다. 서해5도의 전략적 비중은 이처럼 크고도 막중하다.

그러기에 백령도에는 1951년 이후 한국의 해병대가 상시 주둔하고 있다. 이곳이 바로 중요한 요충지이자 최전방이기 때문이다. 일설에는 한국전쟁 중 황해도에서 피난 온 청년들이 '켈로부대'(미군이 6.25 한국전쟁 당시 운용했던 비정규 한국군 8240부대를 말함)를 조직해 섬을 지켜냈는데 이를 전쟁이 끝나고 해병대에 넘겨주었다는 이야기가 있다.

그러나 켈로부대는 철저히 비밀리에 운용되었을 뿐 아니라 전사에도 제대로 기록되지 않아 모든 것이 확실치는 않다. 다만 8240부대라는 이름의 '주한첩보연락처'(Korea Liaison Of fice) 소속으로 거의가 북한 출신으로 조직된 특수부대라는 것이다. 철저히 베일에 가려진 군번도 없는 비정규군이었다는 사실만 알려졌을 뿐 그들의 눈부신 활약에 비해 제대로 평가받지 못했다. 다만 맥아더의 인천상륙작전 당시 '팔미도 등대 점등작전'에 맹활약을 했고 강원도 '화천발전소 탈환작전'에서도 큰 공을 세운 것으로 전해진다.

필자는 인기드라마 '야인시대'에 나오는 전설의 협객 '시라소니'가 켈로부대 출신으로 그려진 느낌을 받은 바 있다. 그들은 북한군으로 위장하고 적진에 침투하는 등, 매우 위험한 특수임무를 맡아 북한군과 중공군을 교란시키고 남하를 저지하는 역할을 함으로써 큰 전과를 올렸다는 이야기들만 무성하게 전해지고 있을 뿐이다.

한국전쟁 이후 전략적 요충지가 된 서해5도

이번 백령도 체험연수단에는 인천시의원이기도 한 이곳 출신 박승희 교육위원이 동행(同行)하게 되어 백령도에 대한 좀 더 자세한 설명을 들을 수 있었다. 그의 말을 인용하면 우리가 오늘 가게 되는 백령도는 서해 최북단에 위치한 섬으로 서울에서 서북쪽으로 228km, 백령도에서 평양까지는 150km 정도 떨어져 있고, 황해도 장산곶까지는 12km에 불과해 북한과 가장 근접해 있는 섬이라고 한다.

인천 앞바다에는 크고 작은 섬 155개가 있는데 41개의 유인도와 141개의 무인도가 있다. 그 중에서 우리가 가는 백령도는 과거 황해도 장연군(長淵郡)에 속했으나 현재는 인천 옹진군(甕津郡) 소속으로 되어 있다. 남한 최북단에 위치해 있고 우리나라에서 14번째로 큰 섬으로 알려져 있다. 인구는 군 장병들을 제외하고 약 5,000여 명의 주민이 거주하고 있으며 대청도, 연평도에 비해 어업에 종사하는 사람이 적어 10% 정도이고 대다수 주민이 농업과 상업에 종사한다고 한다. 특히 농업이 발달해 쌀 품질이 좋고 생산량이 넘쳐 식량을 자급하고도 남아돈다고 해서 의아하기도 하고 호기심이 발동했다.

또 주민들 인심이 좋아 도둑이 없기 때문에 집마다 대문이 없다고 한다. 신호등도 없고 귀신 잡는 해병대가 주둔하고 있어 귀신도 없어 아주 살기 좋은 곳이니 땅을 사서 이사하라는 농담도 곁들이며 자랑이 대단했다. 나는 2007년 10월 5일 북한에 수해물자를 전달하기 위해 이 해역을 통해 북한 남포항으로 간 적이 있다.

그때는 한밤중이었고 태풍까지 겹쳐 서해를 자세히 보지 못해 아쉬움이 컸었는데 오늘은 날씨도 좋고 낮이어서 기대가 크다. 항해하는 동안에 이 섬들을 좀 더 자세히 살펴보리라 생각하고 있다. 하지만 풍랑의 변수 때문에 뜻대로 될지는 아직 미지수다.

7시 20분

인천연안 여객터미널에 도착해 승선권을 발부받아 나누어 주었다. 중형 여객선이다. 이름이 '하모니 플라워호' 라고 되어 있다. 출항에 앞서 배멀미를 하는 위원들에게는 멀미약을 복용하게 하고 주의사항을 다시 한 번 환기시킨 다음 전원이 차질 없이 승선을 마쳤다.

오전 7시 50분에 출항했는데 날씨는 쾌청하고 파도도 그리 높지 않았다. 대부분 변화무쌍한 풍랑과 파도 때문에 배멀미로 고생한다고 들었는데 다행이었다. 인천에서 백령도까지는 별다른 이상이 없으면 도착까지 약 4시간이 좀 넘게 걸린다고 한다.

지금처럼 쾌속선이 없을 때에는 인천에서 10시간 이상 걸렸다고 한다. 참으로 머나먼 섬인 것이다. 나는 선실 밖으로 나와 바람도 쏘이고 끝없이 펼쳐지는 서해바다의 아름다운 풍광을 눈에 담고 있었다.

　그런데 갑자기 변수가 생겼다. 출항 후 순조롭게 항해하던 배가 약 3시간쯤 지나서 갑자기 심하게 흔들리기 시작했다. 파도 때문에 배가 많이 흔들리니 안전을 위해 선실로 들어가 좌석에 착석하라는 안내방송이 나왔다. 벌써 배멀미에 시달리는 승객들이 생겨나고 있었다. 미처 예상하지 못한 갑작스런 일이었다.

　나도 멀미가 나려고 했다. 평소 멀미를 하지 않았기에 과신하고 멀미약을 먹지 않은 것이 후회가 되었다. 선실 의자에 앉아 멀미를 다스릴 방법을 찾았으나 이제는 약을 먹을 수도 없어 가만히 있는 것 외에는 다른 방도가 없었다. 배멀미가 심한 사람들은 체면 불구하고 여기저기 바닥에 누워서 고통을 이겨내고 있었는데 보기에 딱할 지경이었다.

　한바탕 소동을 겪은 뒤 여객선은 소청도 선착장에 정박했다. 다행이었다. 10여 명의 승객들이 하선하고 화물들이 오고가고 또 몇 사람이 승선

서해 최북단의 섬 백령도 표지석

하는 것 같았다. 바다가 잠잠해지기를 기다렸다. 잠시 후 평온해진 바다로 나와 다시 항해를 계속했다. 대청도를 지나고 목적지인 백령도에 도착하니 12시가 다 되었다.

모두 한시름 놓았다는 듯 환성을 질렀다. 포구에 관광버스가 대기하고 있어 곧바로 식당으로 이동해 점심식사를 했다. 점심 메뉴는 해물반찬을 곁들인 비빔밥이었다. 모두들 아침을 대충 먹고 장시간 항해를 했기 때문에 시장해서 맛있게들 먹었다.

북방한계선(北方限界線) NLL(Northern Limit Line) 문제

식사를 마치고 우선 숙소인 백령리조텔로 이동해 약 50분에 걸쳐 특강(特講)이 있었다. 주제는 '남북현안에 대한 내용을 포함해 서해5도와 NLL'에 관한 것이었다.

특히 민감한 문제이기도 하고 현장에 와있기 때문에 NLL에 대한 관심이 높았다. 해상분계선인 NLL은 1953년 정전협정 당시 유엔군과 북한, 중국의 협상대표가 모여 7월 27일 오후 10시의 교전선(交戰線)을 육지의 군사분계선(MDL)으로 확정했다.

그러나 해상분계선(海上分界線)은 명확한 규정을 두지 않았는데 주한 유엔군 사령관인 클라크가 당시 국제적으로 통용되던 영해 3해리를 기준으로 삼아 해상분계선 NLL(Northern Limit Line)으로 설정한 것이다. 이를 북방한계선(北方限界線)이라 한다. 백령도를 비롯한 서해5도와 북한 황해도 웅진반도 사이를 잇는 해역에 설정돼 있다.

당시 북한은 12해리를 주장했지만 유엔군 사령관 클라크는 일축했고, 북한도 더 이상 이의를 제기하지 않았기에 이후 오랫동안 아무 문제없이 해상분계선(海上分界線) 역할을 수행해 왔다. 그대로 인정되었고 운용되었던 것이다.

그러다가 1973년 10월 11일 북측 선박들이 수차례 북방한계선(北方限界線)인 NLL을 침범하면서 분쟁의 빌미를 만들었다. 북한은 같은 해 12월에 개최된 군사정전위원회에서 일방적으로 서해5도까지 북한의 영해로 설정해 놓고 서해5도가 자기의 관할이라고 주장하기 시작했다. 그러니 항해하려면 사전승인을 받으라고 하며 문제를 제기하기에 이른다.

1992년에 체결된 남북기본합의서에도 이 문제가 명시되어 있다.

남북기본합의서 11조에는 "남과 북의 불가침 경계선과 구역은 1953년 7월 27일자 군사정전에 관한 협정에 규정된 군사분계선과 지금까지 쌍방이 관할하여 온 구역으로 한다"고 되어 있다.

부속합의서 10조에도 "해상불가침 경계선은 앞으로 계속 협의한다." "해상불가침 조약이 확정될 때까지는 쌍방이 지금까지 관할하여 온 구역으로 한다"라고 되어 있다.

그러나 그 후 남북기본합의서는 유명무실해졌다. 그러다가 1999년 6월, 북한 해군 경비정이 NLL을 침범해 발생한 제1연평해전 이후 북한은 NLL무효화를 주장하며 조선 서해 해상 군사분계선을 일방적으로 선포해 버렸다. 이는 NLL보다 남쪽으로 무려 20km나 내려와 있으며 서해5도의 광범위한 남쪽 해상까지를 포함한다.

이후 북한은 2006년 NLL보다 1~2km 남하해서 설정된 해상경비계선을 수정 제시하기도 했다. 그러나 한국 정부는 이를 인정하지 않고 NLL을 실질적 해상 경계선임을 고수하고 있다. 이 같은 사정으로 서해5도는 현재까지 남과 북의 분쟁이 잦은 지역이 되고 있다. 통일교육원에서도 이에 대한 강의와 세미나, 토론회가 수차례 있었다. 오늘 그 현장을 직접 찾아와서 보니 이해와 느낌이 남달랐다.

참고로 휴전협정 이후 서해5도에서 일어난 주요 사건을 간략하게 정리해 보면 다음과 같다.

1999년 6월 15일 – 제1연평해전

6월 15일 오전 9시 28분, 북한의 경비정이 우리 고속정에게 기습사격을 가해옴에 따라 9시 42분까지 14분간 북 함정 10척과 우리 해군 함정 12척이 교전하여 북 함정 1척 격침, 5척 대파, 잔여 4척을 격파시켰다.

이 교전으로 북한은 사망 20명, 부상 30여 명의 손실을 입었으나 우리 해군은 참수리 고속정 325호 정장이던 안지영 소령(당시 대위) 등 7명이 경미한 부상을 입는 데 그쳤다. 압도적인 대승이었다. 이 해전이 바로 제1연평해전이다.

2002년 6월 29일 – 제2연평해전

2002년 6월 29일, 한일 월드컵 축구대회가 열려 한반도로 전 세계인의 이목이 집중되던 바로 그날, 2척의 북한 경비정이 서해 북방한계선을 넘어 기습 남침했다. 우리 해군은 북한 경비정 1척을 물리치고, 1척을 크게 격파하였으며 북한군 30여 명을 사상시키는 전과를 올렸다.

그러나 이 해전에서 고속정 참수리 357호가 침몰하였고, 윤영하 소령, 서후원 중사, 조천형 중사, 한상국 중사, 황도현 중사, 박동현 병장 등 6명이 전사하고 19명이 부상을 당했다.

2009년 11월 10일 – 대청해전

2009년 11월 10일에 한반도 서해 북방한계선(NLL) 이남 대청도 인근 해상에서 대한민국 해군과 북한 해군 고속정 간에 벌어진 3번째 서해교전이다. 우리 해군의 피해는 없고 북한군은 4명의 사상자를 냈다.

2010년 3월 26일 – 천안함 침몰

2010년 3월 26일에 백령도 해상에서 대한민국 해군의 초계함인 천안함이 북한의 어뢰공격에 의해 침몰된 사건이다. 사건 발생 직후 출동한 인천해양경찰서 소속 해안경비정에 의해 천안함에 탑승하고 있던 승조원 104명 중 58명은 구조되었으며 나머지 46명은 끝내 희생되었다.

2010년 11월 23일 – 연평도 포격

2010년 11월 23일 북한이 대연평도에 해안포 100여 발을 무차별 포격함으로써 해병 2명과 민간인 2명이 사망했다. 또 민간인 3명이 중경상을 입는 피해와 각종 시설 및 가옥 파괴로 재산 피해를 입었다. 대낮에 날벼락을 맞은 섬 주민들은 어선을 타고 인천으로 건너와 오랫동안 피난생활(避難生活)을 하기도 했다.

아름다운 비경을 간직한 안보의 요충지 백령도

2시 40분

특강을 마치고 현지 안내인과 함께 백령도를 본격적으로 둘러보게 되었다. 백령도라는 이름은 고려 태조 왕건(王建)이 지었다고 한다. 유래는 이 섬에는 갖가지 철새들이 서식하고 있었는데 그중에서도 백조(白鳥)라고 불리는 새가 유난히 많아서 배를 타고 멀리 나가서 보면 백조의 하얀 날개가 섬을 완전히 뒤덮고 있는 것처럼 보여 '하얀(白) 날개(翎) 섬(島)'이란 이름이 생겼다고 전한다.

우리는 맨 먼저 심청각(沈淸閣)으로 향했다. 나는 우리나라 대표적인 전래소설인 '심청전'의 무대가 백령도에 있을 줄은 꿈에도 몰랐기에 무척 반가웠다. 심청이가 아버지의 눈을 뜨게 하기 위해 몸을 던진 인당수가 이 섬 부근에 있다는 것도 사실여부를 떠나 신기하기도 하고 이곳에 대한 의미를 더했다. 심청이가 환생했다는 연봉바위는 날씨가 흐려 볼 수는 없었다.

효녀 심청상

다만 인당수가 백령도와 장산곶 사이 바다 한 가운데에 있다는 설명이었는데 바다에 최면이 걸렸는지 사실처럼 느껴졌다. 나는 대학에서 국문학을 공부했기 때문에 구비문학(口碑文學)이나 춘향전, 심청전 등 마당놀이를 비롯한 판소리공연을 즐겨 보는 편이다.

심청전(沈淸傳)을 볼 때마다 심청이 환생(還生)하여 아버지 심봉사를 만나 눈을 뜨게 되는 장면과 심봉사가 왕비(王妃)가 된 딸 심청을 만나 얼싸안는 대목에서 아낌없는 박수를 보냈던 기억이 새삼 되살아났다. 예로부터 우리 민족은 유달리 권선징악(勸善懲惡)에 환호하고 약자의 편에 서서 함께 동고동락(同苦同樂)하는 정이 많은 민족이었다. 그 정서를 자극한 심청전, 춘향전, 흥부전 등을 보고 눈물 흘리는 사람이 많다.

그런데 이곳이 심청전의 무대라고 생각하니 더욱 감회가 깊을 수밖에 없다.

옹진군에서는 이곳에 심청각(沈淸閣)을 건립하여 효녀 심청상을 세우고 점차 사라져 가는 효(孝)사상을 함양하는 데 노력하고 있다고 한다. 심청각(沈淸閣) 내부에는 심청전과 이에 관련된 판소리, 영화대본, 고서 등이 다양하게 전시되어 있었다.

통일기원 비(碑) 앞에서 조국통일(祖國統一)을 기원

우리는 백령도 여행의 백미(白眉)라 일컬어지는 두무진(頭武津)으로 향했다. 두무진은 백령도에서도 최북단에 위치해 있고 최고의 비경을 자랑한다. 해안가 거대한 바위기둥들이 4km에 걸쳐 펼쳐져 있다. 두무진(頭武津)이란 명칭은 한자어에서 보여준 것처럼 장군의 머리처럼 보인다 해서 붙여진 이름이라고 하는데 그 절경이 서해(西海)의 금강(金剛)이라 불릴 만큼 대단하다.

선대암, 촛대바위, 형제바위 등, 기암괴석(奇巖怪石)들이 만물상을 만들었고, 깎아지른 절벽(絶壁)이 마치 병풍처럼 펼쳐져 있는데 푸른 바다와 조화를 이루고 있어 보는 사람의 감탄(感歎)을 자아낸다. 특히 납작하고 정갈한 돌들을 차곡차곡 쌓아놓은 것처럼 보이는 쭉쭉 뻗은 돌기둥들이 하늘을 향해 장엄(莊嚴)하게 솟아있는 모습은 경외감(敬畏感)마저 느껴진다. 이 모든 것이 수억 년 동안 파도와 바람에 의해서 형성된 작품들이라고 생각하니 자연의 힘이 얼마나 위대한지를 유감없이 보여준다.

우리 통일교육위원들은 두무진(頭武津) 포구에 세워져 있는 통일기원비(統一祈願碑) 앞에 섰다. 통일기원비는 두무진 포구, 북한 땅이 불과 15km 전방에 바라다 보이는 곳에다 1992년 5월 28일 해병대 흑룡부대 장병들이 세운 것으로 되어 있다. 그 비문을 살펴보며 읽고 있는 많은 관광객들과 우리 통일교육위원들의 마음을 숙연하게 했다. 비문(碑文)을 여기에 옮겨본다.

"조국의 허리가 잘리어 지내온 지난 반세기는 온 민족의 아픔으로 점철된 각고의 세월이었습니다. 이산가족과 실향민들의 피맺힌 절규는 모든 이들의 눈시울을 적시었고 민족의 하나 됨을 외치는 함성은 지금도 이 땅을 진동시키고 있습니다. 우리 이곳에 온 겨레의 간절한 소망과 뜨거운 해병대

통일교육위원들이 백령도 해변에서 '평화통일' 구호를 외치고 있다

의 혼을 담은 통일기원비를 세워 영광된 통일조국의 그날을 기원하고자 합니다."

통일기원비를 보고 나서 두무진 유람선에 승선해 바다로 나아가서 육지인 백령도를 보았다. 한 바퀴를 돌면서 또 다른 느낌의 두무진의 비경을 보았다. 벌써 노을이 지고 있었다. 그 또한 육지에서 보는 것과는 또 다른 느낌을 주는 빼어난 광경이었다. 숙소 부근에 있는 식당에서 생선을 곁들인 저녁식사를 했다.

저녁시간에는 숙소인 백령리조텔의 비교적 넓은 방에 연수단 전체가 모여 조별로 각각 다른 주제를 정해 놓고 토론회를 개최했다. 진지하고 열띤 토론이 이어졌다. 모두가 북한문제와 통일문제에 대한 전문가 수준이라 좋은 의견들이 많이 도출되었다. 사회를 맡아 토론회를 진행했던 나역시 큰 보람을 느꼈다. 예정했던 시간보다 많은 시간이 소요됐다. 토론회를 끝으로 첫날 일정을 모두 마쳤다.

2011년 9월 7일 금요일 (둘째 날)

해병부대 방문과 천안함 46용사 위령탑 앞에 서다

오전 6시

백령도의 둘째 날이 밝았다. 아침 일찍 체크아웃을 하고 아침식사를 하러 나섰다. 오늘 오전은 무척 바쁘게 움직여야 하기 때문에 서두를 수밖에 없었다. 첫 일정으로 해병대 807부대를 방문했다. 물론 사전에 연락이 되어 있었기 때문에 부대에 도착해서 장병들의 열렬한 환대를 받았다. 지난 군복무시절을 회상(回想)하니 감회가 깊었다.

우리는 정성껏 마련한 위문품을 전달하고 담당교관으로부터 부대현황과 안보태세에 대한 설명을 들었다. 나는 이처럼 육지와 동떨어진 절해고도(絶海孤島)에서도 국가방위를 위해 밤낮으로 애쓰고 있는 해병대(海兵隊) 용사들이 대견스럽고 든든하고 고맙게 생각되었다.

또 한편으로는 하루빨리 조국통일(祖國統一)을 이루어 국군장병들이

해병대 807부대 방문해 현황설명을 듣고 있다

휴전선이 아닌 제주도 남쪽 바다와 압록강, 두만강에 배치되어 근무할 수 있게 되는 날을 앞당겨야 되겠다는 생각을 했다. 기념사진을 찍는 것으로 부대 방문을 마친 우리는 곧바로 천안함(天安艦) 추모공원에 있는 '천안함 46용사 위령탑'을 찾았다. 위령탑(慰靈塔)에 새겨진 이름과 얼굴 모습들은 안타까움을 더했다. 불과 1년 전이다.

이들은 꽃다운 청춘을 피워보지도 못하고 나라의 부름을 받고 복무하다 영문도 모른 채 순국했다. 젊은 용사들이 겪었을 고통을 생각하니 가슴이 먹먹하고 아팠다. 우리는 추모묵념(追慕默念)을 하며 나라를 지키다 희생된 용사들의 넋을 위로했다. 우리 일행 모두는 추모공원을 나서며 다시는 이 같은 불행한 일이 없기를 한 마음으로 기도했다.

다음으로 찾은 곳은 중화동교회(中和洞敎會)였다. 서해5도에는 면적에 비해서 교회가 유난히 많은데 백령도에만 13개의 교회가 있다고 한다. 그 중 연화리에 자리 잡고 있는 중화동교회가 가장 유서가 깊은 교회로 알려져 있다. 서울 새문안교회가 1887년에 최초로 세워졌고, 그 다음으로 11년 뒤 1898년에 세워진 것이 바로 중화동교회(中和洞敎會)라고 한다.

중화동이라는 이름은 중국과 외국배들이 많이 드나들던 곳이어서 붙여진 것이라고 하는데 1816년 영국의 클리포드라는 해군 대위가 백령도에 정박하여 처음으로 성경을 나누어 주었다고 전한다. 그 후에도 여러 선교사들이 드나들며 전도활동을 펼쳤다고 한다.

그러나 1898년 백령도에 처음 교회를 세운 이는 백령도 진의 첨사 자문역으로 참사 벼슬을 지냈던 허득(許得)이라는 분이다. 그는 이곳에 유배되어온 김성진(金聲振), 황학성(黃鶴性), 장지영(張志永) 등과 함께 한학서당(漢學書堂)에 중화동교회를 설립하게 되었다고 한다.

한국 기독교계에서는 선교사가 아닌 민간인들에 의해 자발적으로 최초의 교회가 세워졌다는 데 큰 의미를 부여하고 있다. 이곳 중화동교회는 한국 기독교사의 가장 유서 깊은 교회여서 보존가치가 높은 문화유적지로 손색이 없다고 한다.

백령도에 '기독교 역사관' 이 들어선 것도 같은 맥락으로 이해가 된다. 내가 보기에도 오랜 연륜이 느껴지는 교회라는 것을 금방 알 수 있었다. 첫째 건물을 자세히 보면 많이 낡았다. 계단입구에 있는 150년이나 되었다는 거대한 팽나무도 그렇고, 최고수령(最古樹齡)을 자랑하는 무궁화(無窮花) 역시 그 역사를 증언해 주기에 부족함이 없다. 중화동교회(中和洞教會)에 관한 비문이 있는데 서두에 이렇게 적혀 있다.

"한국 기독교의 역사는 19세기, 바깥으로 밀려든 선교의 물결과 더불어 시작된다.

그 물결이 가장 먼저 닿은 곳이 서해의 백령도가 속해 있는 대청군도이다.

대청군도와 인근해역은 바깥 세계와 접촉하는 해상의 중요한 교통 요충지이기 때문이다."

한국 기독교 100년의 역사를 간직한 중화동교회

중화동교회의 또 하나의 자랑은 바로 100년 수령의 무궁화나무이다. 우리의 상식으로는 이해하기 힘들기에 '천연기념물 제 521호' 로 지정되었는데 기념비(記念碑)에 다음과 같이 적혀 있다.

"중화동교회 앞에 있는 연화리 무궁화는 높이가 6.3m로 국내에서 제일 크다고 알려져 있으며 모습도 빼어나다. 꽃잎과 꽃술 부분이 붉은 재래종으로 섬 바람을 이겨내고 오랫동안 원형을 간직하고 있다. 무궁화는 수령이 보통 40년에서 50년인데 100년 안팎의 연화리 무궁화는 매우 이례적인 것이며 생활문화적인 가치도 아주 크다.

100여 년의 역사를 간직한 중화동교회

승천하는 용의 모습을 닮은 용틀임바위

백령도에는 교회뿐 아니라 성당과 사찰도 각각 한 개씩 자리하고 있다. 특히 주목할 것은 조선 최초의 신부인 김대건(金大建) 신부가 1846년 이곳 백령도에서 선교활동을 하다가 붙잡혀 순교했다는 사실이다. 백령도 천주교 성당에는 26세의 나이로 순교한 김대건(金大建) 신부 유해 일부가 모셔져 있어 매년 신자들의 발걸음이 그치지 않는다고 한다.

우리는 중화동교회를 둘러보고 나와 백령도의 명물인 용틀임바위를 보기로 했다. 용틀임바위 전망대에 올랐다. 그곳에서 바라보니 바위가 바다에서 솟아오른 모습이 영락없이 용(龍)이 하늘로 승천하는 형상이었다.

위원들은 그 형상이 신기해서인지 유독 이곳에서 사진들을 많이 찍었다.

용틀임바위도 신기했겠지만 아마도 이곳이 천안함(天

백령도 방위에 대한 군 장교의 설명에 집중하는 통일교육위원들

安艦)이 침몰한 인근이기에 그랬을 수도 있다.

　한참을 서서 희생된 병사들의 명복을 빌었다. 푸른 바다는 말이 없고 무심한 파도만이 아무 일도 없었던 것처럼 철썩이고 있었다.

'콩돌해안' 과 '사곶해변' 을 맨발로 걸으며

　이어서 간 곳은 백령도의 자랑인 남포리의 '콩돌해안' 이었다. 800m 길이와 폭이 30m의 해안에 작은 콩모양의 돌들로 이어져 있는 해안이다. 그래서 이름이 '콩돌해안' 이라고 한다. 참으로 장관이었다. 지체 없이 신발을 벗어던지고 맨발로 걸으며 그 촉감을 느껴 보았다. 다른 위원들도 나처럼 맨발로 걷기도 하고 콩돌 위에 앉아 휴식을 취하기도 한다.

콩돌해안, 1997년에 '천연기념물 제392호' 로 지정

크고 작은 콩알모양의 둥근 자갈이 형형색색(形形色色)으로 파란물의 해변에 덮여 있어 경관(景觀)이 참으로 아름답다. 이곳 역시 1997년에 '천연기념물 제392호' 로 지정되었다. '콩돌해안' 의 둥근 자갈들은 백령도 지질의 대부분을 차지하는 규암(硅岩)이 부서져 해안 파도에 부딪쳐서 깎이며 닳기를 거듭해 콩과 같이 작은 모양으로 만들어진 것이다.

몇 해 전에 대학동창들과 함께 문학기행을 하면서 들렀던 거제도 해안에서도 이처럼 생긴 돌들을 본 기억이 난다.

그런데 이곳 자갈들은 색상이 다양해서 눈길을 끌었다. 흰색, 갈색, 보라색, 검은색 등의 무늬를 가지고 있고 매끌매끌하고 너무 아름다워 몇 개 가지고 오고 싶은 욕심이 생겼지만 반출은 금지되어 있다.

남포리의 '콩돌해안' 은 백령도의 지형과 지질의 특색을 말해 주고 있어 학술적(學術的)으로나 경관적(景觀的)으로 가치가 뛰어나 지질학자들에게는 연구의 보고(寶庫)가 될 것 같다. '콩돌해안' 에서 충분한 휴식과 낭만을 즐기고 나니 시장기가 돌았다. 점심을 먹기 위해 아쉬움을 남기며 '콩돌해안' 을 벗어나 이곳 명물인 메밀 칼국수로 점심 식사를 했다.

12시 30분

식사를 마치고 우리가 마지막으로 간 곳은 용기포구 여객터미널이 가까운 '사곶해변 백사장' 이다. '사곶' 이라는 말의 곶이란 단어가 독특해서 알아보았더니 '육지의 일부분이 하천이나 바다로 쑥 튀어나온 지형을 가리킨다' 고 되어 있다. 그러고 보니 '호미곶', '간절곶' 도 있는 것 같다. 이곳 지명은 진천리라고 한다.

'사곶해변' 은 아주 고운 모래 입자가 쌓여 이루어진 해안이다. 두무진에서 침식된 작은 돌들이 '콩돌해안' 을 이루고 '콩돌해안' 의 돌들이 바다의 파도에 침식되어 '사곶해변' 을 이루게 된 것이라고 한다. 그야말로 청정해수욕장이다. 백령도 용기포 부두의 남서쪽과 남동쪽의 해안을 따라 자리 잡고 있다. 언뜻 보면 모래로 이루어진 것 같지만 사실은 규암가루가 두껍게 쌓여 이루어진 해안이다.

원래는 이 부근이 해당화가 만발하고 솔밭이 이어져 있던 곳이라고 한다. 썰물 때면 길이 2km, 폭 200m의 백사장이 나타난다. 백령도 '사곶해변 백사장' 이 유명한 것은 이탈리아의 세계적 미항(美港)인 나폴리와 더

천연기념물 제391호 사곶해변 (6.25 한국전쟁 때 비상활주로 역할을 함)

불어 세계 두 개밖에 없는 천연비행장(天然飛行場)이기 때문이다. 길이 2.5km 폭 300m의 규조토로 이루어져 모래 입자는 매우 작고 균일도가 높아 입자 사이의 틈 역시 매우 작을 수밖에 없다.

이로 인해 단단한 모래층이 형성되었고, 그 단단함이 콘크리트 바닥처럼 변해 비행 활주로 역할을 할 수 있는 것이다. 자동차가 다니는 것은 물론이고 헬기나 군수송기가 이착륙하기에 딱 안성맞춤이란 생각이 든다. 실제로 한국전쟁 당시에도 비상 활주로로 쓰였다고 한다. '천연기념물 391호'로 지정되어 있고, 국제민간항공기구에 '천연비행장'으로 등록되어 있다.

우리는 차를 타고 들어가 잠시 동안 걸어보았는데 그 단단함이 피부로 느껴진다. 더구나 그 단단한 모래 백사장이 멀리 펼쳐진 탓에 가슴이 확 트이는 것 같았다. 좀 더 살펴보며 여유롭게 걷고 싶었으나 우리가 타고 갈 배의 출항시간이 촉박해 오래 머무를 수 없는 것이 무척 아쉬웠다.

백령도에 평화의 깃발이 계양되기를 바라며

오후 2시

사곶해변에서 용기포 여객터미널로 서둘러 이동해 승선권과 멀미약 등을 챙겨 어제 우리가 타고 왔던 배에 올랐다. 비록 1박2일의 짧은 일정이었지만 매우 유익하고 보람찬 시간이었다. 모두가 무탈하게 백령도 체험연수를 마치고 돌아가게 되어 책임을 맡은 단장으로서 모든 것이 감사하고 다행스럽게 생각되었다.

돌아오는 뱃길은 아주 순조로웠다. 몇 사람과 함께 선실 밖으로 나와 바다구경도 하면서 백령도와 서해5도에 대한 이야기, 또 남북문제를 비롯한 통일교육에 대한 이런저런 의견도 교환했다. 그리고 새삼스럽게 우리 한반도가 참으로 살기 좋고 이름다운 땅이라는 생각이 들기도 했다. 선실로 들어오니 어제와는 달리 멀미하는 사람도 없고 모두가 행복한 모습이어서 나도 덩달아 기분이 좋았다. 6시가 조금 넘어 인천 여객터미널에 무사히 도착했다.

고맙게도 통일교육원에서 보내준 차가 기다리고 있었다. 인천에 거주하는 위원들은 곧바로 귀가하고 그 외 위원들은 인원점검을 한 후에 서울로 향했다. 모두가 피곤한 듯 자는 사람이 많았다.

8시가 다 되어 서울에 도착했다. 지방에서 온 위원들은 열차편을 알아보느라 분주했다. 차에서 내려 간단하게 작별인사를 나누는 것으로 해단식(解團式)을 대신했다.

백령도 체험연수를 마치고 안개 낀 해변을 배경으로 기념촬영

한국전쟁의 상흔(傷痕)이
남아 있는 중부전선

임진각(臨津閣)의 리본들은 오늘도 나부끼고

나는 서울역에서 경의선(京義線) 열차를 이용해 임진각(臨津閣)을 자주 찾는다. 승용차로 가는 것보다 열차로 가는 것이 훨씬 느낌이 좋기 때문이다. 열차를 타고 가면 항상 마음이 설레고 부푼 꿈을 꾼다. 여행은 역시 기차여행이 제격이다. 나는 이대로 쉬지 않고 북한을 거쳐 중국 대륙의 남부나 시베리아를 횡단해 유럽까지 달렸으면 하는 상상을 한다.

그러나 아쉽게도 번번이 임진각에서 머물고 만다. 경기도 파주시 문산읍(文山邑)에 자리한 임진각은 분단의 아픔을 피부로 느낄 수 있는 곳이다. 아주 오래 전 학창시절의 일이지만 통일에 대한 웅변원고를 작성하기 위해서 무작정 찾아 나서기도 했던 곳이다.

그 이후로 통일교육위원이 되면서 행사가 있을 때 많이 찾기도 했지만 지금은 특별한 일이 없어도 가족 친지들과 함께 다녀오곤 한다.

도라전망대

임진각(臨津閣) 망배단(望拜壇)

제3땅굴의 위치와 분단극복의 의지를 알리는 조형물

　임진각은 1972년에 한국전쟁과 남북 분단의 뼈아픈 역사를 대변하는 곳으로 실향민(失鄕民)들을 위해 세워졌다. 지상 3층, 지하 1층으로 되어 있는데 옥상에 올라가서 보면 누구나 분단의 아픔을 되새기며 감회에 젖을 수밖에 없다. 오늘도 유유히 흐르고 있는 임진강과 한국전쟁 때 자유를 선택한 한국군 포로 12,773명이 귀환했다는 '자유의 다리'를 바라보면서 70년 분단의 아픔을 체험하게 된다.

　또 망배단(望拜壇) 앞에 서서 북녘 땅을 바라보면 처연한 생각을 금할 수가 없다. 망배단은 연초가 되거나 명절이 되면 실향민과 이산가족들이 모여서 갈 수 없는 고향을 향해 경모제(敬慕祭)나 망향제(望鄕祭)를 올리는 것이 연중행사처럼 되어 있다. 고향을 빤히 바라보면서도 가지 못하는 그 심정이 오죽하겠는가. 임진각에서 개성까지는 22km이고 서울까지는 53km로 개성이 서울보다 훨씬 가깝다.

　임진각 주변에는 각종 소원을 적은 리본들이 매달려 펄럭이고 있다.

'죽기 전에 고향에 한 번 가고 싶다.' '단 한 번만이라도 가족의 얼굴을 보고 싶다'는 절절한 사연들이 빼곡히 적혀 있다. 고향을 지척에 두고도 가지 못하고 고향을 향해 제를 올리거나 리본을 매다는 것이 전부라니 참으로 애달픈 일이다.

열차 또한 남쪽 최북단의 마지막 역인 도라산역(都羅山驛)에서 멈춘 채 더 나아가지 못하고 있다. 생각할수록 참으로 기막힌 일들이다. 도라산역에 세워져 있는 '서울 56km, 평양 205km'라고 된 이정표가 평양이 그리 먼 곳이 아님을 알려주고 있다. 나뿐 아니라 누구라도 이곳에 서게 되면 당장이라도 열차를 타고 개성을 거쳐 평양으로 시베리아를 달려 유럽까지 가고 싶은 충동을 느끼게 될 것이다. 그 꿈은 언젠가 반드시 실현될 것이라 나는 확신한다. 그러나 지금은 북한 땅을 멀리서나마 바라볼 수 있다는 것에서 위안을 찾을 수밖에 없다.

한편 도라산(都羅山)이라는 지명이 생기게 된 유래를 알고 보면 참으로 조금은 서글프기도 하고 기묘하다는 생각을 하게 된다. 도라산이라는 이름은 경기도 파주시 군내면 벌판에 해발 156m로 솟아있는 봉우리를 말한다. 그런데 이 같은 이름이 생기게 된 연유가 신라 마지막 왕 경순왕의 애절한 사연 때문에 비롯된 것이라 한다.

무려 1,000여 년 전 이야기다. 927년 신라는 후백제 견훤의 공격으로 55대 경애왕이 죽고 뒤를 이어 56대 경순왕이 즉위하게 된다. 그러나 그때는 이미 신라의 국운이 쇠하여 더 이상 버틸 수가 없었다.

경순왕은 백성들의 희생을 한 사람이라도 줄이기 위해 중신들과 태자의 극렬한 반대를 무릅쓰고 천년사직(千年社稷)을 삼한 통일을 목전에 두고 있던 고려의 왕건(王建)에게 바치게 된다. 왕건은 경순왕을 극진히 예우해 식읍(食邑)을 하사하고 자신의 딸인 낙랑공주와 혼인하게 하여 여생을 편히 보내게 했다.

그러나 망국의 한을 안고 있는 경순왕은 시름 속에 나날을 보내게 된다. 이것을 곁에서 지켜보던 낙랑공주는 경순왕을 위로하기 위해 송도에서 20여 리 떨어진 이곳 도라산 중턱 남쪽(서라벌)이 잘 보이는 곳에 영수암(永守菴)이라는 암자를 지어 경순왕의 시름을 달래게 했고, 경순왕은 매일같이 이곳에 찾아와 남쪽 서라벌을 바라보며 상념에 빠졌다. 그리하여 이후부터 사람들이 이 산의 이름을 남쪽 도읍을 바라보는 산이라 하여 '도(都)라(羅)산(山)'이라 부르게 되었다고 한다.

그런데 한편 이 도라산역 앞에 서서 생각해 보면 지금 우리 한반도 사정 역시 경순왕의 처지와 비슷하다 할 것이다. 서울역에서 힘차게 달려온 열차가 도라산역에서 멈춘 채 다음 역인 봉동역, 개성역으로 더 이상 나아가지 못하고 있을 뿐만 아니라 도라산 전망대에 올라 통일이 되어 마음껏 달릴 수 있는 그 날만을 기다리며 하염없이 북녘 땅을 바라보고 있으니 그 시름도 참으로 깊고 깊기에 문득 그런 생각이 든다.

도라산(都羅山)역 구내에 세워져 있는 평양 205km 이정표

임진각 주변에는 넓게 펼쳐진 평화누리공원이 조성되어 있다. 드넓은 공원을 천천히 걷다 보면 답답한 마음을 조금은 달랠 수 있다. 임진각(臨津閣)과 평화누리공원에는 각종 조형물들이 설치되어 있다. 과거 한국전쟁에 대한 기록들과 미래를 향해 나아가려는 마음이 느껴지는 성찰의 공간이 되고 있다.

평화누리공원은 나에게도 작은 인연이 있는 장소다. 2015년에 민주평화통일자문회의와 MBC가 공동으로 광복 70주년 기념 '8천만 통일의 노래' 노랫말을 공모한 바 있다. 열기가 뜨거워 국내는 물론 해외에서까지 출품한 2,700여 편이 넘는 작품 중 내가 응모한 '통일 코리아'가 우수작품으로 선정되어 김도훈 작곡, FT아일랜드 이홍기 노래로 만들어졌다.

이 노래는 광복 70주년 광복절 전야제 행사인 'DMZ 평화콘서트'가 이곳 '평화누리공원'에서 열려 첫선을 보인 바가 있다. 그렇기 때문에 나는 지금도 소중한 추억으로 간직하고 있다. 또한 이 노래가 많이 애창되었으면 하는 바람도 있다. 노랫말을 쓸 때 통일 이후까지도 부를 수 있도록 썼기에 더욱 그렇다.

이곳 임진각 일대에는 그 외에도 1978년 발견된 총길이 1,635m의 '제 3땅굴'을 비롯하여 평화와 통일의 염원을 담은 21톤 무게의 '평화의 종', 6.25 때 파괴되어 녹슨 채 전시되고 있는 '증기기관차', 평화통일을 갈망하는

'도라전망대', 장단콩으로 유명한 통일촌(統一村)이라 불리는 마을 등, 한민족 애환의 흔적과 통일에 대한 염원이 주변 곳곳에 서려 있다. 하루 빨리 통일열차가 자유의 다리, 임진강 철교, 통일대교를 통해 북한으로, 대륙으로 힘차게 달릴 수 있는 날이 오기를 기대한다.

통일 코리아 _태종호

가슴을 활짝 열고 미래를 보라
시련을 이겨내고 우뚝 선 나라
백두산 정기 받은 배달의 민족
막혔던 동맥이 다시 흐르고
8천만이 하나 되어 부르는 노래
생각만 해도 가슴이 벅차오른다.
나가자 거침없이 세계를 향해
동방의 영롱한 샛별이 되어
영원히 빛나리라 통일 코리아
아~ 나의 조국 통일 코리아

머리를 높이 들어 하늘을 보라
끝없는 도전으로 이어온 나라
평화를 사랑하는 백의의 민족
대륙을 지나서 바다를 건너
8천만이 하나 되어 펼쳐 갈 미래
생각만 해도 희망이 넘쳐흐른다.

달리자 너와 내가 손을 맞잡고

지구촌 밝히는 등불이 되어

영원히 빛나리라 통일 코리아

아~ 나의 조국 통일 코리아

* 2015년 7월 17일 제헌절에 통일된 조국을 염원하며 노랫말을 지어
민주평통과 MBC가 공모한 '광복 70주년 기념 8천만 통일의 노래'
로 선정되고, 2015년 8월 14일 PM 9:30, 광복 70주년 전야제 행사
때 임진각 평화누리공원 DMZ 평화콘서트에서 소개됨.

8천만 통일의 노래

태종호

동방의 밝은 빛 하나 코리아
그 등불 다시 켜 8천만 한 겨레

자유와 평화 함께 누리며
우리 함께 손잡고 미래로 달리자

가슴을 활짝 열고 미래를 보라
어려움 이겨낸 기적의 나라

머리를 들어 하늘을 보라
하나 된 한반도 세계를 이끈다
8천만의 빛나는 통일코리아

민주평화통일자문회의 대회의실에서 시상식을 마치고

한탄강과 한국전쟁의 격전지 철원(鐵原) 연천(漣川)

2010년 6월 25일, 한국전쟁 60주년을 맞아 강원도 철원과 연천지역을 찾아나섰다. 철원과 연천지역은 6.25전쟁의 최대 격전지로 알려진 곳이다. 또 이 지역은 '큰 여울'이라는 뜻을 지니고 있는 한탄강(漢灘江)이 흐르고 있다. 먼저 한탄강부터 살펴보기로 했다.

한탄강은 '큰 여울'이다. 참으로 아름다운 이름이다. 사전에는 강이나 바다에서 바닥이 얕거나 폭이 좁아 물살이 빠르게 흐르는 곳이라고 나와 있다.

길이 139km의 한탄강은 북한의 평강에서 발원하여 철원과 포천, 연천을 거쳐 임진강과 만나게 된다. 경기도의 연천 장남면(長南面)과 파주 적성면(積城面)이 한탄강과 임진강의 경계를 이루는 곳으로 이곳이 두 강의 합수지역(合水地域)인 셈이다.

한탄강은 국내 유일의 현무암으로 형성된 협곡하천이다. 예로부터 물길이 변화무쌍하고 풍광이 수려하기로 유명해 주변에는 명승지가 많다. 강 양편으로는 매우 특징적이고 아름다운 여러 개의 용암지대가 펼쳐져 있고 수십 미터 높이의 주상절리가 장관을 연출하고 있어 국내는 물론 국제관광자원으로도 손색이 없다.

하지만 한탄강은 이처럼 생태적 지질학적 가치와 아름다운 자연 경관과는 달리 수많은 동족상잔의 가슴 아픈 사연들이 겹겹이 쌓여있는 곳이기도 하다.

예로부터 한탄강 주변에는 협곡과 절벽이 많아 군사전략적 요충지가 될 수밖에 없었기 때문이다. 그래서 역사적 전환기 때마다 전쟁이 빈번했고 그때마다 한탄강은 불을 뿜는 격전지가 될 수밖에 없었다.

한탄강은 한국전쟁 당시에도 최대의 격전지였다. 지금도 전쟁의 숨은 사연과 아픈 기억들이 가는 곳마다 고스란히 새겨져 있다. 그래서 한탄강이라는 이름도 본래의 뜻과는 다르게 해석되어 부르기도 한다. 세계 유일의 분단국이 되어 있는 한반도의 아픔을 날마다 토해내는 곳이기에 어쩌면 그 사연들과 잘 어울리는 이름인지도 모르겠다.

철원과 연천은 중부전선(中部前線)의 중심지다. 두 지역 모두 해방 직후 38선이 그어졌을 때는 북한에 속해 있었던 지역이기도 하다. 지금도 인근에 비무장지대를 중심으로 곳곳에 엄청난 분량의 지뢰가 매설된 지역이 많아 방문할 때마다 주의를 기울여야 한다. 또한 고지가 많아 북한 땅을 한눈에 볼 수 있는 태풍전망대, 열쇠전망대, 평화전망대 등이 밀집되어 있다.

가는 곳마다 전사(戰史)에 기록된 지명들이 불쑥 튀어나온다. 그래서 지명만 들어도 6.25 한국전쟁의 흔적들이 가장 많이 남아 있는 한반도 분단의 최전선임을 증언해 주고 있다. 특히 이 지역에는 다른 지역보다 유달리 군부대와 민통선 마을이 많아 반드시 출입을 허락받아야 들어갈 수 있는 곳이기도 하다.

'민통선(民統線)'이란 민간인의 출입을 통제하는 '민간인통제선'을 줄여서 하는 말이다. 휴전협정 직후인 1954년 미 8군 사령관이 군작전과 군사시설 보호, 보안유지 등을 목적으로 일방적으로 그어 놓은 선이다. 그러나 지금은 '민통선' 안에서 제한적으로 출입이 허락되어 농사를 지으며 살아가는 마을이 있다. 이를 '민통선 마을'이라 한다.

정부는 1959년부터 1973년까지 북한의 보여주기식 마을인 선전촌(宣傳村)에 대응하기 위해 99개의 자립안정촌(自立安定村), 12개의 재건촌(再建村), 2개의 통일촌(統一村)을 건설한 바 있다. 우리에게 많이 알려진 비무장지대 안에 있는 대성동 마을을 비롯하여 경기도 파주, 연천의 통일촌, 해마루촌, 강원도 철원, 인제, 양구, 고성 등, 주로 휴전선과 비무장지대를 따라 곳곳에 100여 개가 넘게 분포되어 있다.

이처럼 민통선 마을이란 특수한 이름을 가진 곳은 세계에서도 유례를 찾을 수 없는 우리 한반도만의 특수성을 가진 비극적 마을이다.

그래서 전국 각 지역의 학교, 국가 기관이나 각종 사회단체, 또는 외국인들이 '안보견학'이라는 이름으로 빼놓지 않고 이곳을 찾아 나선다. 나역시 오랜 시간 통일과 관련된 활동을 하면서 이 민통선 지역과 전망대를 수없이 다녀왔다. 특히 철원 연천지역은 지형적으로 휴전선 중앙에 있어 중부전선(中部前線)이라 부르고 한반도의 중심에 자리해 국토의 심장이라 불리기도 한다.

삼국시대부터 역사적 사건들이 많아 숱한 이야깃거리를 생산해 냈던 유서 깊은 곳이기도 하다. 6.25 한국전쟁 당시에도 예외가 아니었다. 능선마다 전쟁의 승패를 가늠하는 고지들이 많아 피아간에 치열한 사투가 벌어졌던 격전지(激戰地)들이 많다.

그래서 70년 분단의 시대를 살고 있는 우리에게 그 실상을 제대로 배울 수 있는 통일과 안보의 산 교육장이 되고 있는 것이다.

백마고지 전투, 월정리 역의 철마, 피로 얼룩진 노동당사

그중에서도 가장 많이 알려진 곳으로는 백마고지(白馬高地) 전투가 있다. 백마고지는 철원읍(鐵原邑)에서 북서쪽으로 약 12km 떨어진 곳에 자리한 해발 395m의 봉우리여서 군사적 용어로는 일명 '395고지'라고도 부른다. 특히 이 고지는 당시 피아간에 절대로 빼앗겨서는 안 될 군사적 요충지였다.

중부전선의 심장부라 할 수 있는 철의 삼각지대(철원, 김화, 평강)인 철원평야와 서울을 연결하는 길목이기 때문에 이 철원평야를 적에게 내주게 되면 군의 보급로를 잃게 되기 때문이었다. 당시 휴전을 앞두고 장병들이 최전선 각처에서 한 치의 땅이라도 더 확보하기 위해 처절하게 다투었다는 무용담은 셀 수 없이 많다.

백마고지 전투 역시 국군과 미군이 중공군을 상대로 1952년 10월 6일부터 10월 15일까지 이 고지를 빼앗고 빼앗기며 혈전을 벌여 10일 동안 주인이 24번이나 바뀌었다고 전한다. 중공군 1만4천 명을 포함한 우리 국군과 미군들의 시체가 뒤섞인 채 겹겹이 쌓여 그야말로 산이 아니라 병사들의 거대한 무덤이 되어버렸다고 했다.

세계 전사에도 고지탈환전이란 이름으로 기록될 만큼 그 유례를 찾아볼 수 없다는 백마고지 전투다. 30여 만 발의 포탄을 쉴 사이 없이 퍼부어 산등성이가 하얗게 벗겨져 멀리서 보면 마치 백마(白馬)가 누워 있는 것처럼 보인다 해서 붙여진 이름이 백마고지다.

나는 어린 초등학교 시절부터 이 전설 같은 이야기를 수없이 들어 왔다. 세월이 흘러 1966년 5월, 이 부대의 후예들은 '백마부대(白馬部隊)'라는 이름으로 월남전에도 참전하여 용맹을 떨친 바 있다. 그러나 지금은 백마고지를 직접 찾아가서 볼 수는 없고 백마고지 전적지에 올라 먼발치로 살펴보는 것으로 만족해야 한다는 것이 아쉬움으로 남는다.

철원 백마고지(白馬高地)에 세워진 위령비(慰靈碑)

또 철원에서 많이 찾는 곳으로 '민통선(民通線)' 안에 자리한 유서 깊은 월정리(月井里) 역이 있다. 월정리(月井里)라는 아름다운 이름에 대하여 전해 내려오는 이야기가 역 앞 표지판에 소개되어 있다.

"옛날 이 마을에 이름 모를 불치의 병을 앓고 있는 홀아비와 딸이 살고 있었는데 효성이 지극한 딸이 아버지의 병환을 낫게 해달라고 밤마다 달님에게 빌었더니 꿈속에 백발도사가 나타나 '나는 달의 화신인데 너의 정성이 지극해 아버지의 병을 낫게 할 처방을 알려줄 테니 그대로 해 보아라' 하면서, '집 옆에 있는 바위 위에 물이 솟아 고여 있을 테니 달이 지기 전에 1,000모금을 떠다가 아버님께 드시게 하라' 하고 사라졌다. 딸은 가냘픈 몸으로 밤새도록 그리했더니 아버지의 병은 나았으나 딸은 기진하여 숨을 거두고 말았다는 슬픈 이야기다. 그래서 달(月)과 바위 위의 우물(井)을 따서 월정리(月井里)가 되었다고 한다."

월정리역(月井里驛)은 일본통치시대에 물자수송에 중요한 역할을 했던 역으로 알려졌다. 서울에서 원산까지 이어진 경원선의 중간지점에 있는 간이역으로 분단 전에는 금강산을 오가는 열차까지 있었다고 한다. 규모는 크진 않으나 아담하게 생긴 역사(驛舍)는 깨끗하고 아름답게 생겼다. 철원 안보관광개발사업의 일환으로 1988년에 복원한 것이다. 이 역은 백마고지역과 함께 남방한계선 최북단에 위치해 있기 때문에 열차가 더이상 갈 수 없는 마지막 역이다.

월정리역에 세워져 있는 '철마는 달리고 싶다' 는 표지판

특히 이곳에는 누구나 한 번쯤은 들어봤을 '철마는 달리고 싶다' 는 문구가 새겨진 대형 표지판이 세워져 있다. 이 문구 하나만으로도 이곳을 찾는 이들에게 분단의 아픔을 웅변으로 대변해 주고 있는 곳이다. 더구나녹슬고 부서진 채 철로 위에 방치되어 있는 객차와 화물차의 잔해는 보는 이의 가슴을 더욱 아프게 한다. 그마저도 열차의 앞부분은 6.25 한국전쟁당시 북한군이 철수하면서 가져가 버려 객차로 쓰이는 열차의 뒷부분만남아 있다.

70년이 되도록 열차도 사람도 더 이상 가지 못하고 그 자리에 멈추어있다니 생각해 보라. 얼마나 비극적인 일인가. 역 앞에 세워진 '평화의종' 은 2000년 6월 25일 남북 분단 50주년을 맞이하여 한국 천주교회가 한

민족의 화해와 하나 되기를 기원하여 설치한 것인데 높이 1.7m, 직경 99cm로 되어 있다. 6.25전쟁 때 사용하였던 탄피를 넣어 제작했다고 해서 의미를 더한다.

다음으로 눈여겨보아야 할 곳으로는 철원군 '조선노동당사(朝鮮勞動黨舍)'다. 철원군 노동당사는 한국전쟁이 발발하기 전인 1946년에 지어졌다. 당시 철원은 북한 땅에 속해 있었던 탓에 공산 독재정권이 공산주의 사상 주입과 주민통제를 목적으로 이곳에 노동당사(勞動黨舍)를 짓게 된 것이다. 노동당사는 소련식의 이국적 냄새가 풍기는 3층 건물로 지어졌는데 철근을 사용하지 않는 공법으로 지어진 것이 특이하다.

북한은 이 건물을 지을 때 한 개 마을당 성금이란 명목으로 백미 200가마를 거두어들이고 인력과 장비도 강제 동원했다고 한다. 지금은 전화(戰禍)로 인해 1층은 그런대로 형체가 남아 있으나 2,3층은 철근이 없기 때문에 그대로 무너져 내려 뼈대만 앙상하게 남아 황량한 모습으로 서 있다.

기둥과 벽면 곳곳에는 크고 작은 총탄자국이 선명하게 보인다. 당시 이 건물 일대가 철원읍(邑)의 구(舊)시가지였는데 얼마나 치열한 전투가 벌어졌으면 이 건물 하나만 덩그러니 남고 모두 사라져 버린 것일까. 그나마 도로원표(道路元標)가 남아 있어 이곳이 구시가지였음을 말해 주고 있는 것이다. 도로원표에는 평강 16.8km, 김화 28.5km, 원산 181.6km, 평양 215.1km, 이천 51.4km라고 적혀 있다.

나는 이곳 노동당사를 찾을 때마다 어딘지 모르게 불길함과 한기(寒氣)가 느껴지고 그 건물이 핏빛 울음을 울고 있는 것 같았다. 그것은 이 건물에서 자행된 악명 높은 탄압과 고문의 영향 때문일 것이다. 북한 공산주의자들은 전쟁 발발 전 약 5년여 동안 이곳에서 철원, 김화, 평강, 포천지역의 양민과 반공주의자들을 잡아다 무차별적인 고문과 학살을 자행한 것으로 알려지고 있다.

조선노동당사(朝鮮勞動黨舍) 잔해

　이곳에 한 번 들어가면 죽거나 초죽음이 되어서야 나올 수 있었다고 하
니 그 잔학(殘虐)함을 어찌 말로 다 설명할 수 있겠는가. 누구나 이곳에
와서 건물 내부를 돌아보면 우리 민족의 비원(悲願)을 느끼게 하는 상징
적 장소다. 다행히 노동당사 앞에는 한반도 분단시간을 알려주는 '통일
시계탑'이 서 있어 삭막함을 조금은 덜어주고 있다. '통일시계탑'은 남
북분단의 시간을 분, 초 단위까지 알려주고 있다. 이 지역 출신 정춘근 시
인의 주선으로 건립됐다는 이 '통일시계탑'은 평소 분단에 무심했던 사
람들도 보는 순간 분단에 대해, 통일에 대해 한 번쯤 생각하게 된다.
　민간인 통제구역이기도 한 이곳에서 1994년 6월에는 KBS '평화를 위
한 열린 음악회'가 열려 1만여 명이 참가하는 대성황을 이룬 바 있다. 역
시 같은 해인 1994년, 당시 인기 절정의 아이돌 그룹 '서태지와 아이들'
이 '발해를 꿈꾸며'란 뮤직비디오를 촬영하기도 해서 주목을 받기도 했
다. 이곳 노동당사는 2002년 5월 31일에 문화재청이 지정한 대한민국 근
대문화유산 '등록문화재 22호'로 지정되었다.

발해를 꿈꾸며 _ 서태지와 아이들

진정 나에겐 단 한 가지 소망하고 있는 게 있어
갈라진 땅의 친구들을 언제쯤 볼 수가 있을까
망설일 시간에 우리를 잃어요.
한민족 형제인 우리가 서로를 겨누고 있고
우리가 만든 큰 욕심에 내가 먼저 죽는 걸
진정 너는 알고 있나.
전인류가 살고 죽고
처절한 그날을 잊었던 건 아니었겠지
우리 몸을 반을 가른 채 현실 없이 살아갈 건가
치유할 수 없는 아픔에 절규하는 우릴 지켜줘
갈 수 없는 길에 뿌려진 천만인의 눈물이 있어
저 하늘로 자유롭게 저 새들과 함께
시원스레 맘의 문을 열고 나갈 길을 찾아요.
더 행복한 미래가 있어 우리에겐
우리들이 항상 바라는 것 서로가 웃고 돕고 사는 것
이젠 함께 하나를 보며 나가요
언젠가 작은 나의 땅에 경계선이 사라지는 날
많은 사람 마음 속엔 희망들을 가득 담겠지
난 지금 평화와 사랑을 바래요
젊은 우리 힘들이 모이면 세상을 흔들 수 있고
우리가 서로 손을 잡은 것으로 큰 힘인데
우리 몸을 반을 가른 채 현실 없이 살아갈 건가
치유할 수 없는 아픔에 절규하는 우릴 지켜줘

갈 수 없는 길에 뿌려진 천만인의 눈물이 있어
위, 나에겐 갈 수도 볼 수도 없는가.
저 하늘로 자유롭게 저 새들과 함께 날고 싶어
우리들이 항상 바라는 것 서로가 웃고 돕고 사는 것
이젠 함께 하나를 보며 나가요.

통일 한국의 중심이 될 철원평야의 꿈

철원은 휴전 후에 대부분 남한 땅으로 귀속되었다. 지금도 그렇지만 당시 철원평야는 전국 5대평야에 속할 만큼 기름진 옥토로 소문이 났었다. 한국전쟁이 휴전이 되고 나서 북한 김일성은 한반도의 중심지이자 요충지인 철원을 잃은 데 대한 분풀이로 철원평야의 젖줄 역할을 하던 봉래호(蓬萊湖)의 물줄기를 황해도 연백평야로 돌려버렸다고 한다. 또 그는 며칠 동안이나 식음을 전폐하고 한탄과 울분을 토로했다는 이야기가 전해지고 있을 정도로 기름진 옥토(沃土)인 것이다.

그도 그럴 것이 철원은 후삼국의 궁예(弓裔)가 태봉국(泰封國)의 도읍으로 삼았을 만큼 평야가 넓은 데다가 물산이 풍부해 산업이 발달하고 각종 교역이 활발했던 곳이었기 때문이다. 그 기세가 최고조에 이르렀던 시기가 1940년대였다. 그때 철원의 전체 인구는 10만여 명에 달하는 강원도 3대 도시 중 하나일 정도로 번성했다고 한다.

그러나 그처럼 번성했던 도시가 한국전쟁이 끝난 후에는 폐허로 변하면서 도시 전체가 일거에 사라져 버렸다고 하니 이 지역에서 얼마나 처절한 전투와 치열한 교전이 있었는지 짐작하고도 남는다.

또 철원에는 북의 남침용 땅굴 중 두 번째로 발견된 제2땅굴과 철원팔경의 으뜸인 고석정(孤石亭)이 있다. 철원의 제2땅굴은 1975년 3월 24일

휴전선 비무장지대 경계초소

에 발견된 땅굴로 지하 50m~160m 지점에 있으며, 총 길이가 3.5km나 된다. 이중 군사분계선을 기준으로 남쪽 방향으로 1.1km, 북쪽으로 2.4km나 뻗어 있으며 출구가 세 갈래로 나 있다.

지금까지 발견된 땅굴 중 가장 넓어서 시간당 3만여 명의 중무장한 병력이 한꺼번에 이동할 수 있고 심지어 탱크까지도 다닐 수 있을 정도다. 이 땅굴 발견 당시 7명의 한국군 병사가 북한군에 의해 희생되었다. 지금도 많은 국민들이 안보교육을 위한 현장체험 교육장으로 많이 찾고 있는 곳이다.

고석정은 조선 중기의 대도(大盜)이자 의적(義賊)이었던 임꺽정(林巨正)의 은신처로 알려져 그와 얽힌 일화들이 전해지고 있다. 임꺽정 생전에 그가 원했던 신분제 세상을 타파하지는 못했지만 그의 탄식이 헛되지 않아 결국은 평등세상이 이루어졌으니 그는 선구자라 할 만하다.

고석정은 주상절리(柱狀節理) 기암괴석(奇巖怪石)이 즐비한 명승지로 알려져 많은 사람들이 찾고 있다. 이밖에도 고석정 인근에는 아름다운 다리가 하나 놓여 있다. 1948년 한탄교(漢灘橋)라는 이름으로 북에서 먼저 착공하고 1958년 남에서 마저 완공해 남북 합작다리가 되어 버린 '승일교(昇日橋)'를 말함이다. 이 다리 이름에 대한 이야기가 분분하게 전해져 흥미를 끈다.

이승만의 '승承'이라는 글자와 김일성의 '일日'이라는 글자를 따서 '승일교(承日橋)'라 부른다고도 하고, 김일성을 이기자는 뜻에서 '승일교(勝日橋)'라 불렀다고도 하는 등, 종잡을 수가 없는데 1985년에 세웠다는 다리 표지석인 기념비에는 한국전쟁 당시 큰 공을 세웠으나 북한군에게 포로로 끌려가서 생사를 알 수 없는 국군 연대장 박승일(朴昇日) 대령을 기리기 위해 그의 이름을 따서 승일교(昇日橋)라 명명했다고 되어 있다. 승일교(昇日橋) 역시 대한민국 등록문화재 제26호로 지정되어 있다. 러시아식 공법으로 만들어진 아치형의 교각이 멋스러워 관광객들의 시선을 끈다.

또 이곳 철원, 평강, 김화를 잇는 지역을 '철의 삼각지'라 부른다. 6.25 한국전쟁 때 가장 많은 사상자를 냈다고 하는 격전지로 알려져 있다. 휴전 후 철원과 김화는 남한에 속하게 되었으나 평강은 북한에 속하게 되었다. 차를 타고 가다 보면 '38선 경계비'가 세워져 있어 그때서야 아! 여기가 과거 북한 관할이었다는 것이 실감이 난다.

또 규모는 크지 않지만 널리 알려진 '직탕폭포'와 신라 경문왕 때 도선국사(道詵國師)가 건립했다는 최전방에 위치한 화개산 도피안사(到彼岸寺)가 있다. 속세를 떠난 고즈넉한 모습으로 자리하고 있는 이곳에는 보물 제223호로 지정된 삼층석탑이 서 있다.

철원의 명물은 그뿐만이 아니다. 철원평야(鐵原平野)에서 생산되는 품질이 뛰어난 철원 오대쌀은 맛이 좋기로 정평이 나 있고 세계에서 몇 안되는 겨울철새의 도래지(到來地)로도 유명하다. 이곳 철원이 철새 도래지가 된 데는 새들이 서식하기에 알맞은 환경을 고루 갖추고 있기 때문이라고 한다. 겨울철에도 따뜻한 물이 나오고 곳곳에 초지군락(草地群落)이 형성되어 있는 데다가 DMZ와 민통선이 사람들의 출입을 제한해 새들의 보호막 역할을 해주기 때문에 새들이 서식하기에 천혜의 조건을 갖추고 있는 셈이다.

늦가을이 되면 수만 마리의 철새들이 떼를 지어 찾아오기 시작한다. 그리고 먹을 것이 풍부한 이곳에 머물며 안락하게 겨울을 보내게 된다. 그래서 이곳을 철새들의 낙원이라 부르며 '천연기념물 제245호'로 지정되어 있다. 실제로 월정리역(月井里驛) 옆에는 '철원 두루미관'이 마련되어 있어 이곳을 찾는 관광객과 교육생들에게 철새들에 관한 지식을 소상하게 알려주는 장소로 각광받고 있다.

북한과 가장 가까이 있는 연천 태풍전망대

경기도 연천군(漣川郡) 역시 한반도 분단의 아픔과 전쟁의 역사를 고스란히 담고 있다. 또한 경기도 최북단에 위치한 한반도의 중심지역이다. 연천군 전곡읍에 중부원점(中部原點)이 있어 이곳이 한반도의 중심지(中心地)임을 말해 주고 있다. 중부원점이란 우리나라에서 사용하는 가상의 원점으로 위도 38°, 경도 127°인 지점을 말한다.

전곡에는 사적 268호로 지정된 전곡리유적과 전곡선사박물관이 있다. 동아시아 최초로 구석기 주먹도끼가 발견되어 세계적 관심이 집중되었다. 선사박물관에 들어가면 인류의 진화과정, 선사시대의 자연환경 등을 엿볼 수 있다. 연천 역시 철원과 함께 6.25 한국전쟁의 최대 격전지였고, 고대 삼국시대로부터 한탄강을 중심으로 부족이나 국가들이 영토 확장을 위한 각축을 벌이던 전략적 요충지였다.

남북 분단극복과 통일에 관심이 있는 국민이라면 연천에서 맨 먼저 가 보아야 할 곳은 단연 태풍전망대(颱風展望臺)이다. 휴전선과 불과 800m 거리에 있는 태풍전망대는 민통선 안에 있어 검문 등을 통과해야 하는 번거로움이 있다. 민통선 안에 매설된 수많은 지뢰의 위험 때문에 그동안 출입이 제한되어 제대로 조명 받지 못했던 곳이다.

 정문에 이르면 비탈진 길을 걸어서 올라야 하지만 전망대에 오르고 나면 북한이 한눈에 들어온다. 북한 주민들이 농장에서 일하는 모습과 북한군의 초소까지 세세히 살펴 볼 수가 있다. 날씨가 좋을 때는 멀리 개성까지도 조망할 수 있는 곳이다.

북한과 가장 가까이에 위치한 연천 태풍전망대 초입 표지석

 태풍전망대는 육군 태풍부대가 1991년 12월 3일 비끼산 최고봉인 수리산 정상에 개관한 것으로 155마일 휴전선 전체에서 북한과 가장 거리가 가까운 곳에 위치해 있다. 이곳에서 휴전선까지는 800m, 북한군 초소까

지 불과 1,600m 거리이다.

휴전 후 처음에는 군사분계선을 기점으로 남북 각각 2km 지점에 남방한계선과 북방한계선이 설정되었으나 1968년 북한군이 휴전선 가까이 철책을 설치해 우리 군도 1978년에 부분적으로 휴전선 쪽으로 철책을 설치하다 보니 거리가 가까워지게 된 것이다. 이곳에서 서울까지는 65km 평양까지는 140km 떨어져 있다.

전망대 입구에는 특이한 글씨체로 태풍전망대란 입석이 건립취지와 함께 서 있다. 그리고 경사진 길을 오르다 보면 색다르고 커다란 입석비가 나온다. UN미국군 전사자 36,940위의 충혼비다. 참으로 많은 장병들이 희생되었다. 자기 나라도 아닌 남의 나라 전쟁에 참전해 목숨을 바친 사람들이다. 전망대 교육관으로 들어가면 담당 장교로부터 휴전선 일대의 과거와 현재까지의 과정과 무수히 발생했던 사건들과 지형에 대한 자세한 설명을 들을 수 있다. 북한을 더 세세히 조망할 수 있는 망원경도 준비되어 있다.

전망대 주변에는 여러 개의 기념비들이 세워져 있는데 '한국전쟁 전적비', '실향민의 망향비', 'UN태국군 참전 충혼비', 'UN호주군 참전비', '평화통일기원시비' 등이 있다. 특히 눈길을 끄는 것은 6.25때 학도병으로 멀리서 전차를 몰고 와 참전했던 '소년 전차병 기념비'가 가슴을 뭉클하게 한다. 또 한 곳에 '무궁화꽃 한 송이'라는 작은 시비(詩碑)가 서 있었는데 나의 오랜 지기인 도울 배준성의 작품이어서 반가움을 더했다.

전시관에는 이곳이 아니면 쉽게 볼 수 없는 여러 가지 전시물들이 진열되어 있다. 이곳에서 2km 떨어진 임진강 필승교(必勝橋)에서 수습했다는 북한의 필수생활용품과 남파간첩들의 침투장비 등을 볼 수 있다.

앞마당에는 통일을 기원하는 종각과 성모마리아상, 호국통일사(護國統一寺)라는 법당도 있다. 그 밖에도 연천 민통선 지역 안에는 태풍전망대와 버금가는 또 하나의 전망대인 열쇠전망대가 있다. 열쇠부대가 1998

년 4월에 개관한 이곳도 매우 중요한 요충지여서 과거 여러 차례 방문한 적이 있지만 지면관계상 생략하기로 한다.

은혜는 돌에 새기고 솔선수범의 교훈 잊지 말아야

연천에 오면 또 하나 우리가 잊지 말고 기억해야 할 것이 있다. 6.25 전쟁 때 파주·연천지역에서 산화한 UN군 참전 용사들이다. 그리고 파주 적성의 감악산(紺岳山) 전투와 연천의 마전지역 전투의 치열했던 격전지를 한 번쯤 돌아보길 권한다. 감악산 입구에는 '설마리 영국군 전적비'와 추모공원, 그곳에서 희생된 영국군과 벨기에, 필리핀 등 각국의 UN군 장병들을 화장해 고국으로 돌려보냈다는 화장장 터를 볼 수가 있다.

감악산 전투(일명 설마리 전투)는 1951년 4월 영국군과 중공군이 혈전을 벌인 전투를 말한다. 영국군 제 29여단의 그로스터 대대는 임진강을 사이에 두고 무려 10배가 넘는 중공군이 인해전술로 쳐들어오자 끝까지 사투를 벌여 622명의 대원 중 39명만이 구사일생으로 살아남았다고 한다. 겹겹이 둘러싸인 중공군의 포위를 뚫고 살아남은 영국군 장병들의 영웅적 무용담은 세계 전사에도 기록될 만큼 유명한 전투였다.

예로부터 전해 오는 말에 '은혜(恩惠)는 돌에 새기고 원망(怨望)은 물에 새긴다'고 했다. 6.25 한국전쟁 때 UN군으로 참전한 각국 병사들이 생면부지 일면식도 없는 이역만리 타국에서 오직 자유 수호를 위해 싸우다가 수많은 사상자를 냈다는 것은 누구나 알고 있는 사실이다. 그리고 참전 용사 한 사람 한 사람이 흘린 피가 헛되지 않아 오늘의 우리를 있게 한 것이다.

그 중에서도 특히 6.25 전쟁에서 미군 지휘관들이 보여준 솔선수범(率先垂範)의 정신은 언제나 우리에게 큰 감동을 준다. 2차 세계대전의 영웅, 미국 34대 대통령 '아이젠하워'는 한국전쟁에서 아들을 잃었다. '클라크 UN군 사령관'의 아들도 전투 중 목숨을 잃었으며, '밴프리트 장군'의 아들은 실종되었고, 24사단장이었던 '딘 소장'은 북한군의 포로가 되어 큰 곤욕을 치렀다.

또 1950년 대한민국의 존망이 불투명했던 낙동강(洛東江) 전투를 지휘하며 "내가 여기서 죽더라도 끝까지 한국을 지키겠다"는 말을 어록으로 남긴 '워커 중장'은 6.25 한국전쟁 때 아들과 함께 참전했다가 자신의 목숨까지 바쳤다. 그의 외아들 '샘 S. 워커'는 훗날 미군 역사상 최연소 대장(大將)인 4성장군(四星將軍)이 되었다.

이들의 공통점은 하나같이 어떠한 경우에도 자기의 맡은 바 직분에 충실했으며 자신이 먼저 앞장서 희생을 감수했다는 것이다. 이들은 부하들에게 먼저 희생을 강요하지 않았다. '돌격 앞으로' 대신 선두에 서서 '나를 따르라'를 몸소 실천한 진정한 지도자요, 지휘관들이었다. 우리나라 육군사관학교 교정에 '밴프리트장군'의 흉상이 자리하고 있는 것도 이같은 정신을 귀감(龜鑑)으로 삼으라는 뜻일 것이다.

군인이라면 가슴 깊이 되새겨 반면교사로 삼아야 할 것이다. 우리 역사에도 이 같은 고귀한 정신을 실천한 장군들이 많이 있었다. 황산벌에서 5,000의 결사대를 이끌었던 '계백장군(階伯將軍)'의 우국충정(憂國衷情)이나 살아 돌아온 아들을 다시 전선으로 내보낸 화랑 관창의 아버지 '품일장군(品日將軍)'과 같은 분들이다.

그럼에도 불구하고 우리나라에 아직도 자신이나 자식의 병역문제로 구설에 오르내리는 공직자나 지도급 인사들을 많이 볼 수 있다. 그로 인해 국민 단합을 약화시키고 공직자로서의 자질에 대해 지탄(指彈)의 대상이 되고 있다. 참으로 창피하고 부끄러운 일이다. 이 땅에서 다시는 전쟁이 일어나서는 안 될 것이다.

하지만 만일 불가피한 전쟁을 하게 된다면 반드시 고위직(高位職)에 있는 사람이 먼저 모범을 보이는 전통이 세워져야 한다. 국민의 4대 의무인 병역의무(兵役義務)가 존재하는 한 그 의무를 완수하지 못하면 어떤 경우라도 공직(公職)에는 진입할 수 없도록 제도화해야 한다. 그렇게 하는 것이 튼튼한 국방력 향상은 물론 진정한 선진강국(先進强國)으로 가는 길이 될 것이다.

6월의 약속 _ 태종호

밤꽃 향기 진하게 풍겨오는
중부전선 골짜기에서
꽃 같은 젊은 넋
임의 피어린 자취를 더듬어봅니다.

오래 된 편지를 발견했을 때처럼
찡한 마음으로 손 놓고 앉아
하늘을 올려다봅니다.

임께서 가신 길
임께서 남긴 말
임의 그 뜨거웠던 사랑까지도
허공에 그려보지만

창포물에 머리 감은 새댁처럼
환하게 치장한 산하와

유리알처럼 투명한 하늘빛에
귀먹고 눈멀어
희미한 기억마저 사라졌습니다.

임이여~ 미안합니다.
임이여~ 용서하소서.

편히 잠드시라는 위로의 말은
선명한 기억 되찾는 날에
다시 돌아와 고하겠습니다.

통일로 이끈 왕건의 소통과 통합의 지혜

연천지역에는 묘하게도 신라왕조 천년의 마지막 왕인 경순왕(敬順王)의 능(陵)과 고려왕조 오백년을 지켜온 공신들의 위패를 봉안한 숭의전(崇義殿)이 함께 자리하고 있다.

그런데 이 두 사적지(史蹟地)의 위치가 어딘지 모르게 조금 어색하고 무언가 잘못되지 않았나 하는 이상한 생각이 든다. 일반적인 상식대로라면 경순왕릉은 경주에 있어야 하고, 고려의 숭의전은 고려의 도읍지인 개성에 있어야 할 것인데, 하고 누구나 의아한 생각이 들 수밖에 없다.

그러나 여기에는 그럴만한 사유가 있었다. 여러 역사기록이나 이곳을 전문으로 담당하고 있는 문화관광해설사의 설명에 의하면 숭의전을 건립하게 된 것은 1397년(조선 태조 6년)에 태조 이성계의 명으로 시작되었다고 한다. 전통적으로 새 왕조를 열게 되면 전 왕조의 위패와 왕릉을 잘 보존하는 관례에 따른 것이기도 하지만 꼭 그것만이 아닌 정치적 계산 또한 담겨 있었던 것으로 보인다.

이성계가 고려왕조를 무너뜨리고 역성혁명(易姓革命)을 성공해 어렵게 새 왕조창업이라는 대업은 이루었으나 민심까지 완전히 얻은 것은 아니었다. 갑작스런 왕조 변화에 대한 백성들의 동요도 있었고 더러는 구세력들의 새 왕조에 대한 저항도 있었기 때문이다. 그래서 이를 잠재우기 위한 방편이 아니었나 하는 생각도 든다.

어쨌든 태조는 고려 왕실의 종묘를 복원키로 했고 후대 왕들도 고려의 후손을 찾아내어 벼슬을 내리고 노비를 주어 제사를 지내도록 극진히 예우했다. 가장 궁금한 것이 숭의전의 위치인데 고려의 종묘를 개경이 아닌 이곳 연천으로 정한 것 또한 개경으로 했을 경우 오히려 고려 왕조 복원 움직임 같은 부작용이 생길 것을 경계해서 이곳에 종묘 터를 정했던 것으로 보인다.

필자는 발걸음을 재촉해 삼국시대 고구려가 임진강변의 수직절벽을 이용해 천혜의 방어성곽을 구축했다는 당포성(堂浦城)을 잠깐 들렀다가 곧바로 숭의전으로 갔다. 숭의전은 꼭 한 번 가보고 싶었던 곳이었기에 서두르게 되었다. 숭의전 입구에 도착하니 말에서 내려서 들어가라는 조그마한 하마비(下馬碑)가 서 있고 태조 왕건이 마셨다고 전하는 어수정(御水井)이라는 약수터가 있었다. 이 약수는 천년을 내려오는 동안 한 번도 마른 적이 없었다고 한다.

언덕길을 따라 숭의전에 올라보니 앞마당은 비좁지만 전망이 고려의 도읍지인 개성을 한눈에 내려다보는 것처럼 시원해 기분이 좋았다. 특히 풍광도 아름답고 앞이 확 트인 임진강변 깎아지른 절벽 위에 자리하고 있어 종묘(宗廟)로서의 위엄도 갖추고 있다. 숭의전은 고려시대의 왕들과 공신들의 위패를 모셨기 때문에 조선시대의 종묘와 같은 곳이다. 이곳은 원래 고려 태조 왕건의 위패를 모실 사당을 건립한 곳이었다.

고려 태조 왕건은 우리가 익히 아는 바와 같이 분열된 한반도를 하나로

숭의전(崇義殿) 현판

통일한 불세출(不世出)의 영웅이었다. 난세에 태어나 소통과 화합을 바탕으로 고려 500년의 문을 열었을 뿐만 아니라 우리 한반도를 처음으로 완전히 하나로 통일했던 왕이라는 점이 우리 수천 년 역사에서 빼놓을 수 없는 분이다. 더구나 분단 70년이 되도록 남북분단 하나 해결하지 못하고 있는 우리로서는 더욱 본받아 따라야 할 선조(先朝)인 것이다.

숭의전은 처음에 여덟 왕을 봉안했으나 조선 세종 때에 와서 조선의 종묘에는 5왕을 모시는데 고려조의 사당에 8왕을 모시는 건 합당치 않다 하여 태조, 현종, 문종, 원종 네 분의 왕만 봉안케 되었다고 한다. 숭의전이란 이름도 1451년 조선 문종 때에 와서 전대의 왕조를 예우해 짓게 되었는데 이때 고려의 충신 16명의 위패도 함께 배향하게 되었다.

16명의 충신은 다음과 같다. 복지겸(卜智謙), 홍유(洪儒), 신숭겸(申崇謙), 유금필(庾黔弼), 배현경(裵玄慶), 서희(徐熙), 강감찬(姜邯贊), 윤관(尹瓘), 김부식(金富軾), 김취려(金就礪), 조충(趙沖), 김방경(金方慶), 안우(安祐), 이방실(李芳實), 김득배(金得培), 정몽주(鄭夢周) 등으로 역사 공부를 한 사람이라면 이름만 들어도 알 수 있는 분들이다.

숭의전은 여러 차례 개수(改修)와 중수(重修)를 거듭해 오다가 6.25 한국전쟁 때 건물 전체가 모두 불타 버렸는데 1971년에 역사적 가치를 인정받아 '사적 제 223호'로 지정하면서 새롭게 복원하였다. 아마도 처음 건립할 때는 이보다 훨씬 큰 규모가 아니었을까 하는 생각을 했다.

현재는 고려 4왕의 위패를 모신 숭의전을 비롯하여 배신청, 이안청, 전사청, 앙암재 등 다섯 채의 건물과 여섯 개의 문으로 구성되어 있다. 그 중 배신청(陪臣廳)에 16공신들의 위패가 봉안되어 있다. 필자는 숭의전 주변도 샅샅이 돌아보았는데 여름철이라 녹음이 짙어 생동감이 넘쳐나고 있었다.

특히 잠두봉(蠶豆峰) 절벽에 새겨져 있는 '중작숭의전(重作崇義殿)'이라는 칠언절구로 된 시를 발견하고는 이 분이 참 좋은 시를 남겼구나 생각하여 사진에 담아왔다. 바위에 새겨놓은 것으로 보아 이 분의 회한이 대단했었구나 싶었다. 해설사의 이야기를 들어보니 이 시는 1789년(조선 정조 13년)에 마전군수였던 한문홍(韓文洪)이 숭의전의 수리를 마치고 그 감회를 바위에 새겨둔 것이라 한다. 그 시의 내용은 이렇다.

숭의전(崇義殿), 여러 차례 개수(改修)와 중수(重修)를 거듭해 오다가 현재에 이름

重作崇義殿(중작숭의전) _ 한문홍(韓文洪)

麗組祠宮四百秋 (여조사궁사백추)
誰敎木石更新修 (수교목석갱신수)
江山豈識興亡恨 (강산기식흥망한)
依舊蠶豆出碧流 (의구잠두출벽류)
往歲傷心滿月秋 (왕세상심만월추)
如今爲郡廟宮修 (여금위군묘궁수)
聖朝更乞麗牲石 (성조갱걸려생석)
留與澄波萬古流 (유여징파만고류)

숭의전을 지은 지가 사백년이 되었는데
누구로 하여금 목석으로 새로 수리하게 하는가.
강산이 어찌 흥망의 한을 알리요.
의구한 잠두봉은 푸른 강물을 흘려보내고 있구나.
지난 세월 만월추에 마음 슬퍼하였거늘
지금은 이 고을 군수가 되어 묘궁을 수리하였네.
조선은 생석을 갖추어 고려왕들을 제사토록 하였으니
숭의전은 징파강(임진강)과 더불어 길이 이어지리라.

천년 신라의 마지막을 장식한 경순왕(敬順王)

숭의전을 뒤로하고 서둘러 경순왕릉(敬順王陵)으로 향했다. 신라의 마
지막 왕 경순왕릉은 연천군 장남면 고랑포 나루터 뒤 남방한계선과 인접

한 산자락에 있다. 신라의 왕릉 중 유일하게 경주를 벗어나 있고 능묘도 매우 소박하다.

또 지금의 능묘도 사후 오랜 세월 소재를 모른 채 방치되어 있다가 1747년 조선의 영조 23년에 후손들이 이곳 왕릉 주변에서 묘지석(墓誌石)을 발견함으로써 찾게 된 것이라 한다. 왕릉 주변에 경순왕릉 신도비라고 전해지는 대리석으로 된 비석이 아담한 비각 안에 세워져 있다.

신라 56대 마지막 왕으로 귀부(歸附; 스스로 와서 복종함)의 주인공이 된 경순왕의 몰락은 이미 예고되어 있었다. 후백제 견훤(甄萱)의 압박을 못 견딘 55대 경애왕(景哀王)은 자결로 생을 마감하고 그의 뒤를 이어 경순왕이 왕위에 올랐을 때 신라는 이미 국가의 기능이 마비될 정도로 혼란을 겪던 시절이었다. 후백제의 잦은 침입과 지방 토호 세력들의 발호로 더 이상 버틸 힘이 없었다.

마침내 왕건(王建)이 혼란정국을 차례차례 수습해 나가고 민심마저 고려로 기울게 되자 신라 경순왕은 귀부를 결심하게 된다. 큰 아들 태자와 신하들의 극렬한 반대를 무릅쓰고 송도로 가서 왕건에게 나라를 바치고 왕위에서 물러난다. 백성들의 더 큰 희생을 막는다는 명분이었다. 이에 태자 일(鎰)은 망국의 한을 이기지 못해 대성통곡하고 난 후 삼베옷을 입

통일신라 마지막 왕으로 고려에 귀부(歸附)한 56대 경순왕의 묘

고 금강산으로 들어가 죽음으로써 후세 사람들에게 비운(悲運)의 마의태자(麻衣太子)로 불리게 된다.

그 뒤 경순왕은 고려 태조 왕건의 딸인 낙랑공주와 결혼하여 여러 자녀를 두고 여생을 보내다 왕위에서 물러난 지 43년 만인 92세를 일기로 세상을 떠났다. 태조 왕건보다도 무려 35년을 더 살았으니 천수를 다한 셈이다.

경순왕이 승하한 사실을 알게 된 신라의 유민들이 경순왕의 유해를 경주로 모시려 했으나 고려 조정에서 왕의 구(柩; 시신)는 백리 밖으로 나갈 수 없다 하여 개성에서 30km 떨어진 이곳 고랑포(高浪浦) 성거산 중턱에 왕의 예로 장례를 치르게 되었다. 그래서 경순왕의 능(陵)이 경주가 아닌 지금의 연천 고랑포 자리에 있게 된 것이다. 경순왕릉은 1975년 '사적 제 244호'로 지정되었고 지금도 봄과 가을 두 차례 제례가 행해지고 있다.

개인적으로 경순왕릉을 참배하며 씁쓸한 마음을 감출 수가 없었다. 천년 왕조를 마감하고 귀부를 택한 것의 옳고 그름은 차치하고라도 당시 경순왕의 번민과 고뇌가 얼마나 컸을 것이며, 서라벌이 아닌 이곳 고랑포에 왕릉(王陵)이라 하기엔 너무나 소박한 무덤과 임진왜란, 병자호란 때의 수난은 말할 것도 없고 한국전쟁을 겪으며 작은 비석에 남아 있는 총탄 자국까지 모두가 망국(亡國)의 한(恨)을 고스란히 감내하고 있는 것 같아 마음이 무거웠기 때문이다.

1.21 무장공비 침투사건의 충격과 파문

이밖에도 연천에는 돌아볼 곳이 많다. 그래서 여유를 갖고 제대로 보려면 하루에 다 돌아보기에는 무리다. 사람들이 많이 찾는 곳으로 재인폭포 (才人瀑布)가 있다. 줄 타는 광대의 애환과 부인의 복수극을 그린 TV 드라마가 제작되기도 했고, 그 뒤 영화 촬영장소로도 유명해져 이젠 명소 (名所)가 되었다.

또 당포성과 함께 고구려의 또 다른 방어성곽인 '호로고루성'도 있다. '호로고루성' 역시 '사적 제 467호'로 지정되었는데 이곳 '호로고루성' 호로탄 여울목은 배를 타지 않고도 임진강을 건널 수 있는 군사적 요충지로 알려진 곳이다. 옛날 고구려의 국경방어사령부가 있었다고 한다.

그러나 근래에 와서 특히 주목받는 곳이 있다. 바로 1.21사태로 알려진 북한 '124군 특수부대' 소속 무장공비 침투로이다. 이곳 경순왕릉이 있는 고랑포에서 서남쪽으로 3,5km 떨어진 민통선 안쪽에 위치해 있다. 워낙 화제를 모았던 곳이어서 전에 이곳을 와본 적이 있기도 한데 지금은 많이 변해 있었다.

무장공비 침투로(浸透路)와 함께 주변에 그와 관계되는 많은 조형물들이 설치되어 있었다. 요즘 부쩍 많은 국민들이 통일안보(統 一安保)에 대한 관심을 보이며 찾아오고 있다. 단체들도 안보교육을 위해 이곳을 견학하려면 부대에 미리 신고를 하면 된다. 누구나

1.21 무장공비 침투로 및 작전 상황 안내도

관람할 수 있고 전문 해설사가 동행해 안내와 함께 자세한 설명을 들을 수 있다.

1.21사태는 1968년 1월, 북한 민족보위성 정찰국 산하 제124군 부대 소속 무장공비 31명이 청와대 대통령관저 폭파와 요인암살을 꾀한 사건을 말한다. 그 외에도 주한 미대사관 폭파와 대사관 직원 암살, 육군본부 폭파와 고급 지휘관 사살, 서울 교도소 및 서빙고 폭파, 북한 간첩 대동월북(對同越北) 등을 목적으로 서울 청와대 뒷산까지 침투한 사건을 말한다.

당시 생포된 김신조(金信朝)의 이름을 따서 김신조사건(金信朝事件)이라고도 한다. 유일하게 생포된 김신조의 임무는 교도소 폭파였던 것으로 알려져 있다. 1968년 1월 13일 북한의 정찰국장 김정태(金正泰)의 지시를 받고 1월 17일 밤 얼어붙은 임진강을 걸어서 건너온 무장 게릴라 31명은 한국군 관할과 미군 관할의 중간지점을 골라 밤 11시 철책을 뚫고 침투에 성공했다. 국군복장으로 위장한 이들 공비들은 법원리 초리골 뒷산에서 나무를 하던 민간인 우씨 4형제에게 발각되기도 했지만 몇 차례의 숙영을 거치며 엄청나게 빠른 속도로 31명 전원이 야음을 타고 서울 잠입에

우리의 소원은 통일 리본이 매달려 있다

성공한다.

마침내 1월 21일에는 종로구 세검정고개까지 도달해 청와대를 노리던 중 창의문(자하문)을 통과하려다 경찰의 불심검문을 받게 되자 자하문(紫霞門) 일대에서 총격전을 벌이게 된다. 이들은 수류탄과 기관단총으로 군경은 물론 지나가던 시민과 시내버스에까지 수류탄을 던지고 무차별 난사하는 도발을 자행했다.

이 교전으로 현장 지휘를 하던 최규식(崔圭植) 종로경찰서장이

고랑포 침투로 옆에 위치한 초소

순직하고, 이익수(李益秀) 대령(보병제1사단 15연대장)을 비롯한 아군 25명, 민간인 7명이 사망하고, 52명이 부상을 당하는 참극이 일어났다. 그들 공비들은 끝까지 항복하지 않고 산으로 도주하며 저항했지만 발 빠른 군경 합동작전으로 인해 대부분 소탕(掃蕩)되었다. 29명이 사살되고 한 명은 도주했으며 김신조(金信朝) 한 명만 생포됨으로써 작전은 종료되었다.

이로써 북한 김일성이 청와대의 남한 대통령인 박정희(朴正熙)를 제거하려던 희대의 암살음모는 실패로 막을 내렸다. 그 때 생포되어 유일하게 살아남은 1942년생 김신조 소위는 모든 사실을 폭로하고 전향하여 현재 목회활동 중이고 도주한 나머지 한 명은 북한으로 돌아가 대장이 된 박재경이라 한다. 그는 남한에도 두 차례나 방문했다고 하나 확인된 바 없다.

그 외에도 1.21사태에 얽힌 여러 가지 설이 회자되지만 지금까지 확실하게 밝혀진 것이 없다. 다만 사살된 나머지 29명은 파주시 적성면 답곡리 산 56번지, 37번 국도변에 있는 북한군 묘역에 매장되어 있는 것으로

알려졌다.

　북한 김일성은 1958년 반대파 수만 명의 대대적인 숙청작업을 단행해 유일지도체제를 확립했다. 주석으로 등극한 김일성 우상화작업도 이때부터 본격화 되었다. 권력기반을 공고히 다지고 내부 정비를 끝낸 북한은 1960년대 초부터 제2의 한국전쟁을 꿈꾸며 끊임없이 대남 무력도발을 강행해 왔다.

　그 대표적인 것이 '1.21사태' 이고 이틀 후인 1월 23일 자행한 미 해군 '프에블로호 나포사건' 이다. 그 무렵 남한 전역에 수많은 무장공비를 남파하게 된다. 당시 고등학생으로 임실에서 전주로 기차통학을 하던 필자 역시 도서관에서 공부하고 밤늦게 귀가하면서 혹여 무장공비를 만나지나 않을까 하고 우려했던 생각이 난다. 그만큼 전국에 걸쳐 무장공비가 극성스럽게 출몰하던 때였다.

　아무튼 이 '1.21사태' 는 남한 전체에 엄청난 파문을 몰고 왔고 국가 안보정책에도 커다란 변화를 가져오게 된다. 국가 안보를 남에게 의지할 수만은 없다는 자각과 함께 스스로 힘을 길러야 되겠다는 의식이 군(軍), 관(官), 민(民), 모두에게 퍼져나가게 된 것이다.

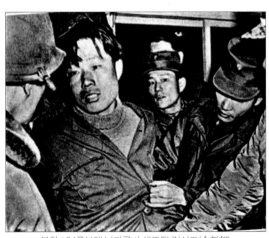

북한 124군부대 남파공비 생포된 김신조(金新朝)

정책변화 중 가장 두드러진 핵심은 자주국방(自主國防)이다. 역대정부가 그동안 펴왔던 유엔 중심의 국방정책을 자주국방(自主國防)으로 빠르게 전환하게 된다. 이때부터 자주국방이란 구호가 유독 강조되고 부대마다 구호와 함께 교육이 활발하게 이루어졌다.

　마침내 1968년 4월 1일, 향

토예비군(鄕土豫備軍)을 창설하기에 이른다. 250만 향토예비군은 북한의 비정규전에 대비하기 위한 전투력 보강차원에서 조직된 것이었다. 당시 향토예비군의 "싸우면서 일하고 일하면서 싸우자"라는 구호가 이를 잘 대변해 주고 있다.

1.21사태 여파로 1968년 4월 1일, 향토예비군이 창설되었다

또 1.21사태의 여파로 현역군의 복무기간이 6개월 연장되었다. 전역 대기중이던 병사들의 전역이 갑자기 늦추어져 화제가 되었고 부대마다 기동성을 살리기 위한 '5분대기조'라는 것이 편성되었다.

또 고등학교와 대학교에서는 얼룩무늬 교련복이 유행하고 교련과목이 추가되어 제식훈련과 총검술, 사격술 예비훈련, 여학생들의 구급대 응급처치훈련 등이 보편화 되었다. 가을이면 학교마다 대형 시범훈련이 개최되기도 했다. 필자도 1972년 군 복무시절 군악대에 파견되어 공설운동장에서 거행된 향토예비군 기념식에 참석한 적이 있다.

그뿐 아니다. 이미 천만 관객을 동원한 '실미도'란 영화를 통해 오랜 후에야 밝혀진 사실이지만 한국군에서도 '684부대'라 명명된 북한침투 특수부대가 조직된 것도 이 무렵으로 알려지고 있다.

만일 그때 미국과 소련의 '데탕트(détente; 국제간에 긴장이 완화되고 화해분위기가 조성된다는 뜻의 프랑스어)'가 실현되지 않고 양극체제가 그대로 유

보병 제35사단 군악대 파견 시절의 저자

지되었더라면 실미도 684부대의 평양침투작전이 실제로 이행되었을 것이다.

역사에는 가정이 없다지만 그런 일들이 현실화 되었더라면 또 한 번의 끔찍한 동족 간 전쟁이 일어났을지도 모를 일이다.

이 모든 것이 분단국으로 살아가는 우리 민족이 안고 있는 비극이라 생각한다.

양구(楊口) DMZ 평화누리 길과 두타연(頭陀淵)

2015년 9월 11일, 민주평화통일자문회의 위원들과 함께 양구지역을 방문하게 되었다. 민주평화통일자문위원들의 연수에 특강을 해달라는 요청을 받고 2대의 버스를 이용해 함께 떠났다. 행사 명칭이 '9.11 나라사랑 통일 트레킹' 이라 되어 있었다. 아침 7시에 서울을 출발하여 9시 30분에 양구(楊口)에 도착했다.

양구는 북한과 마주하며 중동부전선 험준한 산골에 자리하고 있는 지역이다. 그리 큰 고장은 아니지만 인제·원통과 더불어 6.25 한국전쟁 중 동부전선 최대의 격전지였다. 양구는 북한의 스탈린고지와 마주보고 있고 도솔산 전투 등, 수많은 치열한 고지전(高地戰)을 치른 것으로 유명하다. 휴전 후에도 수십 년 동안 군사지역으로 자리 잡아 국가 안보의 중요한 위치를 차지하고 있다.

뿐만 아니라 민간인 접근이 어려운 문등리 등 민통선 북쪽 마을이 있는 곳이기도 하다.

나는 군 생활은 후방에서 했지만 40여 년 전 양구에 사령부가 있는 2사단 17연대(인제지역)에서 일주일간 예비군 동원훈련에 소집되어 고된 군사훈련을 한 적이 있다. 그때의 추억이 아련하게 떠올랐다.

또 우리가 잘 모르고 지나치는 경우가 많지만 양구는 우리 국토의 정중앙(正中央)이다. 그래서 한반도의 배꼽이라고 부른다. 우리나라 공식적인 4극 지점을 기준으로 한 중앙경선(中央經線)과 중앙위선(中央緯線)의 교차점이 우리 국토의 정중앙인데 그 좌표를 설정해서 보면 강원도 양구군 남면 도촌리 산 48번지 일대가 정중앙이 된다는 것이다.

한반도의 극동은 경상북도 울릉군 독도 동단(東端)이고, 극서는 북한 평안북도 용천군 용천면 마안도 서단(西端)이고, 극남은 제주도 남제주군의 마라도 남단(南端), 극북은 함경북도 온성군 유포면 북단(北端)이라

양구 DMZ 펀치볼 둘레길 안내 표지판

양구 이목정안내소에서 문화관광해설사의 설명을 듣고 있다

고 하는데 이 지점들을 연결해서 그 가운데 점을 찍으면 그곳이 바로 양
구가 나온다고 한다.

양구 이목정안내소에 도착해 수속을 마치니 벌써 오전 10시가 다 되어
있었다. 우리 일행은 비무장지대(DMZ)를 통과해야 하기 때문에 맨 먼저
평화누리길 출입신청을 했다. 단체 출입 신청을 하고 평화누리길과 두타
연(頭陀淵) 탐방에 나섰다. 출입구에서부터 첫 느낌이 속세를 떠나 깊은
산속에 수도하러 온 것 같은 기분이 들 정도로 고즈넉했다.

이렇게 맑은 청정지역이 있었을까 싶을 정도로 산세와 경관이 눈을 사
로잡았다. 당연히 공기도 좋았다. 심호흡을 하면서 걸음을 재촉했다. 문
화관광해설사가 함께 걸으며 도움말을 해 주었다. 이곳을 걸으면 10년이
젊어진다고 해서 재미있다고 생각했는데 표지판에 '10년 장생길'이라고
쓰여진 표지판이 있었다.

그러나 한 가지 흠이라면 이곳 역시 DMZ내에 자리한 최전방이다. 주
의를 요하는 경고판과 빨간색 '지뢰주의' 푯말이 곳곳에 서 있다. 이것들
모두가 전쟁의 후유증들이다. 한국전쟁 당시 심어 놓은 다량의 지뢰들이

아직도 수거되지 못한 채 남아 있기 때문이다. 경고판의 내용을 읽어 보면 폭발물과 불발탄의 위험을 알리고 있어 섬뜩함마저 들었다.

우리나라를 말할 때 흔히 금수강산(錦繡江山)이라 한다. 그런데 비무장지대의 철조망을 비롯한 이런 폭발물들이 옥에 티처럼

고랑포 침투로 옆에 위치한 초소

우리의 마음을 아리게 하고 있다. 통일을 이루어 이 같은 위험물들도 처리하고 남북을 이어주는 철길과 도로, 아름다운 둘레길, 오솔길을 만들어 휴전선 전체를 하나하나 동맥과 정맥, 작은 실핏줄까지도 옛 모습대로 복원해야 할 것이다.

한참 걷다가 두타연을 설명하는 표지판이 있어 읽어 보았다. 맑은 물과 수려한 경관을 자랑하는 "두타연은 내금강에서 발원하는 수입천의 지류

두타연이 있는 주변 계곡에는 오염되지 않은 청정한 물이 흐른다

라 한다. 금강산으로 가는 길목에 있는 연못으로 휴전 이후 50여 년간 출입이 묶여 있다가 2004년에야 해금되었다고 한다. 오랫동안 민간인 통제구역에 들어 있었던 탓에 사람들의 발길이 닿지 않아 오염되지 않은 그야말로 청정지역이다." 또한 이곳은 천연기념물로 지정된 열목어의 국내 최대 서식지로 알려진 곳이다.

전에는 수도권에서 금강산 장안사로 가는 가장 빠른 길이 이곳이었다고 한다. 양구에서 장안사까지 50km, 이곳 두타연에서는 30km 거리여서 분단이 되기 전에는 학생들이 양구에서 금강산까지 걸어서 소풍을 다니던 길이라 한다. 나도 옛날 어린 시절 소풍길이 떠올라 감회가 남달랐다. 두타연은 이름부터가 불도(佛道)의 냄새가 풍기고 있어 알아보니 역시 그 연유가 있었다.

'회정선사'와 '관세음보살'에 얽힌 전설이다. 두타연이란 명칭도 약 천 년 전에 이곳에 두타사(頭陀寺)란 절이 있었기 때문에 생긴 이름이라 하는데 두타(頭陀)란 말의 의미는 "번뇌의 티끌을 털어 없애고 의식주(衣食住)에 탐착(貪着)하지 않으며 청정한 마음으로 불도를 수행함을 말한다"고 되어 있다. 두타사의 전설을 요약하면 다음과 같다.

"금강산 송라암에서 수행정진을 하던 회정선사(1678~1738, 호는 설봉)가 관세음보살을 친견하려고 1,000일 기도를 드리던 중, 999일째 되던 날 꿈에 한 여인이 나타나 관세음보살을 만나려면 남쪽 양구 땅으로 가라 하고 사라져 버렸다. 회정선사는 양구로 내려와 이곳 산에 살고 있던 노인의 간청에 못 이겨 보덕이란 노인의 딸과 혼인해 3년을 함께 살게 되었는데, 그 보덕이란 여인이 바로 관세음보살의 현신이었다. 그것도 모르고 다시 관세음보살을 찾아 떠나게 된 회정선사가 뒤늦게 이 사실을 알고 찾아갔으나 두 부녀와 집은 흔적도 없이 사라지고 없었다. 회정선사는 얼굴이라도 한 번 다시 보기 위해 이곳 바위굴에서 7일 동안 밤낮으로 두타행을 했더니 보덕이 잠시 나타났다가 사라졌다고 한다. 이후 회정선사는 보덕굴 맞은편에 두타사(頭陀寺)라는 절을 세웠다고 전한다."

전설을 뒤로하고 그냥 자연이 이끄는 대로 한가롭게 거닐며 맑은 계곡물과 두타교(頭陀橋)라는 출렁다리도 건너보고, 그리고 한반도 형상을 한 높이 10m, 폭 60m의 두타폭포도 보았다. 물소리도 시원스러웠지만 폭포 아래 두타소의 수심은 최대 12m이며, 높이 20m의 바위가 마치 병풍을 두른 것처럼 펼쳐져 있고 두타연의 물빛은 푸르고 거울처럼 맑았다. 금강산보다 규모는 작지만 참으로 아담하고 아늑한 절경이었다.

평화누리길 한쪽에는 조각공원이 조성되어 있다. 또 '소지섭 길'이란 표지판이 있어 아마도 이곳에서 영화나 드라마 촬영이 있었던 것으로 알았는데 안내판을 보니 그게 아니었다. 2010년 소지섭이 강원도 DMZ일대를 배경으로 한 '포토에세이집'을 출간했다 하여 그 기념으로 생긴 것이라 한다. 그리 긴 시간은 아니었지만 모처럼 행복한 시간을 보냈다.

평화누리길 트레킹을 마치고 이동해 점심식사를 했다. 산나물 비빔밥이었다. 이곳과 참 잘 어울리는 식단이었다. 맛있게 식사를 마친 후에 '통

양구지역 두타연, 을지전망대 제4땅굴 나라사랑 통일 DMZ 트레킹

나라사랑 트레킹에 참가한 회원들이 평화누리길 징검다리를 건너고 있다

일생각' 이라는 4행시를 짓는 이벤트행사가 진행되었다. 글쓰기는 언제나 쉬운 일이 아니다. 오죽하면 선인들이 글쓰기를 일러 "詩慾驚人(시욕경인)이나 一字難(일자난)이라"(시를 써서 사람들을 놀라게 하고 싶지만 글자 하나 넣기가 어렵다)고 했을까.

모두들 고심하며 열심히 쓰는 모습이 참 보기 좋았다. 행사를 주최하는 측에서는 행사를 마칠 즈음에 우수작을 골라 문화상품권을 상으로 준다고 한다.

을지전망대와 제4땅굴과 펀치볼

우리는 점심식사를 마치고 또 다음 코스로 이동하였다. 어쩌면 이번 행사의 가장 중요한 지점인 을지전망대(乙支展望臺)와 펀치볼마을, 제4땅굴을 보기 위해 출발했다. 먼저 양구 통일관 매표소에서 출입할 수 있는 수속을 마치고 나서야 출입하게 된다. 군데군데 전적비와 대포·탱크 등이 전시되어 있다.

을지전망대까지는 약 7.2km를 차로 이동해야 한다. 주행하면서 차창 밖으로 보는 들녘은 여기저기 들꽃들이 피어 있는 한적한 산골 풍경이다. 이따금 군막사가 보이고 군용차량들이 오간다. 오늘 우리가 둘러볼 을지전망대는 군사분계선에서 남쪽으로 약 1km쯤 떨어진 해발 1,049m 가칠봉(加七峰) 능선에 자리하고 있다.

가칠봉(해발 1242m)도 역시 금강산 줄기인데 마지막 일곱 번째 줄기라 하여 가칠봉이 되었다고 한다. 금강산 봉우리의 막내인 셈이다. 그러나 이 가칠봉까지 합해져야 금강산이 비로소 일만이천봉(一萬二千峰)이 된다고 하니 그 상징성이 간단치 않다는 생각을 했다.

을지전망대에 도착하자마자 강당에서 안보교육을 위한 전문가의 설명을 들었다. 국군 장교의 씩씩하고 간결한 설명이 끝나고 북한을 조망하는데 북녘 땅이 마치 손에 잡힐 것처럼 가까이 보인다. 날씨가 좋을 때 10m 높이의 전망대에 오르면 비로봉을 비롯해 차일봉, 월출봉, 미륵봉, 일출

양구 가칠봉 해발 1049m에 자리한 을지전망대

봉 등 금강산 봉우리 5개가 보인다고 한다. 그만큼 여기서 금강산이 가깝다는 것이다.

그런데 전망대 북쪽으로는 규정상 사진촬영이 금지되어 있어 눈으로만 관측하였다. 그러나 남쪽 해안면 '펀치볼' 지형은 촬영이 허락된다고 해서 많은 사람들이 사진을 찍느라 분주했다. 나 역시 밖으로 나와 사진 촬영도 하고 특별히 조성되어 있는 전망대에서 '펀치볼마을'을 유심히 내려다보았다.

'펀치볼마을'은 만대리, 오유리, 현리 등 여섯 개의 마을로 구성되어 있는데 사시사철 다른 풍광을 보여준다고 한다. 이 깊은 산골에서 누가 뭐래도 보는 사람의 눈길을 사로잡는 압권이 바로 '펀치볼마을'이다. 한참을 서서 지켜보고 있노라면 참 아늑하다는 느낌이 든다.

고지 탈환을 위해 벌인 처절했던 전쟁의 흔적은 말끔히 사라져 찾을 수 없고 그저 옹기종기 모여 있는 집들이 한 폭의 그림처럼 평화롭고 아름답기만 하다. 해발 1,000m가 넘는 산들이 병풍처럼 둘러싸인 분지의 모습이 마치 화채그릇과 비슷하다 하여 한국전쟁 당시 종군기자들이 '펀치볼'이라는 이름을 붙였다고 한다.

전망대에서 내려다보면 그 주변을 둘러싼 모양이 정말 커다란 화채그릇과 닮았음을 알 수 있다. 이곳 양구군 해안면 일대는 원래 뱀들이 많아

양구 을지전망대에서 내려다본 펀치볼 마을 전경

사람들이 문밖 출입을 하지 못할 지경이었다고 한다. 주변이 고원분지로 조성되어 있는 특수지형이라 그랬는지 모르겠다. 북쪽 능선은 비무장지대로 막혀 있으며 가칠봉 북쪽 군사분계선 안쪽은 스탈린고지가 있고 을지전망대 동쪽은 김일성고지가 있다.

특히 이 지역은 지질학적으로도 연구 가치가 높고 주변 산세도 다른 곳에 비해 독특한 점이 많다. 휴전 이후 오랫동안 인위적인 힘이 가해지지 않아 각종 희귀생물과 천연 숲이 잘 보존되어 있어서 요즘엔 관광객들에게도 인기가 많은 곳으로 알려져 있다.

전망대에서 내려와 우리는 제4땅굴이 있는 곳으로 갔다. 지금까지 발견된 네 개의 땅굴 중 이곳이 가장 마지막에 발견된 곳이다. 그리고 가장 최신 공법으로 만들어진 땅굴이다. 이곳은 1990년 3월 3일 양구 동북쪽 26km지점 비무장지대 안에서 발견되었다. 군사분계선에서 불과 1.2km 떨어진 비무장지대 내에 있다. 땅굴 규모는 높이 1.7m, 길이는 무려 2,052m에 이른다.

참고로 지금까지 발견된 땅굴현황을 보면, 제 1땅굴은 1974년 11월 15일 연천 고랑포 동북쪽 8km 지점에서 발견되었고, 제 2땅굴은 1975년 3월 19일 철원 동북쪽 13km 지점에서 발견되었으며, 제 3땅굴은 1978년 10월 17일 판문점 부근에서 발견된 바 있다.

양구의 제 4땅굴을 견학하기 전에 먼저 안보전시관에서 영상으로 땅굴에 대한 자세한 설명을 들어야 한다. 그리고 땅굴을 들어가기 전 안전모를 착용하게 되는데 불편하지만 반드시 지켜야 할 수칙이다. 사고 예방을 위해서다.

그렇지만 막상 가 보면 그렇게 위험하지는 않다. 땅굴내부가 잘 정비되어 있고 관광객을 위한 투명유리로 덮은 20인승 모노레일을 운행하고 있어 큰 불편은 없다. 남녀노소 누구나 편안하게 들여다볼 수 있게 되어 있다. 세월이 많이 흐르면 이 땅굴들도 전설과 함께 유물이 될 것이다.

1990년 3월 3일에 발견된 양구 제4땅굴 입구

제 4땅굴 앞에는 탱크와 비행기 등, 여러 전시물들이 진열되어 있는데 유독 눈에 띄는 설치물이 하나 있다. 바로 헌트 군견상(軍犬像)이다. 이 군견은 당시 땅굴 수색작업에 동원되었는데 수색 도중 북한군이 설치해 놓은 지뢰를 발견하고 몸을 던져 수색에 나섰던 12명 분대원의 목숨을 구했다고 한다.

당국에서는 그 공을 인정해 군견 최초로 장교로 추서했기 때문에 '헌트 소위'가 되었다. 이 같은 살신성인(殺身成仁)의 정신은 사람이나 동물이나 구별이 없다. 옳은 일을 위해 자신의 안위(安慰)를 돌보지 않고 온몸을 던져 희생하는 것은 예나 지금이나 우리들에게 깊은 감동을 준다.

피의 능선에는 오늘도 꽃이 피는데

전쟁기념관에는 6.25 한국전쟁 때 양구지역에서 벌어졌던 전투자료와 한국전쟁 시작부터 휴전협정 때까지의 과정을 설명해 놓은 자료와 전사자 명단, 유품 등이 가지런히 전시되어 있다. 특히 양구지역은 을지전망대와 펀치볼 등, 이 지역을 중심으로 한국전쟁 최대의 격전지가 형성되었기 때문에 유달리 전투라 붙여진 이름이 많다. 누구나 한 번쯤은 들어봤을 도솔산전투, 백석산전투, 924고지, 단장의 능선, 피의 능선 등의 전투가 이곳에서 치러졌다.

그래서일까. 북한, 중공, 소련 공산주의 지도자들의 이름을 딴 고지들도 이곳에 모여 있다. '펀치볼' 북쪽으로 해발 924고지가 '김일성고지(金日成高地)'이고, 또 다른 1,026고지가 '마오쩌둥고지(毛澤東高地)'이다.

휴전을 앞두고 각 전선에서는 불을 뿜는 전투가 벌어졌는데 그것은 휴전협정이 조인되면 남북 모두 각기 차지하고 있는 곳이 휴전선이 될 확률이 높기 때문에 땅을 한 뼘이라도 더 차지하기 위해 모든 전투력을 쏟아부을 수밖에 없었다.

특히 이곳 중동부전선 김일성고지, 마오쩌둥고지, 스탈린고지 등 세 고지를 서로 차지하기 위해 피아간에 하루에 수만 발의 포탄을 퍼부었다고 한다. 해병들에게 적개심을 심어주기 위한 수단으로 고지 이름도 적의 수뇌들의 이름을 붙여 독려한 것이라는 생각이 든다. 국군과 유엔군은 악전고투 끝에 수많은 희생자를 내기는 했지만 결국 김일성고지는 1951년 9월 2일에 탈환했고, 마오쩌둥고지는 9월 3일에 완전 점령했다.

그러나 스탈린고지는 북으로 넘어가고 말았다. 이곳 을지전망대 자리가 바로 마오쩌둥고지라고 한다. 또 1951년 8월 18일부터 22일까지 5일 동안 무려 42만 발의 포탄이 쏟아졌다는 '피의 능선' 전투는 북한군 1,250명, 남한군 1,030명의 사상자를 냈다고 하니 그 처참함을 짐작하고도 남는다.

그야말로 시산혈해(屍山血海)가 되었을 것이다. 능선마다 피가 넘치는 것을 본 미국 종군기자가 'Bloody Ridge Line'이라는 제목을 써서 보도함으로써 '피의 능선'이란 이름이 생겼는데 그곳이 양구군 동면 월운리 북쪽에 있는 능선을 말한다.

휴전선 비무장지대 비탈진 언덕에 설치된 경계철망

　그로부터 65년이 흘러 사변동이인 내가 지금 그 자리에 서 있다. 전망대 철책 아래를 지나다 보니 예쁜 금계화(金桂花)가 피어 있다. 마치 우리를 반기며 웃고 있는 것처럼 보인다. 앞장서서 우리를 안내하는 앳되고 선한 얼굴의 초병을 보니 갑자기 가슴이 먹먹해진다. 다시는 이 땅에 전쟁이 일어나서는 안 되겠구나 하는 생각이 든다.

　하루빨리 평화가 정착되도록 국민들의 단결과 지혜가 필요하다고 생각하며 북쪽 능선들을 바라보았다. 아무리 생각해도 분단 상태가 너무 오래되었다. 그리고 사방을 둘러보아도 분단을 해결해 줄 이웃은 보이지 않는다. 결국 우리가 해내야 한다. 우리 국민들이 통일과 평화에 대한 관심과 슬기를 모아서 해결해야 한다.

　우리는 전방체험을 미치고 박수근(朴壽根) 미술관이 있는 곳으로 갔다. 한국의 대표적인 서양화가인 박 화백의 생가(生家) 터라고 한다. 그곳에서 휴식을 취하며 예정되었던 '통일안보'에 대한 강연을 했다. 평소 생각하던 것과 오늘 느낀 점들을 종합요약해서 설명해 준 다음 공론(公論)의

장을 만들었다. 그리고 점심식사 후에 실시했던 '통일생각' 4행시 시상식을 했다. 아주 기발하고 감동적인 글들이 많이 나왔다.

이렇게 공식 일정을 마치고 서울에 도착한 시간이 저녁 7시였다. 하루 일정으로 진행되다 보니 섬세하게 살펴볼 여유가 없어 아쉬운 점은 있었으나 그래도 우리 국토의 숨겨진 속살과 그 속살 속에 감추어진 상처들, 그리고 우리에게 주어진 과제를 안고 돌아왔다. 모두가 사람이 하는 일이다. 전쟁도 사람들이 했으니 평화와 통일도 결국 사람들이 이루어낼 것이다.

휴전선 단상(斷想) _태종호

어느 날 선 하나 그어 놓고
65년을 휴전선(休戰線)이라 부르네.

앳된 얼굴의 초병(哨兵)과
겹겹이 둘러싸인 철조망이

노랗게 핀 금계화(金桂花) 옆엔
지뢰(地雷)주의 표지판이.

알알이 맺힌 들녘 뒤엔
6.25를 기억하는 능선(稜線)들이.

펄럭이는 태극기(太極旗) 저편엔

북극(北極)보다 먼 북녘 땅이.

부조화의 풍경(風景) 속에
목마른 평화통일(平和統一)의 기도가.

나는 1950년 사변둥이로 한국전쟁 중에 태어났다. 지금부터 60여 년 전 저 높은 산위로 중첩되어 있는 고지들마다 생사를 넘나드는 치열한 전투가 벌어졌을 것이다. 그리고 국적이 다른 유엔군을 비롯한 수많은 참전용사들이 오직 자유수호를 위해 피를 흘리며 산화했을 것이다.

그러니 저 골짜기마다 얼마나 많은 사연들이 숨어 있을 것인가. 그리고 얼마나 많은 청춘들이 꽃도 피우지 못한 채 스러져 갔는가. 사랑하는 사람에게 미처 부치지 못한 편지, 들려주고 싶은 이야기는 얼마나 많았을 것인가. 제각각 이루고 싶었던 미래의 꿈을 가슴에 품은 채 산화했을 병사들을 생각하니 눈시울부터 뜨거워진다.

어디 '백마고지'나 '피의 능선' 뿐이랴. 그 외에도 한국전쟁의 참상을 알려주는 수많은 격전지들을 생각하면 전쟁을 왜 하는가 하는 원론적인 생각에서부터 이 땅에서 더 이상 전쟁만은 막아야겠다는 다짐을 하게 된다. 더구나 피를 나눈 동족끼리 총부리를 겨누고 싸우다니 말이 되는가.

나는 이곳에 올 때마다 조용히 눈을 감고 명복을 비는 것으로 선열들의 넋을 위로하지만 그뿐이다. 지나간 역사를 되돌릴 수 없음에 허탈함을 느낀다. 다만 미래를 위한 근본적인 해결책은 통일을 이루어야 한다는 것이고 그리 해야 할 사명이 지금 우리에게 주어졌다는 것을 언제나 확인하는 것이다.

고성(高城) 통일전망대에서 바라본 금강산

강원도 고성으로 떠난 통일을 위한 체험학습

2015년 여름, 통일부 민간활동 지원사업으로 실시하는 분단현장 체험 학습 및 정책토론회가 강원도 고성군에 있는 캔싱턴 리조트에서 있었다. 이 행사는 통일교육협의회 산하단체인 남북청소년네트워크 주최로 1박 2일 동안 진행되었다. 북한 이탈주민과 청소년, 그리고 통일전문가의 강 연과 정책토론이 진행되고 통일전망대 등 체험학습도 병행된 행사였다.

나는 이번 행사를 주최한 '남북청소년네트워크' 김남열 이사장으로부터 정책토론회 진행을 맡아 달라는 부탁을 받고 참가하게 되었다. 청소년들 에 대한 통일교육의 중요성은 재삼 거론할 필요도 없다. 청소년들에게 오 로지 입시위주의 교육에만 매몰되어 있는 교육환경이 통일에 대한 관심 을 가로막고 있다. 그래서 청소년들에 대한 통일교육은 매우 중요하고 시 급한 과제가 되어 있는 것이다.

"한국사를 수능 필수과목으로"
"역사 자긍심 키울 내용 담아야"

한국사 교육 강화를 위한 정책토론회 신문보도

　그 첫걸음이 역사교육(歷史敎育)을 강화하는 일이다. 나는 오래 전부터 청소년들에 대한 통일교육을 위해 역사교육을 강화해야 한다고 주장해 왔다(역사 바로 알아야 통일지혜 얻는다. 2011.10.25. 세계일보). 그것은 바른 역사교육이야말로 통일교육(統一敎育)의 지름길이기 때문이다. 입시위주의 교육으로 말미암아 제대로 된 역사교육과 통일교육이 뒷전으로 밀리고 있는 것이 현실이다. 그러나 그것은 매우 잘못된 일이다. 지금부터라도 역사를 바로 세우고 역사교육을 강화해야 한다.

우리가 올바른 역사교육을 방치하고 게을리 한다면 이는 선조들께 죄를 짓는 일이요, 후손들에게 부끄러운 일임을 명심해야 한다. 청소년들이 우리나라의 미래를 책임지고 이끌어 나갈 주인공이라는 점에서 더욱 그렇다. 학창시절부터 국사(國史)는 물론 세계사(世界史)에 대한 이해와 안목을 길러 급변하는 국제정세에 대처할 능력이 학습되어야 한다는 점에서도 그렇다. 이론도 중요하지만 현장 체험학습을 통해 경험을 축적하는 것은 더욱 중요한 일이다.

또 현재 약 3만여 명에 달하는 북한 이탈주민에 대한 이해와 관심 또한 소홀히 할 수 없는 일이다. 그들은 이미 우리의 이웃이자 가족이다. 북한 이탈주민은 우리가 바른 통일을 이루어가는 데 일익을 담당할 중요하고 필요한 인력이다. 다가올 통일시대의 견인차(牽引車)가 될 소중한 인적 자산이다. 우리가 천신만고 끝에 통일을 이룬다 해도 그 뒤로 이어질 결코 쉽지 않은 정치, 경제, 문화, 사회의 통합과정에서 이들의 역할은 빛을 발할 것이다. 통일의 진행과정은 물론이고 통일이 이루어지고 난 후에도 큰 역할이 기대되기 때문이다.

시행착오를 줄여줄 뿐만 아니라, 이미 체험한 남한에서의 경험을 통해 북한 주민들을 선도하고 어루만질 수 있고 남북의 이질감을 해소하는 가교역할을 담당할 선구자들이라는 점에서도 그렇다. 그런데 정부의 탈북자에 대한 정책은 미래지향적이고 근본적인 정책에서 벗어나 있다. 형식적인 미봉책에 그치고 있다. 이 같은 측면에서 청소년과 북한 이탈주민을 대상으로 실시하는 이번 행사는 그 의미가 매우 크다고 생각한다.

2015년 6월 29일 월요일 (첫째 날)

아침 일찍 간단한 짐을 챙겨 나섰다. 오전 8시 20분쯤 집결장소인 서울

송파구 잠실에 있는 전철 2호선 종합운동장역에 도착했다. 종합운동장 입구에는 버스가 대기하고 있고 벌써 이번 행사에 참여할 많은 사람들이 모여 담소를 나누고 있었다.

9시가 되자 목적지인 강원도 고성으로 출발했다. 강원도는 산간지역이 많아 전에는 교통이 그다지 순조롭지 않았는데 요 근래 고속도로가 많이 놓이고 군데군데 뚫린 직선 터널과 도로 폭이 넓어져 왕래가 원활하다. 통행시간도 많이 단축되어 완전히 일일생활권이 되었다. 교통뿐 아니라 숙박시설 등도 현대식으로 개선되어 관광하기에 편리하고 쾌적한 환경이 조성되었다.

오늘은 여름인데도 날씨도 무덥지 않아 여행하기에 아주 적합한 날이다. 주변 풍경도 눈길 가는 곳마다 짙푸른 녹음이 우거져 싱그러운 초여름 정취를 만끽할 수가 있었다. 그러나 6월이다. 호국보훈의 달 6월이 우리 민족에게 주는 인상은 매우 강렬하다. 수많은 역사적 사건들이 유독 6월에 집중되어 있다. 그 중에서도 가장 대표적인 것이 6.25 한국전쟁이다.

능선과 골짜기마다 서려 있는 못 다한 이야기들

우리는 지금 한국전쟁 당시 치열한 전투가 벌어졌던 격전지들을 지나가고 있다. 경기도의 강화, 김포, 파주, 연천군과 강원도의 화천, 철원, 양구, 인제, 고성군에 걸쳐 있는 수많은 격전지들이 눈에 어른거린다. 지금은 그때의 흔적들은 사라지고 전적비와 기념비만 남아 있지만 조금만 자세히 들여다보면 그 상흔(傷痕)들은 아직도 곳곳에 남아 있다.

한국전쟁에 참전했던 병사 한 사람 한 사람마다 알려지지 않은 사연들이 상상을 초월할 만큼 켜켜이 쌓여있을 것이다. 무심한 세월은 피로 얼룩졌던 산하에 새살이 돋게 했으며 생사를 넘나들던 1분 1초의 숨 막히는 초조와 긴장의 순간들은 먼 옛날 과거의 일로 치부되고 있다. 휴전선이라는 이름으로 편리하게 줄 하나 그어 놓고 엉거주춤 불안정한 상태로 70년을 보내고 있다.

장렬히 산화한 어느 병사의 철모 위로 새싹이 움트고 있다

전후세대들이 주류를 이루고 있는 21세기에 들어선 오늘, 한국전쟁은 우리의 뇌리에서 점차 사라지고 말았다. 그러나 결코 잊어서는 안 된다. 모든 역사적 사실을 바로 알아야 한다. 우리가 후손들에게 바르게 알려 주어야 한다. 우리가 어찌하다 어떤 과정을 거쳐 나라를 빼앗기게 되었으며, 일제 식민 통치 시기에 어떠한 굴욕과 탄압을 받았는지를 생생하게 들려주어야 한다. 또 어떤 힘에 의해서 또는 어떤 잘못된 경로로 분단이 되었는지 동족전쟁은 어떻게 일어났는지 바로 알려야 한다. 왜곡된 역사로는 올바른 처방이 나올 수 없고 과거를 바로 알지 못하면 바른 미래로 나아갈 수 없기 때문이다.

한반도 신뢰프로세스와 통일대박론

그다지 서둘지도 않았고 휴게소에서 충분한 휴식을 취하며 여유롭게 갔는데도 고성까지 3시간 정도 걸렸다. 목적지에 거의 다 와서 행사장으로 가기 전에 강원도의 별미인 산채비빔밥으로 점심식사를 했다. 오후 1시가 조금 지나 행사장소인 캔싱턴 리조트에 도착해 방배정과 휴식을 취한 다음 곧바로 대강당에서 예정된 행사를 시작했다.

첫 순서로 1시 30분부터 약 1시간 동안 '한반도 신뢰프로세스와 통일 한국의 미래상'이라는 주제로 통일교육원 양재성 교수의 특강이 있었다. 특강 내용은 생략하고 주제에서 거론하고 있는 '한반도 신뢰프로세스'에 대해 살펴보기로 한다. '한반도 신뢰프로세스'란 박근혜 정부가 내세운 4대 국정기조의 하나로 통일정책의 핵심이다. '한반도 신뢰프로세스'의 요체는 남북관계가 정상적으로 발전하기 위해서는 상호 신뢰가 필요하다는 것이다.

　간략하게 요약하면 다음과 같다. 우선 통일방안으로는 1994년에 제시됐던 민족공동체통일방안을 계승하고 화해와 협력, 평화공존, 점진적 통일을 지향한다고 되어 있다. 남북 간 신뢰의 형성, 국민적 신뢰 구축, 국제사회의 신뢰 축적 등 '신뢰'를 유난히 강조한 점이 눈에 띈다.

　또 하나는 실질적 통일준비를 시작하겠다는 것이다. '통일준비위원회'를 만들어 동력을 잃지 않도록 뒷받침하고 3개의 추진방향과 3개의 추진구도에 따라 쉬운 것부터 점진적이고 실질적으로 통일을 준비해 나가겠다는 것이다. 이를 위한 중점적 추진과제로 한반도의 지속가능한 평화 구축을 위해 북핵문제 해결 및 남북 간 정치·군사적 신뢰를 구축하고 DMZ 세계평화공원을 조성한다는 계획이다.

　또 '한반도 신뢰프로세스'를 본격 가동해 인도적 문제해결과 북한인권 개선을 추진하고 남북 동질성 회복과 호혜협력을 추진함으로써 이를 토대로 '동북아평화협력구상', '유라시아 이니셔티브' 실현을 이룩한다고 되어 있다.

　한반도의 통일시대를 준비하기 위해 통일 친화적 사회로의 전환, 통일 미래세대 육성을 위한 통일교육 추진, 통일시대를 향한 맞춤형 정착지원, 통일공감대 확산을 위한 국제협력을 강화해 나가겠다는 것도 포함되어 있다. 이 정책들이 제대로 실행될 수만 있다면 얼마나 가슴 벅찬 일인가, 기대가 크다.

이와는 별도로 2014년 대통령이 신년 기자회견에서 '통일은 대박이다'란 언급을 함으로써 파란을 일으켰다. 참으로 생소하고도 엉뚱한 '통일대박론'이 유행어가 되었다. 내 생각에도 지금까지 나왔던 그 어떤 통일 구호보다 강한 설득력이 있다고 생각했다. 이 말을 어떻게 영어로 표기해야 적절한가 하는 논란이 일기도 했다.

또 3월 28일에는 대통령이 독일을 방문해 드레스덴에서 '인도적 문제 해결', '민생 인프라 구축', '남북 동질성 회복'이라는 평화통일 3대 제안을 발표함으로써 모처럼 통일에 대한 기대와 논의가 우후죽순처럼 번져 나가고 있다. 소위 '드레스덴 선언'이다. 이를 뒷받침하듯 통일연구원에서는 2030년 통일을 가정할 때 향후 20년간 통일비용을 3,600조 원으로 추정했고 통일편익은 6,800조 원으로 산출했다.

또 여러 기관에서도 한반도의 평화통일 가정시 이익이 몇 배가 된다고 발표함으로써 통일비용과 통일편익에 대한 이야기가 가히 봇물처럼 쏟아지고 있다. 주장하는 사람마다 예상하는 편차도 크고 의견은 엇갈리지만 고무적인 일임에는 틀림이 없다.

이에 편승하여 국제 금융시장을 주도하는 대표적인 투자은행 겸 증권회사로 유명한 '골드만 삭스'까지도 이에 대한 분석을 내놨다. 한반도에서의 통일은 위험보다는 기회가 될 것이며 북한의 성장 잠재성이 실현될 경우 30~40년 내에 GDP 규모가 독일, 프랑스, 일본을 추월할 것으로 전망했다. 이 얼마나 듣기만 해도 가슴 벅찬 장밋빛 청사진인가.

그러나 '구슬이 서 말이라도 꿰어야 보배'란 속담처럼 이를 실행에 옮길 수 있는 의지와 역량과 환경이 조성되어야 할 것이다. '한반도 신뢰프로세스'나 '통일대박론'은 정부의 강력한 추진의지와 국민들의 통합된 힘, 그리고 국제사회의 지지와 협력이 수반되어야 한다. 그리고 무엇보다도 중요한 것은 '남북관계의 정상화'가 우선이라는 사실을 명심해야 할 것이다.

북한 이탈주민의 생생한 증언과 정책토론회

이어서 2시30분부터는 내가 사회를 맡고 북한 이탈주민 두 명이 토론자로 참여한 정책토론회가 열렸다. 먼저 홍순철 통일교육위원의 '북한주민의 통일의식과 남한사회의 수용성' 이란 제목의 주제발표가 있었다. 대략 요약하면 탈북자 대상 설문조사에 대한 선행연구 검토, 탈북자를 통해 본 북한주민의 통일인식, 탈북주민의 정체성과 남한사회의 수용성에 대한 이해 등이었다.

다음으로는 토론자로 참여한 2명의 여성탈북인의 탈북경위와 과정 그리고 현재의 소회 등을 발표하는 순서를 가졌는데, 과거 북한에서의 생활과 탈북을 결심하고 악전고투 끝에 남한으로 들어와 정착하기까지의 과정을 너무나도 생생하게 들려주었다. 또 참석한 회원들의 다양한 질문에도 성실하고 거침없이 대답해 주었다.

그들은 특히 남한에 와서 가장 놀란 것은 '언론의 자유가 있다' 는 것이

고성 통일전망대 분단현장 워크샵에서 강의하고 있는 저자

라며 북한에서는 지도자에 대한 비판은 전혀 상상도 하지 못할 일인데 여기서는 대통령에 대해서도 할 말을 다하는 것을 보고 몹시 의아하고 놀라움이 컸다고 말했다.

또 따뜻한 동포애로 감싸주는 작은 친절 하나가 탈북자에겐 커다란 힘이 되고 실제로 자신도 그런 경험을 했을 때 남한에 온 것이 후회되지 않았다고 했다. 나는 토론회를 진행하면서 북한 이탈주민에 대해 다시 한번 생각해 보는 시간을 갖게 되었고 스스로에게 자문자답해 보기도 했다.

탈북민이 가장 원하는 것은 마음을 열어주길 바란다. 지금 우리는 북한 이탈주민들과 한 동네에서 함께 살 마음의 준비가 되어 있는가. 한 번쯤 생각해 볼 일이다. 과연 그러하다고 자신 있게 대답할 사람이 얼마나 될까. 정부는 연일 '통일대박'을 주장하고 있지만 탈북자에게는 구호로만 들리고 있는 것이 아닐까. 우리 사회는 북한체제가 싫어서 탈북을 감행한 3만여 명을 진정으로 감싸안고 받아들일 준비가 되어 있는가. 국민들 대다수가 탈북민은 진정 먼저 온 통일이라고 생각하는가.

여기에 대한 성찰과 확고한 방향설정이 먼저라고 생각한다. '남북하나재단'이나 '제2의 하나원', '남북통합문화센터' 같은 기관이나 시설을 만드는 것도 중요하지만 그보다 먼저 북한 이탈주민을 대하는 우리 국민들의 정서가 어떠한지를 파악해 소통하게 만드는 정책이 선행되어야 한다.

남한 주민과 북한 이탈주민의 서로에 대한 불만이 무엇인지를 알아야 근본적 해법이 나올 수 있기 때문이다. 탈북자정책은 결코 간단치가 않다. 긴 안목으로 통일 이후까지 생각해서 추진할 수 있는 정책이 나와야 한다. 경제적 지원이나 편의시설 확장보다 주민들의 소통을 통한 이해와 통합에 정부가 적극 나서야 한다. 실제로 남한 주민과 탈북자들의 인식의 차이는 심각한 수준이다.

탈북자 밀집지역을 상대로 실태조사를 한 언론사의 보도를 보더라도 남한 주민 대다수는 탈북민을 내 이웃으로 받아들일 준비가 미흡한 것으로 나타났다. 이들 3만 명도 포용하지 못해서야 2500만 북한 동포들을 어떻게 받아들이고 화합할 수 있겠는가를 생각해 보면 답이 나온다. 북한 이탈주민 역시 대다수가 일상생활에서 배타적이고 무시당하고 있다고 대답했다. 탈북자정책은 세심하고 작은 문제에서부터 실마리를 풀어야 한다. 오해와 격차를 줄이고 해소하는 것에서부터 시작해야 한다.

언제라도 그렇게 _ 태종호

아주 오랜 시간이 흐르고
사람도 수없이 바뀌고
역사의 물줄기 거셀지라도

백두산은 그 자리에
한라산도 그 자리에
천지와 백록담 마르지 않으리.

세월이 가고 인심도 변하고
시대의 흐름에 따라
생각은 조금씩 다를지라도

한강에서 부르고
대동강에서 답하는
임 그리는 노래 멈추지 않으리.

어둠 걷히고 아침을 맞아
우리 예전처럼 하나가 되어
기름진 땅에 씨앗 뿌릴 때

파란 하늘엔 뭉게구름이
산과 들엔 풀꽃들이
언제라도 그렇게 피어 있으리.

탈북의 동기나 유형도 다양해지고

탈북자의 유형도 다양해지고 숫자 또한 3만 명 시대가 되었다. 탈북의 이유도 과거와는 큰 차이가 있다. 1950년대부터 1980년대까지는 단순히 귀향이나 귀순을 하기 위한 것이었다. 그 숫자도 적었고 당연히 귀순용사로서 영웅대접을 받았다. 그러나 1990년대 이후부터는 베를린 장벽 붕괴와 독일 통일, 소련의 해체 등, 체제의 격변으로 주로 해외에 나가 있던 엘리트들의 정치적 탈북으로 이어졌다. 이때까지만 해도 탈북 숫자가 그리 많지 않았다.

그런데 1995년 이후 북한의 고난의 행군이 시작되면서부터 대량 집단 탈북이 연일 계속되었다. 배급이 끊기고 살길이 막히자 굶주림을 해결하기 위한 방편으로 중국을 통하거나 소형 목선 등을 이용해 탈북을 하는 사람이 계속 증가하였고, 심지어는 동남아시아로까지 확대되어 떠돌게 되었다. 그 숫자 또한 십만 단위로 늘어나자 당연히 탈북자 문제가 정치적·사회적 이슈로 대두되었다.

그러던 것이 2000년대 이후부터는 북한에 텔레비전이 일반화되고 휴대폰이 보급되면서 남한의 자유와 풍요로움을 동경해 북한을 이탈하는 사례가 늘어났다. 단순히 이념이나 굶주림보다 자녀교육이나 삶의 질을 높이기 위한 탈북으로 그 유형이 바뀌게 된 것이다. 이처럼 다양하고 복잡한 탈북자들이 지금 우리와 함께하고 있다. 그들을 포용하고 우리 사회에 편입시키기 위해서는 정부정책도 훨씬 정밀하고 세분화 되어야 한다.

우리 국민들도 관심을 가지고 힘을 모아야 할 것이다. 북한 이탈주민들 또한 불평과 불만을 토로하기에 앞서 생사를 걸고 선택한 한국행이 헛되지 않도록 대한민국 국민으로서 당당하게 스스로 거듭나는 노력을 게을리 해서는 안 될 것이다. 정책토론회는 열기가 뜨거워 예정시간을 훨씬 넘겨 5시까지 계속되었다.

정책토론회를 마친 회원들은 행사장 밖에 있는 해변으로 나와 저녁식사 전까지 산책을 하며 휴식을 취했다. 장시간 실내에서 보내서인지 모두들 동심으로 돌아가 무척 좋아했다. 끝없이 펼쳐진 백사장과 계속해서 밀려오는 파도를 배경삼아 사진도 찍고 대화도 나누며 즐거운 시간을 보냈다.

동해바다는 언제 보아도 맑고 깨끗함을 선사해 준다. 끝없이 이어진 백사장에서 망망대해를 바라보는 것만으로도 가슴이 확 트이고 호연지기(浩然之氣)를 느낄 수 있다. 6시 10분부터 리조트 건물 내에 있는 식당에

강원도 고성 남북분단 체험학습에 참가한 회원들이 특강과 정책토론회를 마치고

서 저녁 식사를 마치고 7시부터는 친목을 도모하기 위한 '서로 알기 화합의 어울림 한마당'이 펼쳐졌다. 김령자 통일교육위원의 재치 있고 노련한 진행으로 밤 10시까지 모두가 한 가족이 되었다.

2015년 6월 30일 화요일 (둘째 날)

둘째 날이 밝았다. 아침 6시에 기상해 8시까지 아침 식사를 마친 회원들은 다시 어제의 행사장에 모여 '한반도 평화의 구체적 대안제시'라는 주제의 특강을 경청했다. 9시 30분까지 특강을 마치고 이번 체험행사의 하이라이트인 '고성 통일전망대' 견학을 위해 출발했다.

숙소에서 통일전망대까지는 북쪽으로 한참을 더 가야 된다. 버스로 이동하면서 날씨가 좋아 금강산을 볼 수 있을지도 모른다는 기대감을 갖고 창밖을 내다보았다. 나는 지금부터 10년 전인 2005년 12월 이 도로를 통해 금강산에 간 적이 있어 낯설지는 않았지만 그때와 비교해 어딘지 모르게 황량하고 쓸쓸한 느낌이 들었다. 도로변에 문을 닫은 가게들이 많았고, 군데군데 '급매(急賣)'라고 써 붙인 상가들도 눈에 띄었다.

그것은 그럴 수밖에 없다. 그때는 남북교류가 활발해 수많은 관광객들이 금강산 관광을 위해 속초로 모여들었고 고성 통일전망대는 전국에서 모여든 사람들로 연일 붐볐었다. 또 동해선 남북철도와 도로가 연결되어 금강산 왕래가 한결 원활해졌던 시기였다.

금강산으로 향하던 그 많던 인파는 어디로 갔나

2000년 당시 남북은 단절된 교통망을 우선 연결하기 위한 논의를 계속해 왔다. 2000년 6월 개최된 남북정상회담 직후인 7월에 제1차 남북장관급회담이 열려 먼저 경의선(서울—신의주) 철도 및 도로(문산—개성) 연결사업을 합의하고 9월 18일 공사에 착수하였다.

남측은 경의선 철도공사를 2002년 12월 31일, 경의선 도로공사를 2003년 10월 31일 완료하였다.

이어서 2003년 2월 11일에는 동해선 임시도로 개통식을 갖고 육로를 통한 시범관광이 시작되었다. 뱃길로만 다니던 금강산 관광이 비로소 육로관광으로 바뀐 것이다. 또 2003년 6월 14일에는 경의선과 동해선 철도 궤도를 남북이 동시에 연결하였다. 그 후 남과 북의 인사들이 동승해 시범운행까지 하게 됨으로써 남북은 하늘길, 바다길, 땅길이 모두 열리게 되었다.

그러나 지금은 황량한 적막강산이다. 그럴 수밖에 없는 것이 남북의 모든 교류가 단절되었기 때문이다.

2008년 7월 11일 금강산에서 새벽 해변 산책길에 나섰던 '금강산 관광객 박왕자씨 피살사건'이 발생했다. 그 사건의 여파로 남북관계가 급격히 경색되었고, 더구나 2010년 3월 26일에 발생한 '천안함 피격사건' 이후에는 5.24조치가 단행되어 모든 분야의 남북교류가 전면 중단되었기 때문이다.

5.24조치란 이명박 대통령의 행정명령으로 된 5개항의 조치이다. '북한 선박의 남측해역 운항을 전면 불허', '남북교역 전면 중단', '국민의 방북 불허', '대북 신규투자 금지', '대북지원 사업의 원칙적 보류' 등이다. 5.24조치가 단행된 지 벌써 5년이 지났다.

그 많던 인파가 사라지고 이따금 통일전망대를 찾는 사람만 왕래하고 있으니 이곳 주변이 찬바람이 돌고 쓸쓸하기가 이를 데 없다. 또 다시 남과 북이 머리를 맞대고 한반도 평화와 통일에 대해 지혜를 모으고 각 분야의 교류가 활발해지기를 기대한다.

강원도 고성 통일전망대에 올라

10시가 다 되어 통일전망대에 도착하였다. 고성 통일전망대는 강원도 고성군 현내면 명호리, 휴전선과 남방한계선이 만나는 해발 70m 고지에 위치하고 있다. 민간인 출입통제선에서 북으로 약 10km 전방이다. 고성 통일전망대는 남측에 있는 휴전선의 여러 전망대 중에서 가장 동쪽, 가장 북단에 위치한 전망대로 1983년 7월 26일 공사를 시작해 1984년 2월 9일에 준공식을 거쳐 처음 문을 열었다.

고성 통일전망대를 가려면 7번국도를 이용해야 한다. 남쪽에서 휴전선을 향하고 있는 우리나라 여러 국도 중 7번국도는 부산에서 함경북도 온성까지 총 연장 513.4km 길이다. 현재는 휴전선이 종점이어서 통일전망대 인근에 7번국도 종점이란 표지판이 서 있다.

참고로 우리나라 국도의 번호 중 1,3,5,7,9 등 홀수번호는 남에서 북으로 가는 국도이고, 2,4,6,8,10 등 짝수번호는 서에서 동으로 가는 국도다. 1번국도는 전라남도 목포에서 평안북도 신의주까지 939km인데 이 도로도 역시 파주에서 끊겨 있다. 2번국도는 전라남도 신안에서 부산광역시 중구까지 377.9km로 연결되어 있다. 우리가 오늘 타고 온 7번국도는 금강산으로 가는 육로관광의 길목으로 계속 가면 통천이 나오고 원산에 이르게 된다.

통일전망대에서 해금강까지는 약 5km, 금강산까지는 약 20km 정도 떨어져 있다. 전망대에 오르면 해금강의 아름다운 비경을 직접 볼 수 있으며, 날씨가 화창하면 금강산의 비

금강산 온정리 가는 이정표에 7번국도 표시가 있다

고성 통일전망대 타워

로봉, 구선봉 등 여러 봉우리들도 한눈에 조망할 수 있어 다른 전망대보다 찾는 사람이 많다. 특히 6.25전쟁체험관도 있고 조금 내려오다 보면 DMZ박물관도 있어 안보교육과 통일교육에도 매우 유익하고 효과적인 교육장이다.

그러나 통일전망대는 아무나 마구 출입할 수 없다. 전망대를 오르려면 먼저 통일전망대 관리소에 들러 부대장 명의의 출입신고서를 작성해야 입장할 수 있다. 단체는 회원명단을 제출하고 별도 소정의 절차에 따라야 한다. 관람요금도 내야 하고 안보교육관에서 동영상 시청으로 안보교육도 받아야 한다. 사진촬영 금지 등 제약도 많다. 이러한 것들이 여기가 휴전선 최전방임을 암묵적으로 알려주고 있다.

우리는 단체입장을 고려해 사전에 모든 수속을 마쳤기 때문에 비교적 쉽게 통과되었다. 출입신고를 마치고 나서도 다시 차를 타고 한참을 가야 한다. 가장 북쪽에 있는 명파해수욕장을 지나 최종 검문소에서 검문을 마쳐야 비로소 전망대에 오를 수 있다. 통일전망대에 도착하니 입구 표지판에 고성팔경(高城八景), 고성팔미(高城八味)를 선전하는 문구가 새겨져 있다.

고성팔경이란 통일전망대를 비롯하여 '천학정, 건봉사, 화진포, 천강정, 울산바위, 송지호, 마산봉 설경'을 이름이고, 고성팔미란 '고성막국수, 자연산 물회, 명태지리국, 토종돼지, 도치두루치기, 털게찜, 추어탕, 도루묵찌개'를 말한다. 시간이 허락하면 한 번 두루 가보고 싶고 모두 한 번씩 맛보고 싶은 동해의 명소, 명물들이다.

해금강의 비경은 한 폭의 동양화

우리 일행은 약간 비탈진 오르막길을 걸어서 우선 전망대부터 올랐다. 날씨가 좋아 예상했던 대로 해금강(海金剛)이 눈에 들어왔다. 동해바다는 언제 보아도 물이 맑다. 하얀 백사장과 짙푸른 바닷물이 조화를 이루어 순식간에 시선을 사로잡는다. 참으로 한적(閑寂)하고 청정(淸淨)하고 반사된 물빛은 찬란(燦爛)하기까지 하다. 멀리서 홀로 낚시질하는 사람의 모습이 보인다. 한 폭의 동양화(東洋畵)처럼 느껴진다.

금강산 봉우리들도 시야에 들어온다. 망원경을 통해서 보면 더 자세히 관측할 수 있다. 지적인데 당장이라도 가보고 싶은 충동이 인다. 전망대 건물은 웅장하거나 화려하진 않지만 주변 환경이 빼어나 여기에 오면 자신도 모르게 애국심과 통일의식을 일깨우게 되는 곳이다. 주변에 게양대에 걸려 있는 태극기나 '성모 마리아상' '통일기원 미륵불상'이 묘한 대조를 이루며 북쪽을 향해 통일염원을 나타내고 있다.

나는 한참동안이나 전망대에서 머물며 문득 이런 생각도 했다. 만약 분단선이 휴전선이 아니고 삼팔선이었다면 우리가 서 있는 이곳은 북한이었을 것이고, 개성은 남한이었을 것이라고. 그러나 그 같은 생각은 성겁고 부질없는 과거의 일이고, 지금은 하루라도 빨리 남북이 하나 되는 통일을 이루는 것이 상책(上策)이라는 생각을 하면서 전망대를 내려왔다.

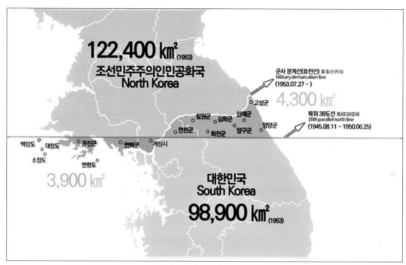

휴전선과 38선의 비교도

통일염원(統一念願) _ 태종호

이루어지리라
반드시 이루어지리라
한반도 평화통일은 기필코
이루어지리라
생각하면 너무나 쉬운 일이
왜 이다지도 어렵단 말이냐
우리가 마음만 먹으면 단박에 될 일을
어찌하여 반세기를 넘어 고희를 넘긴단 말이냐
이 세상 다른 나라가 다 해낸 일을
어찌하여 우리만 홀로 덩그러니 남았단 말이냐

오늘밤 잠들지 말고 생각해 보자
다 함께 광장으로 나와서 생각해 보자
새벽이 동트기 전에 실오라기 하나 걸치지 말고
칼바람 맞으며 생각해 보자
우리의 부족함을 우리의 잘못을 생각해 보자
우리의 정성이 우리의 염원이
백두와 한라에 닿을 때까지
함께 손잡고 생각해 보자.

면면히 이어온 우리의 역사
우리의 문화, 우리의 얼을 되살려
한 마음 한 뜻으로 횃불을 밝혀놓고
헝클어진 실타래를 찾아내어
뒤틀린 매듭을 풀어보자
팔천만 동포가 눈이 시리고
손이 부르트도록 풀어보자
그리하면 이루어지리라
우리의 통일염원은 그렇게 이루어지리라.

우리는 통일전망대라는 글씨가 새겨진 현관 앞에서 단체 기념사진을 찍고 다시 왔던 길을 따라 남쪽으로 내려오다 고성 막국수로 점심식사를 했다. 식사를 마치고 해안을 따라 화진포(花津浦) 쪽으로 내려오면서 '이승만 별장', '이기붕 별장', 그리고 일명 '화진포성'이라고도 불리는 '김일성 별장'을 차례로 둘러보기로 했다. 한 시대를 풍미했던 이들이 약속이나 하듯 이곳에 별장을 짓고 머문 것만 보아도 여기가 한반도의 빼어난 명소였다는 것을 말해 주고 있다.

고성 통일전망대에 조성되어 있는 통일기원 조형물(부처상과 성모마리아상)

화진포는 고성 북쪽에 위치해 있다. 강원도 고성군 거진읍 화포리와 현내면 초도리, 죽정리에 이어져 있는 우리나라에서 규모가 가장 큰 석호(潟湖)다. 추정하기로는 약 3,000년 전쯤에 지금과 같은 형태의 호수로 변화한 것으로 알려지고 있다. 화진포라는 이름도 해마다 호숫가에 해당화가 만발해 붙여진 이름이라고 한다.

둘레가 16km, 면적 72만 평의 동해안 최대의 자연호수이다. 남쪽과 북쪽에 8자 모양의 원을 그리면서 남호(南湖)와 북호(北湖)가 8자모양으로 나뉘어져 있는데 남호가 더 크다. 북호 쪽에 바다로 연결되어 있는 그 해안에 화진포 해수욕장이 있다. 화진포라는 이름이 참 아름답다는 생각이 든다.

국민을 외면한 권력은 존재하지 않는다

우리는 먼저 '이승만 별장'으로 갔다. 별장은 생각보다 작고 소박했다. 화려함과는 거리가 멀었지만 호수가 바라보이는 한적함이 사색하기에 알맞은 별장이다. 내부에는 역사의 한 페이지를 생각할 수 있는 유품들이 대부분 진열되어 있었다. 밀랍인형으로 제작된 이승만 대통령과 영부인 프란체스카 여사가 마주보고 앉아 있는 모습이 눈에 띄었다.

이승만의 젊은 시절 모습을 볼 수 있는 오래 된 흑백사진과 침실, 휘호와 서적 등이 전시되어 있다. 이 별장은 1954년에 처음 지어졌다. 그 후 방치된 후 폐허가 되어 1961년 철거되었다가 1999년에 와서야 본래의 모습으로 복원되었다. 그리고 몇 년이 지난 후에 지인들과 유가족들의 유품을 기증받아 2007년에 기념전시관이 개관되었다.

이승만은 1948년에 수립한 대한민국 정부의 초대 대통령이다. 20세기 격동의 한반도에서 공과(功過)가 뚜렷한 족적을 남긴 거물 정치인이었다. 그는 황해도의 영락(零落)한 양반가문의 출신으로 젊은 시절부터 개화와 독립운동에 참여했다. 배재학당에서 신학문을 접하고 미국으로 건너가 학업을 마치고 독립운동을 하던 중 그의 국제정치에 대한 식견을 높이 산 상해 임시정부요인들에 의해 초대 대통령에 추대되었다.

그러나 독립운동방식에 대한 견해차와 불성실함이 문제가 되었고, 이로 인한 임정요인(臨政要人)들과의 불화로 결국 대통령 직에서 탄핵되었다. 그 후 줄곧 미국에 머물며 독자적 노선을 걸었다.

해방 후 귀국해서는 미군정과 협력과 반목을 되풀이하는 정치력

이승만 별장 내부 '북진통일' 글씨가 보인다

젊은 시절의 이승만

을 발휘해 점차 정국의 주도권을 쥐게 된다.

계속되는 혼란정국을 거치며 우여곡절 끝에 남한 단독정부를 수립하고 초대대통령에 취임했다. 재임 중에는 노련한 외교와 강력한 반공노선을 견지했다. 한국전쟁 중에는 부산에 내려가 피난정부를 이끌었다. 휴전을 반대하고 반공포로(反共捕虜)를 석방하는 등 강력한 통치력을 발휘하기도 했다.

그러나 그의 결정적 과오는 끝없이 권력을 탐하고 국민 위에 군림하려는 독선과 오만이었다. 그것이 결국 그를 국민에게 버림받은 초라한 망명 정객으로 만들고 말았다. 그는 대통령 재임 중 많은 오점을 남겼다. 젊은 시절에 꿈꾸었던 초심을 잃고 자신의 정적이나 권위에 도전했던 인사들을 배척하고 간자들에게 둘러싸여 역사의 물줄기마저 왜곡시키고 말았다.

대표적인 것이 1949년 6월 6일 친일경찰로 하여금 반민특위 사무실을 습격하게 만들어 결국 반민특위를 해체시킴으로써 친일파 청산을 무력화시킨 것이다. 이는 대한민국의 정통성을 정면으로 무너뜨린 폭거였다. 또 한국전쟁이 발발하자 거짓방송으로 국민을 속이고 한강다리를 폭파해 서울시민을 희생시킨 일이다.

말년에는 발췌개헌, 사사오입개헌 등으로 헌법까지 유린하며 정권연장을 꾀하다 독재자로 낙인찍히고 말았다. 결국 부정부패가 극에 달해 학생들이 봉기한 4.19혁명을 유발시키고 말았다. 경무대 앞까지 진출한 학생들을 향해 무차별 총을 발포해 유혈진압으로 인한 참사가 일어나자 그때서야 "국민이 원한다면 하야(下野)하겠다"는 말을 남기고 국외로 망명해 하와이에서 생을 마감했다.

이승만의 몰락은 미국의 초대대통령인 조지 워싱턴과 대비되면서 지금까지도 국민들의 마음을 우울하게 한다. 우리 현대 정치의 근본이 흔들리는 정치사의 비극이다. 이때 이승만의 잘못 끼워진 첫 단추가 이후 우리나라 역대 대통령들의 계속된 불행을 예고하는 서막(序幕)이었는지도 모른다.

이 세상에 영원한 부귀영화는 없다

우리는 다음으로 화진포 해수욕장의 '이기붕(李起鵬) 별장'으로 갔다. 입구 표지판의 설명에 의하면 "1920년대 외국인 선교사들에 의해 건축되어 사용된 건물로서 해방 이후 북한 공산당의 간부휴양소로 사용되어 왔다. 휴전 이후 당시 부통령이었던 이기붕의 부인 박마리아가 개인별장으로 사용하다가 폐쇄되었으나 1999년 7월 역사안보전시관으로 개수(改修)하여 관광객들에게 개방하고 있다." 소나무 숲으로 둘러싸인 '이기붕 별장'은 작고 소박하지만 독특한 구조로 되어 있고 주변 풍광이 매우 아름다워 별장으로 손색이 없는 건축물이다.

외벽이 자갈돌로 마감되어 있고 담쟁이 넝쿨이 감싸고 있다. 건물 내부는 침실과 응접실이 붙어 있는데 책상 위에는 전화기, 타자기, 라디오, 장식으로 치장된 호롱불 등이 있다. 벽에는 이기붕과 박마리아의 사진이 걸려 있다.

그리고 그 옆에 나란히 걸려 있는 또 한 장의 가족사진이 유난히 눈에

이기붕 별장 전경

떤다. 이기붕 내외와 강석, 강욱 두 아들이다. 이들은 한때 서대문 경무대라 불릴 만큼 무소불위의 영화를 누렸지만 모두 불행한 최후를 맞았다.

이기붕은 자신의 능력에 비해 지나치게 권력을 탐하다가 몰락한 정치인이다. 어쩌면 그보다도 그의 부인 박마리아의 권력욕이 화를 자초했는지도 모른다. 어찌됐건 이기붕은 그 개인이나 가정은 물론이고 나라까지 혼란에 몰아넣은 장본인으로 알려져 있다. 해방 이후 이승만의 비서로 있다가 자유당을 창당하고 서울시장, 국방부 장관, 민의원 의장 등을 지냈다.

큰아들을 이승만에게 양자로 보내는 등 이승만을 등에 업고 호가호위(狐假虎威)했다. 이승만 없는 이기붕은 존재할 수 없었기에 3선연임에 걸린 이승만을 대통령으로 만들기 위해 이른바 사사오입개헌(四捨五入改憲)을 획책하기도 했다. 사사오입개헌이란 세계역사상 그 유례를 찾아볼 수 없는 그야말로 전무후무한 기상천외한 발상이었다. 그는 정치에 깡패를 동원하여 폭력을 행사하는 등 추악한 부패와 부정을 저질렀다.

특히 1960년 3월 15일, 제5대 정·부통령선거에서 자유당 공천으로 부통령에 출마해 총체적인 부정선거를 통해 당선은 되었으나 이것이 몰락의 결정적 단초(單初)가 되었다. 결국 '3.15부정선거'에 항거하여 봉기한 4.19혁명으로 부통령직을 사임하고 경무대 별관에 피신했으나 큰아들 강석에 의해 가족 모두가 살해됨으로써 불운한 생을 마감했다.

자유당 정권 몰락 이후에도 한국정치는 사람만 바뀌었지 개발독재, 유신

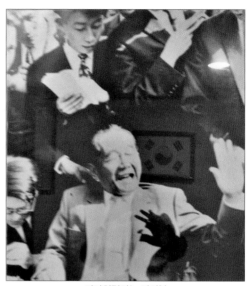
기자회견하는 이기붕

독재, 군사독재가 한동안 계속되었다. 또 이를 바로잡으려는 학생들과 민주인사들의 반독재 투쟁도 끊이지 않았다.

그중에서도 5.18 광주민주화운동은 그 정점이었다. 정권욕에 눈먼 일부 군인들의 만행을 규탄하며 궐기한 광주시민들의 외침은 이 나라 민주화에 불을 붙였고, 1987년 박종철(朴鍾哲), 이한열(李韓烈)을 비롯한 수많은 열사들의 투혼으로 이어져 6.10항쟁으로 승화되어 민주화의 기틀을 세울 수 있었다.

그러나 이기붕이 죽고 반세기가 훨씬 넘은 지금도 수단과 방법을 가리지 않고 권력을 탐하는 무리들은 여전히 줄지 않고 있다. 정치의 요체는 여민동락(如民同樂)인데 정작 국민을 외면한 채 권력에 아부하며 정상배로 살아가는 사람들이 속출하고 있다.

근대 우리 정치사에 성공한 정치인보다 실패한 정치인이 더 많은 것도 여기에 기인한 것이다. 현재 우리나라가 여러 분야에서 눈부신 성장을 보인 반면 유독 정치 분야가 후진성을 면치 못하고 있는 것도 결국은 제도

가 아니라 사람 때문이다.

나는 요즘 정치를 하려는 사람들에게 정치인이 성공할 확률은 20%도 채 되지 않으니 신중하게 판단하라고 말한다. 정치는 아무나 해서는 안된다는 뜻이다. 정치인이 되려면 도덕성은 물론 고도의 경륜(經綸)과 소명의식(召命意識)이 필요하다. 소수의 성공했다고 평가되는 정치인들을 보면 확고한 역사의식을 바탕으로 나라와 국민을 섬기려고 끝없이 노력했던 이들이다.

그런데 이 같은 마음의 준비도 없이 무작정 정치에 뛰어드는 것은 오만(傲慢)이요, 허욕(虛慾)이다. 본인은 물론이고 가족과 국가를 위해서도 매우 위험천만한 일이다. 도대체 권력의 속성이 무엇이고 인간의 탐욕은 어디까지인지 서글픈 생각마저 든다.

동족전쟁(同族戰爭) 유발한 죄업을 어찌 하려는가

이기붕 별장에서 반대방향으로 조금 떨어진 곳에 '김일성 별장'이 있다. 경사진 비탈을 올라 소나무 숲으로 둘러싸인 계단을 오르면 마치 서양 '중세의 성(城)'처럼 돌로 지어진 건축물이 나온다. '김일성 별장'이다. '화진포의 성'이라고도 한다. 김일성은 1948년부터 1950년 6.25 직전까지 부인 김정숙(金正淑)과 아들 김정일(金正日), 딸 김경희(金敬姬) 등 가족과 함께 하계휴양지로 화진포를 찾았고 주변에 당 간부 휴양시설을 만들었다고 한다.

1948년 8월 당시 6살이던 김정일이 소련군 정치사령관 레베제프 소장의 아들과 별장 입구에서 찍은 사진이나 김정일, 김경희 남매의 어린 시절의 사진이 전시되어 있는 것을 보면 그것이 사실임을 짐작할 수 있다. 그때는 한국전쟁 전이어서 휴전선이 아니라 삼팔선으로 나뉘어져 있던

화진포의 성(일명 김일성 별장)

때라 고성도 철원처럼 북한이 차지하고 있었다. 책이나 비디오 등에서 삼
팔선과 휴전선이 함께 표시된 지도를 보면 이 두 분단선의 변화가 선명하
게 나와 있는 것을 볼 수 있다.

'화진포의 성'은 일제강점기인 1937년 일본이 중일전쟁(中日戰爭)을
일으키면서 원산에 있는 외국인 휴양촌을 이곳 화진포에 강제 이주시키
면서 시작된다. 당초에는 선교사인 '셔우드 홀' 부부에 의해 시작되었다
고 한다. 이들의 초청으로 1938년 독일의 망명 건축가 베버가 건립하여
예배당으로 이용하였다.

해안 절벽 위 송림(松林) 속에 지하 1층, 지상 2층의 석조건물(石造建
物)로 멋스럽게 지어져 이름도 '화진포의 성'이라 불렸는데 김일성이 머
문 뒤부터 김일성 별장이란 이름이 생겼다. 6.25전쟁 때 파괴되어 오랜 세
월 방치되었다가 2005년 3월에 가서야 옛 모습 그대로 복원되었다.

김일성 별장 내부 집기

새롭게 단장된 '화진포의 성' 내부에는 김일성 가족이 사용했던 응접세트 등 각종 유품이 모형으로 만들어져 전시되고 있다.

또 옛 별장의 모습을 담은 사진자료를 비롯해 김일성의 가계 내력, 독재체제 구축과정, 한국전쟁 도발, 그리고 정전협정 이후 북한의 도발만행 등의 북한관련 자료가 다수 전시되어 있다.

옥상으로 올라가면 전망대에 망원경이 설치돼 있어 화진포 호수와 해수욕장을 비롯해 이승만, 이기붕의 별장, 광개토대왕릉으로 추측된다는 거북모양의 섬 금구도(金龜島) 등, 동해안의 아름다운 해금강(海金剛) 풍광을 한 눈에 살펴볼 수 있다. 나는 옥상에서 내려오기 전 이번 행사의 진행을 도운 김창호 사무국장과 동해바다를 배경으로 기념사진을 찍었다. 그는 성실하고 항상 웃는 얼굴이 보기 좋은 사람이다.

김일성 별장 관람을 마치고 밖으로 나오다 마주 오는 한 무리의 단체 관광객을 만났는데 그 일행 중에 반가운 얼굴이 보였다. 나의 대학 동기이자 오랜 벗인 이강승(李康承) 교우였다. 객지에서 우연히 만나니 너무 반가웠다. 서로의 일정상 입주(立酒) 한잔 나눌 형편도 안 되어 인사만 나누고 화진포를 배경으로 기념사진을 찍고 헤어졌다.

김일성은 북한의 최고 지도자로서 본명은 김성주(金成柱)다. 젊은 시절 만주에서 항일무장투쟁을 한 것으로 알려졌다. 해방 후에는 소련의 독재자 스탈린과 손잡고 그의 지원에 힘입어 38선 이북을 점령했다. 공산주의 사상을 받아들여 강력한 반제국, 반봉건주의 개혁을 단행했다. 그러나 그 같은 명분을 내세워 민족계열 인사를 탄압하고 토지개혁 등으로 지주를 희생양 삼아 북한(北韓)의 모든 권력을 장악했다.

그리고 1948년 9월 9일 인민정부를 수립하

'화진포의 성' 입구에서 해금강을 배경으로

고 권좌에 오르게 된다. 그뿐 아니라 1950년 6월 25일 새벽 38선 전역에 걸쳐 한국전쟁을 일으켰다. 그의 씻을 수 없는 과오와 죄업은 바로 6.25 남침이다. 전쟁을 일으켜 동족을 참화 속으로 몰아넣은 것이다. 그 전쟁으로 말미암아 전 국토는 폐허가 되었고, 수많은 동족이 살상당하는 비극을 초래하고 말았다. 또한 남북분단을 고착화시켜 지금까지도 세계 유일의 분단국이라는 오명을 남기고 있다.

그는 한국전쟁 후에도 중국 연안파와 남로당 등 반대파 정적들을 차례로 숙청하고 국가주석이 되어 유일지도체계(唯一指導體系)를 확립했다. 그리고 40년 넘게 제왕적 장기집권을 했다. 또한 공산주의와는 어울리지 않는 세습체제(世襲體制)의 발판을 마련해 아들 김정일(金正日)에게 권력을 이양했다.

말년에 이르러서야 1994년 김영삼(金泳三) 대통령과의 남북 최초로 정상회담(7월 25일~27일)을 계획했으나 회담을 앞두고 7월 9일 심근경색에 의한 심장마비로 사망하고 말았다. 그의 죽음을 둘러싼 여러 가지 이야기들이 회자되고 있지만 베일에 가려 정확한 것은 아무도 모른다. 여하튼 그의 가장 큰 씻을 수 없는 잘못은 동족전쟁을 유발한 것이다. 이는 그 어떤 것으로도 속죄할 수 없는 업보로 기록되어 있다.

말년에 하려고 했던 남북정상회담이 성사되어 통일의 주춧돌 하나라도 놓았더라면 그 과오를 만분의 일이라도 만회할 수 있었을지 모른다. 하지만 그에게는 그마저도 허락되지 않았다. 그가 죽고 6년이 지난 2000년 6월에 가서야 김대중 대통령과 그의 아들 김정일 국방위원장의 남북정상회담이 처음으로 열리게 되었다.

통일교육 1억 명 돌파 기념탑 (통일교육원 소재)

강원도 고성 일대에는 여유로움을 가지고 찾아보아야 할 곳이 많다. 국가지질공원으로 지정된 화진포를 비롯하여 송지호 서낭바위, 운봉산의 제3기 현무암, '파도를 능가하는 돌섬' 이라는 이름의 능파대 등이 있다. 잘 살펴보면 고대 공룡들이 살았던 시대를 느껴볼 수 있다. 이밖에도 둘러보아야 할 유서 깊은 명승지나 박물관, 그리고 안보교육관들이 많이 산재해 있다.

우리는 시간 관계상 '화진포 생태박물관', '해양박물관' 등은 겉모습만 대충 둘러보고 서둘러 귀경길에 올랐다. 돌아오는 차속에서도 각 분야의 전문가들의 발표가 이어졌다. 대부분 통일과 안보에 대해 일가견이 있는 전문가들이라 열심히 경청하였다. 저녁 9시쯤 서울에 도착했다. 비록 1박 2일의 짧은 일정이었지만 모든 회원들이 서로 협력하고 하나가 되어 국가안보와 통일의지를 다지는 매우 유익한 시간이 되었다.

후기(後記)

나는 30여 년 동안 이 책에 기록되어 있는 곳 말고도 국토 분단선이 있는 전방지역을 기회가 있을 때마다 수시로 다녀왔다. 강화도의 통일전망대와 교동도, 포천과 동두천의 전방부대, 그리고 면적 38.9km², 저수량 10억 톤의 인공호수 파로호(破虜湖; 파로호라는 이름은 대통령 이승만이 오랑캐들을 격파한 호수라는 뜻으로 명명했다고 하는데 실제로 1951년 국군 6사단이 중공군 3개 사단을 패퇴시켜 3만여 명을 수장시켰다고 한다)와 비목공원(碑木公園)을 비롯한 화천(華川)의 격전지, 5공화국 시절 북한의 금강산댐 수공(水攻)에 대비한다고 국민성금을 모아 축조한 평화의 댐, 국산첨단무기가 불을 뿜는 신형무기 화력 시험장도 참관했다. 그때마다 한반도의 미래에 대해 많은 생각들을 떠올리곤 했다.

그 외에도 휴전선과 비무장지대 주변의 민통선 마을을 포함해 수많은 남북접경지역(南北接境地域)을 시간을 내어 찾아나섰다. 거의 대부분이 경기와 강원지역들이다. 특히 그중에서도 경기도 지역은 그런대로 평야지대가 많아서 비교적 답답하거나 막막함이 덜하지만 철원에서 고성까지 90마일(145km)을 차지하고 있는 강원도 지역은 갈 때마다 살얼음판을 걷는 것처럼 조심스럽고 묘한 긴장감을 느끼곤 했다.

단 한 번도 편안한 마음으로 간 적이 없었다. 내 나라 내 강산을 방문하는 데 심리적 압박을 느껴야 한다는 것 자체가 용납되지 않아 고통이었고 슬픔이었다. 막상 도착해서도 비무장지대를 바라보고 있노라면 안타까움은 배가(倍加)되기 일쑤였다. 험준한 산등성이마다 철조망으로 둘러싸여 있고 산봉우리 초소를 중심으로 북한과 마주보고 대치하고 있는 곳이 많다 보니 그랬을 것이다.

그때마다 현장에서 보고 듣고 느낀 점을 틈틈이 기록해 두었으나 지면 관계상 다 수록하지 못함을 아쉬움으로 남긴다. 한반도는 반드시 통일되어야 한다. 물론 평화적 통일을 말한다. 현 상황에서 평화통일이 그리 녹록치 않은 여정임에는 틀림이 없다. 비록 더딘 발걸음일지라도 이 땅에서 전쟁만큼은 막아야 하기 때문이다.

역사적 통찰력을 갖춘 지도자가 앞장서고 전국민이 일치단결하여 인내심을 갖고 한 걸음씩 나아가다 보면 우리가 원하는 평화통일의 날은 반드시 오게 될 것이라 굳게 믿는다.

제 3 부

북한 방문기 (1)

2004 대북식량차관
개성(開城) 방문

8월 30일 ~ 9월 4일

북한 개성(開城) 방문기

북한 동포들에게 줄 쌀을 싣고 군사분계선을 넘다

늦더위가 기승을 부리던 2004년 8월 30일부터 9월 4일까지 6일 동안 북한을 방문하게 되었다. 통일부가 파견한 2004 대북 식량차관 인도요원 남측 대표로서의 임무를 수행하기 위함이었다.

이번에 함께 할 요원은 총 4명이다. 통일부와 농림부, 국회사무처 등에서 선발되었다. 사전에 방북기간 동안 유의해야 할 점과 북한에 가져가서 북측 대표와 교환할 서류 등을 전달받았다.

남과 북이 쌀을 주고받은 것은 1984년 남한 중부지방 홍수 피해 때 북한이 쌀 7,200톤을 보내온 것이 처음이었다. 그로부터 10여 년이 지난

1995년 김영삼 정부 때 북한의 대홍수로 큰 피해를 입어 식량의 어려움을 겪게 되자 쌀 15만 톤을 무상으로 지원한 바가 있었다.

1998년 김대중 정부가 들어서고 남북화해협력정책(햇볕정책)이 채택되고 2000년 남북 최초의 정상회담과 6.15 공동선언이 발표되자 식량과 비료를 비롯한 대북지원은 크게 확대되었고, 지원 방식도 차관방식(10년 거치 20년 상환, 연 이자율 1%)으로 전환되었다.

2004년인 올해도 노무현 참여정부에서는 이와 같은 차관형식으로 국내산 쌀 10만 톤, 외국산 쌀 30만 톤을 합해 쌀 40만 톤을 지원하게 된 것이다. 우리는 그 중에서 국내산 쌀 10만 톤을 개성에 있는 쌀 하역장까지 육로를 통해서 직접 전달하는 임무를 수행하게 되었다.

방북에 앞서 모든 준비 상황을 다시 한 번 점검하느라 밤이 늦어서야 자리에 들었다. 남북문제는 매사가 민감하고 휘발성이 강하기 때문에 한 치의 실수나 오차가 있어서는 안 되기 때문이다.

나뿐 아니라 함께 북한에 가서 임무를 수행할 세 명의 인도요원이나 25톤 트럭에 쌀을 싣고 북으로 가게 되는 대한통운 소속 기사들도 생각은 크게 다르지 않을 것이다. 그들도 이미 관계당국에서 방북교육도 마친 상태다.

그만큼 남한 국민이 북한을 방문한다는 것은 자연스러운 일이 아니라 특별한 일에 해당된다는 것을 말해 준다. 나는 2000년 가을에 동해바다를 통해 금강산 관광차 북한을 한 번 다녀온 적이 있다. 그러나 정부로부터 중요한 임무를 부여받고 군사분계선을 넘어가는 것은 이번이 처음이라 감회가 남다르게 느껴진다.

30일 오후 통일동산 인근에 있는 사무실에서 함께 가게 될 인도요원, 쌀 수송 업무를 담당하고 있는 대한통운 직원들과 상견례(相見禮)를 갖고 방북에 따른 여러 가지 주의사항과 서류 등을 점검한 후에 인근 숙소에서 1박을 했다.

제2일, 2004년 8월 31일 (화요일)

오전 5시에 기상해 파주 오두산 통일전망대 아래 위치한 통일동산으로 가서 회의를 거쳐 다시 한 번 최종 점검을 마쳤다. 전국에서 올라온 100여 대의 차량과 기사들도 모두 집합하여 대기하고 있었다. 모두에게 다시 한 번 주의를 환기시키고 7시 20분에 북한을 향해 출발했다.

우리 인도요원들은 승용차로 선두에서 차량들을 이끌었다. 뒤를 돌아보니 일렬로 늘어선 25톤 트럭의 차량행렬이 장관이었다. 차간거리까지 지키다 보니 긴 행렬은 끝이 보이지 않았다. 맨 먼저 경의선 출입국 관리사무소에 도착해 방북 수속을 마쳤다. 우리를 호송할 국군 헌병들이 이미 나와서 대기하고 있었다.

잠시 후 헌병들의 호위를 받으며 남북의 최전선인 군사분계선까지 갔다. 그곳에서 국군 헌병들은 돌아가고 군사분계선(MDL)을 통과했다. 시계는 오전 9시 30분을 가리키고 있었다. 여기서부터는 북한 군인들의 안내를 받으며 쌀 하역장인 개성 시내에 인접해 있다는 손하역으로 향했다.

군사분계선을 지나 북한 땅으로 들어서고 있는 쌀을 실은 차량행렬

1950년 한국전쟁의 와중에서 태어난 사변둥이인 나로서는 설렘과 호기심, 책임감과 숙연함 같은 여러 가지 생각들이 교차되었다. 가장 먼저 백범(白凡) 김구 선생의 모습이 떠올랐다. 또 현대그룹 정주영(鄭周永) 회장이 소떼를 몰고 방북하던 때의 모습도 생각났다.

백범 선생은 1948년 4월 19일 남북 협상에 나서면서 내가 삼팔선을 베고 죽는 한이 있더라도 남북 분단만은 막아야 한다고 했다. 반드시 동족간의 전쟁은 일어나고 우리 민족의 역사는 크게 후퇴한다고 했다. 불행하게도 백범 선생의 예언은 적중하였고 영원히 지울 수 없는 동족상잔의 그 참담한 6.25 한국전쟁은 일어나고 말았다.

정주영 회장 역시 남북의 교량 역할을 톡톡히 했다. 1998년 6월과 10월 두 차례에 걸쳐 소떼 1,001마리를 차에 싣고 판문점을 넘었다. 1,001마리 중 한 마리는 고향을 떠나올 때 가지고 온 소 한 마리 값이고, 나머지 1,000마리는 이자라고 하여 세간의 화제를 모으기도 했다.

정주영 회장의 기상천외한 소떼 방북은 세계 각국의 외신기자들의 열렬한 주목을 받았다. 나는 이 같은 차량 소떼 방북이야말로 평소 많은 화제를 모아 온 정주영 회장다운 발상이라고 생각했다. 그때의 소떼 방북은 대북 민간교류의 시작이었고, 2000년 6월 사상 처음으로 이룬 남북정상회담의 물꼬를 트는 기념비적 대사건이었다.

남북은 1953년 휴전으로 분단된 채 수십 년이 흘렀다. 분단되었던 독일, 베트남 같은 다른 나라들은 이미 통일을 이루어 눈부신 발전을 거듭하고 있다. 그런데 지금 한반도의 상황은 어떠한가. 전쟁이 완전히 끝난 것도 아니다. 그렇다고 통일을 이루어 완전한 독립, 완전한 평화를 얻은 것도 아니다. 정전(停戰), 휴전(休戰)이란 이름으로 이미 반세기를 훌쩍 넘기고 있다.

세계사에 백년전쟁(百年戰爭)이란 기록이 있는데 이러다가 백년휴전(百年休戰)이란 신조어(新造語)가 만들어질지도 모르겠다. 우리 민족이 세계 역사에 이 같은 불행한 역사를 또 기록한단 말인가. 세계 유일의 분단국이라는 것도 부끄럽거늘, 그것은 안 될 말이다. 남북이 지혜를 모아 반드시 해결해야 할 절박한 문제인 것이다. 오늘 우리가 가는 이 발걸음도 남북 간의 거리를 좁히고 민족 공동체로서의 확인과 한반도 평화통일을 위한 하나의 디딤돌이 되기를 간절히 기대해 본다.

백범 선생과 정주영 회장의 발걸음 따라

북한 측의 입국절차는 너무 복잡하고 지루했다. 외국을 다녀 올 때마다 거쳤던 출입국 절차보다 몇 배 더 걸리는 것 같다. 10시가 훨씬 넘어서야 겨우 끝마치고 쌀을 실은 수십 대의 차량 행렬은 북한 땅으로 들어섰다. 불과 몇 분이 걸리지 않아 남과 북은 마치 자로 잰 것처럼 확연히 구분되었다.

남쪽의 잘 다듬어진 도로와 선명한 차선, 고급스런 가로등, 진초록의 우거진 숲, 그리고 최전선 초병들의 훤칠한 키와 당당한 체격에 비해 북한 병사들의 핏기 없는 무표정한 얼굴, 마르고 왜소한 첫 모습은 너무나도 초라했다. 나무 한 그루 없는 황폐해진 산과 들, 울퉁불퉁 손보지 않은 도로, 그리고 1948년에 건립된 것으로 표기된 난간도 없고 곧 무너질 것 같은 위태로운 다리를 건너면서부터는 걱정이 앞섰다.

쌀을 실어 50톤에 육박하는 트럭의 하중을 과연 이 다리가 건뎌낼 수 있을까 하는 생각이 들었기 때문이다. 북한 대표들에게 다리의 위험성을 지적하자 아무 걱정 없다는 장담을 들었지만 불안한 마음은 쉽게 가시지 않았다. 그밖에도 주변의 여러 환경들은 남한과 대비되어 내가 지금 북한에 와 있다는 것을 다시 한 번 실감나게 해 주었다.

비포장도로를 먼지를 일으키며 가다 보니 반가운 표지판 하나가 눈에 들어왔다. '현대아산사무소'라는 간판과 함께 개성공단(開城工團) 공사 현장이 한눈에 펼쳐졌다. 드넓고 황량한 벌판에서 터를 닦는 공사가 한창 진행 중이었다. 여러 대의 중장비와 차량이 분주하게 오고가는 것을 볼 수 있었다. 잠깐 멈추어 공사를 담당하고 있는 관계자에게 물어보니 남쪽에서 건축자재를 싣고 와서 공사 현장의 모래를 싣고 다시 남으로 내려가는 차들의 행렬이라고 했다.

또 이색적인 것은 관광객이나 취재진들로 보이는 외국 사람들이 현장 답사차 방문해 분주하게 비디오 촬영하는 모습도 눈에 띄었다. 지금은 황량한 벌판이지만 공단이 완성되어 공장과 주택들이 들어서 큰 도시가 완성된 모습을 머릿속에 그려 보았다. 남과 북이 함께 힘을 모아 일하는 화합의 장, 경제협력의 장, 미래로 나아가는 민족 번영의 장으로 바뀔 것을 생각하니 따가운 햇볕과 흙먼지를 무릅쓰는 방북길도 그다지 힘들지 않았다.

황량한 벌판의 개성공단 공사장

개성공단은 2000년 6.15공동선언 이후 김대중 대통령의 대북유화정책인 화해협력정책(和解協力政策), 일명 햇볕정책의 일환으로 추진되었다. 서울에서 약 60km, 인천에서 약 50km 떨어진 북한의 황해북도 개성시(開城市)와 판문군 봉동리 일대에 터를 잡았다.

작년 2003년 6월에 착공식을 했다. 남한의 기술과 자본, 북한의 토지와 노동력의 토대 위에 추진되었다. 남북교류협력의 새로운 장을 마련한 남북 최초의 역사적인 경제협력사업이다. 규모도 방대하다. 면적만 해도 공단과 배후도시를 포함해 총 2,000만 평(66.1km^2)이다. 이제 터를 닦는 막바지 작업이 한창이다.

2004년 8월 개성공단 초기 터를 닦는 현장사진

　현장을 직접 와 보니 개성공단 사업은 반드시 성공해야 한다는 생각이 들었다. 개성공단이야말로 남북문제를 푸는 열쇠가 될 수 있겠다는 희망이 보였기 때문이다. 북한동포들이 실질적으로 시장경제를 학습할 수 있는 교육의 장이 될 수 있기에 그렇다.

　또한 한반도 긴장 완화와 평화는 물론 장차 대륙진출의 교두보가 될 수도 있기 때문에 통일 후까지 내다보는 미래지향적 거대한 사업이란 생각이 들었다. 북한에게 언제까지 식량을 공급해 줄 수 있겠는가. 고기를 가져다주기보다는 고기 잡는 법을 알려주는 것이 통일을 대비한 가장 합리적인 투자가 될 수 있기 때문이기도 하다.

개성공단 _ 태종호

유서 깊은 송도 땅 허허벌판에
통일의 꿈이 영글어간다.

남쪽의 자본과 기술
북쪽의 노동력이 합해져서
민족부흥의 대장정이 시작된다.

안녕하세요.
반갑습네다.
오고가는 인사말 속엔
따스한 민족애가 살아 숨쉬고
드넓은 벌판에는 쿵쾅거리는
중장비의 기계음이
희망의 노랫가락이 되어 들려온다.

허리가 꽁꽁 묶인 채
내 산하 내 동포를 곁에 두고도
오가지도, 만나지도 못하고
허망하게 보내버린
그 기나긴 세월을
그 통한의 세월을
어찌 슬프다 아니 하리

이제 통일로 가는 길목에서
민족의 화해와
협력의 장이 펼쳐지나니
북악산과 송악산의 정기가
한라에서 백두까지 뻗어나갈 때까지
한민족의 저력을 되살려

통일의 그날까지 거침없이 나아가리라.

(2004년 8월 31일, 개성공단 공사현장을 지나며)

개성공단 공사장에서 도착지인 쌀 하역장인 손하역까지 약 20분 동안 비포장도로가 이어졌다. 여기서부터 북한 주민들과 주택, 학교와 관공서, 협동농장으로 보이는 논과 밭 등을 가까이서 접촉할 수 있었다.

주민들은 우리가 통행하는 흙먼지 가득한 도로 위를 바쁘게 오가는데 가방 대신 보따리 같은 것을 들고 가거나 자전거를 끌고 가는 모습이 유난히 많이 보였다. 그런데 자세히 보니 자전거마다 번호판이 부착되어 있는 모습이 특이했다. 그러나 이를 통해 자전거가 북한 인민들의 주요교통수단임을 알 수 있었다.

남자들은 인민복에 모자와 짙은 색안경을 쓴 사람이 많았고, 여자들은 거의 흰 저고리 검은 치마의 같은 색깔의 한복을 입고 있었다. 모두가 한결같이 똑같은 무표정(無表情), 무반응(無反應)이었다. 간혹 어린이들은 반색을 하며 손을 흔드는 모습을 볼 수 있었는데, 키가 작고 마른 체형들

2008년 개성공단 완공 후에 둘러본 북한 근로자 작업현장

이어서 영양상태는 좋지 않아 보였다.

주택은 대부분 매우 낡고 오래된 건물들이었고, 학교와 관공서들의 건물은 그래도 비교적 양호한 편인데 어김없이 붉은 글씨로 '군부 중시, 자력갱생, 가는 길 험난해도 웃으며 가자. 김정일 동지를 중심으로 하는 혁명의 수뇌부를 목숨 걸고 사수하자' 등의 구호가 요란하게 걸려 있었다.

이 같은 구호들은 허기지고 지친 표정의 북한 인민들과 대비되어 공허한 외침으로 생각되기도 했다. 또한 북한의 경제가 갑자기 나아지기가 어려울 터인데 만약 이 같은 상태가 지속된다면 우리가 가져온 식량도 차라리 무상지원이라고 하는 편이 낫지 차관형식을 갖춘다 해도 후일 제대로 상환되기는 어려울 것이라는 생각을 하게 만들었다.

텃밭 채소 풍성, 사유재산 인정이 경제 살리는 길

협동농장으로 보이는 들판에는 가을인데도 풍요롭거나 탐스러운 곡식보다는 메마르고 삭막한 모습이 대부분이어서 이해하기가 힘들었다. 협동농장 군데군데 모여서 일하는 사람들도 더위에 지쳐 힘겹고 의욕이 없어보였다. 그러나 특이한 것은 개인 주택 안에 있는 조그만 텃밭들이 더러 있었는데 그곳에는 채소들이 풍성하게 잘 자라고 있는 것을 보았다. 너무나 대조적인 이 현상을 보고 북한경제를 살릴 수 있는 첩경은 하루빨리 사유재산을 인정하고 자본주의 시장경제체제로 전환하는 것이 가장 빠른 길이라는 것을 실감하였다.

우선 덩샤오핑(등소평, 鄧小平)이 고안해 낸 중국식 경제모델이라도 시급히 받아들여야 할 것이란 생각을 했다. 이밖에도 시골이어서 그런지 주민들 대부분이 물지게로 식수를 나르고 여타 운송수단은 달구지가 큰 몫을 차지하고 있었으며, 공업시설은 거의 눈에 띄지 않았고, 공사장 작업도 중장비 대신 삽에다 새끼줄로 묶어서 일을 하고 있었다. 당연히 일의 능률이 더디고 의욕 또한 저하될 수밖에 없겠다는 생각을 했다.

조금 더 가다 보니 냇가에서 여자들이 모여서 머리를 감고 빨래하는 모습 등을 볼 수 있었다. 마치 내가 초등학교 다니던 시절인 5~60년대에 겪었던 과거 속에 와 있는 것 같았다. 모두가 한민족인데 남과 북이 이처럼 차이가 나다니 순간 착잡하고 우울한 마음이 들기도 했다. 이 같은 정황들을 카메라에 담고 싶었으나 사진촬영이 금지되어 있어 눈으로 보고 마음에 담을 수밖에 없었다.

북한은 쉽게 왕래할 수 있는 곳이 아닐 뿐더러 난생 처음 방문하기 때문에 하나라도 놓치지 않으려고 주변을 세심히 둘러보았다. 비포장도로를 느린 속도로 한참을 가야 했다. 모든 것이 낯설고 처음 보는 정경들이어서 호기심과 더불어 생각도 많아졌다. 차창 밖으로 구경도 하고 메모도 하며 달리다 보니 마침내 쌀 하역장인 '손하역'이라는 곳에 도착하였다. 그러나 기대와는 달리 역사(驛舍)도 없이 허름한 사무실 하나와 공터가 전부였다.

그곳에서 평양에서 파견된 북측 간부와 하역작업을 나온 북한 주민들이 바쁘게 움직이고 있었다. 우리가 남에서 싣고 온 쌀을 실은 수송차들을 안전하게 하나 둘 순번대로 정해진 하역장(荷役場)에 인도하고 나서야 우리는 환영 나온 북측 대표들과 인사를 나누었다. 사무실로 들어가 함께 모여 차관서류를 확인하고 인도절차에 대한 합의를 마치고 밖으로 나와 도시락으로 점심식사를 했다.

오후에는 북측 대표들과 쌀 하역작업을 지켜보며 향후 일정에 관한 것과 개성의 역사문화에 대한 이야기들을 나누었다. 처음에는 어색하고 딱딱하게 느껴지던 그들도 차츰 마음을 열고 간간이 남한에 대한 궁금증을 나타내기도 했다. 한참이 지난 뒤 하역작업이 완료되어 둘째 날의 일정을 원만하게 마쳤다.

남한에서 가져간 쌀을 하역작업하고 있는 북한 노동자와 관계자들

제3일, 2004년 9월 1일 (수요일)

오늘도 어제처럼 같은 과정을 거쳐 손하역 하역장에 도착했다. 북측 대표 중 한 사람이 나에게 다가오더니 음료수를 권하면서 저기 보이는 산이 송악산(松岳山)이라고 하면서 손으로 가리켰다. 과연 하역장 뒤로 개성 송악산이 한눈에 잡힐 듯이 보였다. 날씨가 화창해 또렷이 볼 수 있었는데 마치 임신한 여인네가 긴 머리를 뒤로 하고 편안히 누워있는 모습 그대로였다.

생각 같아서는 경기오악(京畿五岳)중 유일하게 북한 개성에 있는 송악산을 당장이라도 등산복으로 갈아입고 정상까지 올라가 세세히 살펴보았으면 하는 생각도 들었다. 저 산에도 우리 선조들의 수많은 애환과 풍류가 깃들어 있을 것이라 생각하니 더욱 귀하게 느껴졌다.

참고로 경기오악이라 함은 개성 송악산을 포함해 경기도 가평군과 강원도 화천군에 연해 있는 화악산(華岳山), 경기도 포천군과 가평군에 있는 운악산(雲岳山), 서울 관악구와 경기도 과천시, 안양시에 연해 있는 관악산(冠岳山), 그리고 경기도 파주시와 연천군, 양주시에 있는 감악산(紺岳山)을 말한다.

개성(開城) 송악산(松嶽山)은 남쪽 손님을 반기고

송악산은 고려 500년 역사의 애환이 서린 '송도', '개경', '개성'을 지켜봤을 것이며, 지금은 또 말없이 남에서 북한 동포를 돕기 위해 쌀을 가지고 온 우리 일행을 지켜보며 반가운 얼굴로 웃고 있는 듯이 보였다.

나는 송악산을 바라보면서 문득 고려가 저물어가던 그 시절의 선인들이 떠올랐다. 특히 여말선초(麗末鮮初)의 두 인물이 먼저 생각났다. 사제지간이었으나 나라를 경영하는 생각이 서로 달랐던 목은(牧隱) 이색(李穡)과 삼봉(三峰) 정도전(鄭道傳)이다. 걸출한 대학자요, 경륜이 뛰어났던 영걸들의 그 깊은 생각을 나로선 알 길이 없으나 그들이 남긴 시조 속

개성 손하역 하역장 뒤로 송악산이 보인다

에 답이 숨어있지 않을까 생각해 본다.

백설이 잦아진 골에 _목은(牧隱) 이색(李穡)

"백설이 잦아진 골에 구름이 머흘에라.
반가운 매화는 어느 곳에 피었는고.
석양에 홀로 서서 갈 곳 몰라 하노라."

선인교 내린 물이(회고가) _삼봉(三峰) 정도전(鄭道傳)

"선인교 내린 물이 자하동에 이르나니
오백년 왕업이 물소리 뿐이로다.
아해야 고국흥망을 물어 무삼하리오."

평양에서 파견된 북측 대표와 개성 쌀 하역장에서

　쌀 하역작업이 한창 진행되고 있는 모습을 지켜보고 있는데 북측 수석
대표가 다가와서 아침 일찍부터 오시느라 수고가 많았다며 오찬을 대접
하겠다고 해 개성시내로 향했다. 운전기사들의 식사는 어찌되느냐고 물
었더니 북측에서 어제처럼 도시락을 준비했다고 했다. 개성시내까지는
약 20분 정도 걸렸다. 말로만 듣던 개성을 처음 보게 되어 기대가 컸다.
　그러나 내 생각은 처음부터 빗나가고 말았다. 개성시내의 모습은 너무
나 한적하기만 했다. 우선 차량은 군부차량 몇 대를 빼고는 거의 구경할
수 없었다. 도심에서도 남쪽의 보통도시들처럼 인파가 몰려 있지 않았다.
사람들도 많이 보이지 않았다. 그저 조용하기만 했다.
　날씨가 무덥고 시간대가 맞지 않아 그랬는지 모르지만 어린이들의 모
습만 간간이 보일 뿐 개성 시민들의 모습은 거의 구경할 수 없어 아쉬움
이 컸다. 그 옛날 일세를 풍미하던 '송상(松商)'이나 '개성상인(開城商
人)'의 자취를 기대하고 있어서 그렇게 느껴졌는지도 모르겠다.
　그런데 특이한 것은 시내 복판에 교통을 정리하는 여성경찰의 모습이

눈에 띄어 이색적이었다. 또한 시내로 통하는 도로 양 옆으로 소박하게 한글로만 되어있는 간판들이 아주 인상적이었다. 대략 살펴보니 편의점, 식료품점, 리발관, 단고기점, 약국, 국수점, 양복점 등이 드문드문 보였다. 도로 바닥은 아스팔트 대신 원형으로 된 돌을 바닥에 박아 놓았는데 모두 수작업으로 했다고 한다. 바닥에 돌을 사용한 것은 폭격에 대비한 것이라고 했다.

아마도 한국전쟁 당시 미군 B-29 전투기의 융단 폭격으로 북한 전역이 거의 초토화되었던 악몽 때문이 아닌가 하는 생각을 했다. 도로변 가로수는 은행나무와 플라타너스가 주류를 이루고, 시내 한복판으로 들어서니 그 유명한 남대문(南大門)이 자리하고 있었다. 통일관(統一館) 건물은 서너 채가 겹쳐져 웅장하게 자리 잡고 있어 확연히 눈에 띄었다. 도심답게 모든 건물들이 지금까지 보았던 것과는 확연히 달랐다.

만월대 안엔 고려왕조, 남대문 밖에는 송상

고려시대 '송도'는 고려의 왕궁인 만월대(滿月臺)를 중심으로 70여 개의 사찰로 둘러싸였는데 그 대표적인 사찰이 '대각국사 의천'이 세운 '령토사'라고 안내하던 북측 대표가 설명해 주었다. 또 송도가 중국과의 무역으로 한창 번창했을 때는 '벽란도'(예성강)에서 시내까지 주택과 가게가 촘촘히 늘어서 있었는데 20킬로에 달하던 거리를 비가 와도 처마 밑으로만 가면 우산 없이도 갈 수 있었다고 한다.

상상해 보니 수많은 물류가 드나들면서 번창했던 상업도시 송도의 모습이 어렴풋이나마 그려지고 고개가 끄덕여진다. 특히 그 당시 송도에는 대부분 상인들의 가게가 많았는데 그 상인들을 부르는 말이 시간의 흐름과 함께 '가게쟁이 → 각쟁이'라고 부르던 것이 지금의 깍쟁이가 되었다고 안내원은 덧붙였다.

한편 어려서부터 역사에 대한 호기심이 유난히 많았던 나는 고려 500
년 왕조의 터전이요, 화려했던 궁궐이었으나 지금은 터만 남아 있는 만월
대를 지나며 인생의 무상함과 권력의 덧없음을 함께 느꼈다. 일제 치하에
시달리던 조선민초들의 한을 달래주었던 '황성 옛터'라는 노래가 어디
서 들려오는 듯했다.

또 고등학교 시절에 배웠던 것으로 기억되는 '두문동(杜門洞) 72현과
그중 한 분이었던 운곡(耘谷) 원천석(元天錫) 선생과 야은(冶隱) 길재(吉
再), 그리고 정몽주와 정도전의 스승이었던 목은(牧隱) 이색(李穡) 선생
의 회고가(懷古歌)라 불리는 시조도 생각났다.

흥망이 유수하니 _운곡(耘谷) 원천석(元天錫)

흥망(興亡)이 유수(有數)하니 만월대(滿月臺)도 추초(秋草)로다.
오백 년 왕업(王業)이 목적(牧笛)에 부쳤으니,
석양(夕陽)에 지나는 객(客)이 눈물겨워 하노라.

오백 년 도읍지를(회고가) _야은(冶隱) 길재(吉再)

오백 년 도읍지를 필마(匹馬)로 돌아드니
산천(山川)은 의구하되 인걸(人傑)은 간 데 없네.
어즈버 태평연월(太平烟月)이 꿈이런가 하노라.

오찬장소는 북한에서 영빈관(迎賓館)으로 사용되고 있는 '자남산 려

관'이라는 간판이 붙어 있는 곳이었다. 북측 대표들이 성의를 다해 마련한 오찬이니 많이 드시라고 하며 술도 권하고 모처럼 마음을 활짝 여는 것처럼 보였다. 그들은 오찬을 마치고 나자 개성에서 빼놓을 수 없는 유적지인 선죽교로 안내하겠다고 해서 함께 돌아보기로 했다. 선죽교는 '자남산 려관' 바로 초입에 자리하고 있었다.

도보로 걸으면서 이야기를 들으니 선죽교를 중심으로 동쪽에 이방원의 집, 서쪽에 정몽주의 집이 있었는데 정몽주의 생가를 '숭양서원(崧陽書院)'이라고 부른다고 했다. 그동안 우리가 역사책과 영화나 드라마를 통해 수없이 보고 들었던 터라 새삼스러운 것은 아니지만 직접 그 역사의 현장에 서 있다고 생각하니 감개가 무량하였다.

고려 말 권력다툼이 극에 달할 즈음 이방원(李芳遠)의 초청을 받은 정몽주(鄭夢周)가 집을 나서려고 할 때 간밤에 흉몽(凶夢)을 꾼 모친께서 오늘은 가지 말고 집에 있으라고 간곡히 만류하며 읊었다는 우리들에게 널리 알려진 시 한 수가 전해지고 있다.

죽음도 불사하고 마지막까지 무너져 가는 고려를 지키려는 만고(萬古)의 충신(忠臣) 포은 정몽주의 불사이군(不事二君) 충혼과 그 체취(體臭)가 느껴져 다시 한 번 숙연한 마음이 들었다.

백로가 _ 정몽주 어머니

"까마귀 싸우는 골에 백로야 가지 마라
성난 까마귀 너의 흰 빛을 새오나니
청강에 좋이 씻은 몸을 더럽힐까 하노라."

이와 더불어 우리가 너무나도 잘 아는 태종 이방원의 하여가(何如歌)와

포은 정몽주의 단심가(丹心歌)가 함께 떠오르며 600년이 훨씬 지난 여말선초(麗末鮮初)의 가파른 역사의 한복판에 내가 서 있는 듯했다. 두 사람 모두 고려와 조선의 상징적 인물이 아니던가.

하여가(何如歌) _ 태종(太宗) 이방원(李芳遠)

"이런들 어떠하리 저런들 어떠하리.
만수산(萬壽山) 드렁칡이 얽어진들 어떠하리.
우리도 이같이 얽어져서 백년(百年)까지 누리리라."

단심가(丹心歌) _ 포은(圃隱) 정몽주(鄭夢周)

"이 몸이 죽고 죽어 일백번(一百番) 고쳐죽어
백골(白骨)이 진토(塵土)되어 넋이라도 있고 없고
님향(向)한 일편단심(一片丹心)이야 가실 줄이 이시랴."

선죽교에서 포은 선생 충혼을 기리다

선죽교 다리에는 지금도 남아 있는 핏자국이 시선을 끌었다. 안내원의 설명에 따르면 진짜 핏자국이 아니라 조선시대 정몽주의 후손 중에 개성 유수로 부임한 정호인이라는 사람이 자기 조상인 정몽주의 충절을 기리기 위해 전국 방방곡곡을 돌며 피가 묻어 있는 것처럼 보이는 돌을 구해다가 그 자리에 바꾸어 놓은 것이라고 한다.

처음 듣는 이야기지만 그럴 수도 있겠다 싶어 반신반의(半信半疑)하며 들었다.

그런데 정작 선죽교에는 사람들이 다니지 못하도록 막아 놓아 출입을 금하고 있었다. 무슨 일인지는 모르지만 옆으로 통로를 만들어 놓아 사람들이 지나다니고 있었다. 문화재이기 때문에 보호차원에서 그랬을 것이라 생각했다. 원래 선죽교(善竹橋)의 이름은 땅지(地)자를 써서 선지교(善地橋)라 불렀는데 정몽주 피살 후 그곳에 대나무가 자라나서 선죽교(善竹橋)라 불렀다고 한다.

다리 옆에는 조선시대 명필 한석봉(韓石峯)이 썼다는 한문으로 된 '善竹橋' 비석이 세워져 있었다.

선죽교와 더불어 사진촬영을 했다. 선죽교 건너편에는 조선 21대 영조(英祖)와 26대 고종(高宗)의 친필 비문(碑文)이 새겨진 표충비가 거북의 등에 나란히 세워져 있었다.

선죽교에 대해 설명하는 북측 안내원

오늘도 여전히 아침 일찍 통일동산에서 쌀을 싣고 군사분계선을 넘었다. 자주 다니다 보니 이제는 첫날에 비해 출입국 절차가 많이 간소해졌다. 특별한 변동사항이 없으면 거의 쉽게 통과되었다. 서로 인사도 건네고 한두 마디 궁금한 것을 서로 물어보기도 했다. 개성 하역장에서도 마찬가지였다.

첫날에는 모든 것을 까다롭게 굴며 어색하기도 하고 기싸움 비슷한 태도를 보였는데 이젠 북측 대표들과 체코산 캔커피를 함께 마시며 농담을 주고받을 만큼 친숙해졌다. 차량운행에 대해 불편한 점을 시정해 달라는 요구도 하고 기사들에게 점심으로 제공되는 도시락이 입맛에 맞지 않아 아예 먹지 않는 사람도 있다는 등, 이런 저런 이야기들을 편하게 주고받게 되었다.

사람이란 원래 그런 것이다. 자주 만나다 보면 이해하게 되고 서로의

조선시대 명필 한석봉이 썼다는 선죽교 표지석 글씨

고충을 경청하다 보면 새로운 해결책도 나오는 법이다. 남과 북이 너무 오래 만나질 않았다. 정부차원의 정치적 회담이나 군사회담 같은 무거운 주제의 만남도 자주 열려 협력하고 발전해야 되겠지만 학술, 체육, 예술, 종교 등의 민간교류의 만남도 확대되고 다양해져야 할 것이다. 어제 보았던 선죽교에 대한 느낌을 대충 몇 글자 적어보았다.

선죽교 _ 태종호

개성 송악산의 정기 받고
뻗어 내린
자남산 기슭에서
오랜 세월 남쪽 손님
기다려 온 선죽교여

고려 말 선죽교와
오늘의 선죽교는
돌다리도 핏빛도
다를 수는 있겠지만

포은 선생 곧은 충절이야
만세가 지나간들
변함이 있으랴

우리도 조국통일 일편단심
가슴에 새겨

빛나는 한민족의 발자취를
후세에 길이 남겨야겠네.

(2004년 9월 2일 개성 선죽교에서)

제5일, 2004년 9월 3일 (금요일)

오늘은 개성 시내에 있는 성균관과 고려박물관으로 가 보았다. 자투리 시간을 내어서 보는 것이라 여유롭지 못한 것이 아쉽다. 먼저 고려 성균관(成均館)을 보았다. 정문을 입덕문(入德門)이라고 하며 명륜당(明倫堂)을 중심으로 동재(東齋)와 서재(西齋), 유생도서관인 존경각(尊經閣)과 향실(香室) 대성전(大聖殿)이 중앙에 자리하고 있었다.

고려박물관 표석

또 문묘(文廟) 안에서 유현(儒賢)들의 위패(位牌)를 배향(配享)하던 전각인 동무(東廡)와 서무(西廡) 등도 균형감 있게 배치되어 있었다. 한편에는 고려 박물관이 자리하고 있었으나 시간 관계상 박물관 안으로 들어가 보지는 못했다. 성균관 뜰에는 오래된 은행나무와 느티나무가 많이 있었는데 은행나무 둘레가 6.5m나 되고 담과 함께 어우러진 느티나무의 뿌리가 천년(千年)의 역사를 말해 주는 것 같아 감회가 깊었다.

북측 대표들은 북쪽에 있는 '고려 성균관'은 천년이고 남쪽에 있는 '리조 성균관'은 600년이라며 자랑이 대단했으나 빙그레 웃고 말았다. 모두가 다 우리의 역사가 아니겠는가.

고려 성균관, 리조 성균관 모두 한민족 역사

유서 깊은 개성에는 500년 고려 도읍지로서 그 외에도 볼거리가 아주 많이 있을 것이다. 시간만 허락한다면 '송도삼절'(松都三絶)이라 칭하는 '화담 서경덕(花潭 徐敬德)'의 흔적과 체취도 느껴보고 싶고 가무(歌舞)는 물론이고, 시서화(詩書畵)에 밝아 일세를 풍미(風靡)했던 송도 명기(名妓) '황진이(黃眞伊)'의 묘에 앉아 술 한 잔 권하고 싶었다.

또 '박연폭포(朴淵瀑布)'를 비롯하여 '공민왕릉(恭愍王陵)'과 '태조왕건릉(太祖王建陵)', '안화사와 송악산'을 비롯한 수많은 명산대찰(名山大刹)과 유적들을 둘러보고 싶은 마음도 간절했으나 남북 분단의 현실과 정해진 일정 때문에 다 돌아보지 못함을 큰 아쉬움으로 남기며 대신 화담 선생과 황진이가 남긴 시조를 읊어보는 것으로 마음을 달랬다.

마음이 어린 후이니 _ 화담(花潭) 서경덕(徐敬德)

"마음이 어린 후이니 하는 일이 다 어리다.
만중운산(萬重雲山)에 어느 임이 오랴마는
지난 잎 부는 바람에 행여 긴가 하노라."

내 언제 무신하여 _ 명월(明月) 황진이(黃眞伊)

"내 언제 무신(無信)하여 임을 언제 속였관데
월침삼경(月沈三更)에 온 뜻이 전혀 없네.
추풍에 지난 잎 소리야 낸들 어이 하리오.

명월(명월) 황진이 묘

박연폭포 (朴淵瀑布)

一派長天噴壑礱 (일파장천분학롱)
龍湫百仞水叢叢 (용추백인수총총)
飛泉倒瀉疑銀漢 (비천도사의은한)
怒瀑橫垂宛白虹 (노폭횡수완백홍)
雹亂霆馳彌洞府 (박란정치미동부)
珠舂玉碎徹晴空 (주용옥쇄철청공)
遊人莫道廬山勝 (유인막도려산승)
須識天磨冠海東 (수식천마관해동)

한 줄기 물줄기 하늘에서 골짜기에 떨어져
용추못 백 길 되는 물줄기가 용솟음치누나.
날아 오른 샘물은 거꾸로 쏟아진 은하수 같고

성난 물결이 흰 무지개처럼 드리웠도다.
우박 날리고, 우레소리 골짜기에 가득 차고
구슬처럼 치솟고 옥같이 부셔져 허공에 퍼진다.
나그네여, 여산의 폭포만 좋다고 말하지 말라
이 천마산 폭포가 해동의 제일임을 알아야 하리.

만감이 교차하는 송도, 개성에서의 6일

제6일, 2004년 9월 4일 (토요일)

　개성에서의 6일간의 임무를 모두 마치고 북녘 땅을 출발해 서울로 돌아오면서 조국통일의 청사진을 그려보았다. 또 이제 막 첫 삽을 뜬 개성공단의 미래를 머릿속에 그려보았다.

　우리 속담에 '천릿길도 한 걸음부터' 라는 말이 있듯이 어렵게 성사되어 추진하고 있는 개성공단이 잘 되기를 바란다. 계획대로 차질 없이 진행되어 남한의 경제발전의 초석이 된 수많은 공업단지들처럼 무궁한 발전이 있기를 빌었다. 그리고 이를 발판삼아 통일로 이어지기를 간절히 염원했다.

　그리고 본격적인 개성관광(開城觀光)이 시작되면, 아니 남북통일을 이루어 반드시 개성에 다시 오리라 다짐하였다.

　서울에서 50Km, 차로 달리면 채 50분도 걸리지 않는 길을 50년 세월이 지나서야 비로소 오갈 수 있다니 참으로 기막힌 일이었다. 그러기에 서울로 돌아오는 발걸음은 가볍기도 하고 무겁기도 했다.

2004년 10월 14일, 경기도 수원에서 열린 식량차관 방북 보고회

한편으로는 무사히 임무를 마쳐 홀가분하고 또 한편으로는 분단현실에 마음이 무겁기도 해 이런저런 생각에 만감(萬感)이 교차(交叉)했다.

방북후기(訪北後記)

이번 방북을 통해서 가장 뼈저리게 느낀 것은 같은 민족이 왜 총부리를 겨누고 대치하고 있으며 내 강토 내 산하를 마음대로 왕래하지 못 하는가, 왜 한 핏줄인 부모형제가 헤어져서 살아야 하는가 하는 것들이었다. 이 세상에는 수많은 이별이 존재하지만 그중에서도 민족분단(民族分斷)으로 인해 혈육(血肉)을 생이별하고 괴로워하는 것보다 더 큰 비극은 없을 것이다. 그리고 이 같은 단장의 아픔을 해소하는 길은 하루빨리 분단을 극복하고 통일을 이루는 길 밖에 없다는 생각을 하게 되었다.

지금 우리 한반도는 그 어느 때보다 어수선하다. 미국 대선이 초읽기에 들어가고 결과에 따라서 한반도와 동북아정책(東北亞政策)이 영향을 받을 수 있다. 그러나 그것은 우리가 결정할 사안이 아니다. 우리는 우리대로 어떠한 상황에도 돌파해 나갈 수 있는 만반의 방어태세를 갖추어야 한다.

제 2의 북핵위기(北核危機)는 고조되고 있고, 알카에다의 테러 위협, 남북한 당국의 대화 중단에 따른 불안 심리, 국제 유가 급등에 따른 국내 경제의 위축, 국가 보안법 폐지를 둘러싼 진보와 보수의 첨예한 대립 등 국내외적으로 슬기롭게 대처해야 할 현안들이 산적해 있기 때문이다.

그러나 그 중에서도 가장 시급하고 중요한 문제가 우리 앞에 놓여있다. 그것은 바로 한반도 통일문제와 중국의 역사왜곡(歷史歪曲) 문제이다. 통일은 우리시대에 반드시 해결해야 할 숙명적 과제이고 중국의 역사왜곡은 지금 당장 막아야 할 시급하고 중대한 문제인 것이다. 우리가 어떻게 하느냐에 따라 조국의 앞날이 평화(平和)와 번영(繁榮), 아니면 치욕(恥辱)과 패배(敗北)로 기록될 것이다.

특히 한반도의 통일문제는 우리 민족 전체가 집중해야 할 역사적 과업이다. 타의에 의해서 분단된 나라를 하나로 통합하는 문제는 우리 세대에 꼭 이루어야 할 중차대한 의무이기 때문이다. 남북통일이 아직 먼 훗날의 일이라고 생각해서는 안 된다. 어느 시기에 어떤 형태로 오게 될지 아무도 알 수 없다. 우리의 의지와는 상관없이 어느 날 갑작스럽게 다가올 수도 있고 분단국이라는 오명(汚名)을 남긴 채 영원히 지속될 수도 있기 때문이다.

한 가지 분명한 것은 전쟁이 아닌 평화적인 방법으로 통일(統一)을 이루어야 하고 우리의 힘으로 이루어야 한다는 것이다. 그러기 위해서는 국민 모두가 통일의 주역이라는 사명감(使命感)으로 단결해야 하고, 지금부터라도 우리가 할 수 있는 가능한 모든 방법을 동원하여 통일을 철저하게 준비해야 한다.

중국의 '고구려사(高句麗史)'와 '발해사(渤海史)'의 역사왜곡도 말이 역사왜곡이지 '동북공정'이니 '일사양용론(一史兩用論)' 같은 망언을 내세우며 우리의 '고구려사(高句麗史)'를 중국에 편입시키고, '고조선 (古朝鮮)'과 '발해(渤海)'의 역사까지 왜곡시켜 우리의 역사가 아닌 중국의 역사로 탈바꿈시키고 있는 민족혼의 탈취행위인 것이다. 이는 중국이 우리의 역사와 영토를 송두리째 빼앗겠다는 수작임을 알아야 한다.

이는 간단한 문제가 아니다. 우리 민족의 미래가 걸린 중대한 문제인 것이다. 시골 담벼락에 기세 좋게 뻗어나간 호박 넝쿨을 보라. 주렁주렁 열린 열매, 소담스럽게 핀 꽃들이 울타리 밑에 있는 뿌리의 밑동을 잘라버리면 어떻게 되는가. 순식간에 열매와 이파리와 꽃들이 시들어 버린다는 것을 우리는 잘 알고 있지 않은가.

이처럼 중국은 우리의 찬란한 역사의 그 밑동을 잘라버리려 하고 있는 것이다. 이는 결단코 아니 될 일이다. 막아야 한다. 북한도 한가하게 손놓고 있을 때가 아니다. 중국의 역사왜곡(歷史歪曲)에 단호하게 공동대응(共同對應)해야 한다. 이것은 민족전체의 문제이다. 남북이 힘을 합치고 여야가 함께 진보와 보수가 손잡고, 남녀노소 온 국민이 나서야 한다. 우물쭈물해서는 때를 놓친다.

다시 한 번 강조하거니와 중국의 동북공정(東北工程)이나 일본의 독도 탐욕과 몰상식한 역사왜곡은 더 늦기 전에 공동대응해서 막아야 한다. 후손들을 위해서라도 지금 우리가 반드시 해야 할 일이다. 남과 북이 힘을 합해 반드시 공동 대응해야 한다.

특히 이 문제는 정부가 의지를 가지고 앞장서야 한다. 눈치를 보며 우물거리고 있어서는 안 된다. 분명한 우리의 역사를 우리의 것이라고 확실하게 해 놓고, 전 세계에 공론화(公論化) 시켜야 한다. 학계나 만간단체들도 나서서 슬기롭게 대처해야 한다. 우리의 단결과 통찰력으로 작금의 위기를 기회로 만드는 지혜가 필요한 때이다.

그러기 위해서는, 첫째가 민족 내부의 통합이 선행되어야 한다. 통합은 하나가 되어가는 첫걸음이다. 둘째는 국제사회의 정치적 지지를 얻을 수 있도록 외교적 노력을 기울여야 한다. 셋째는 통일은 반드시 우리의 힘으로 이루어 내겠다는 목표를 뚜렷하게 세워야 한다.

임진왜란(壬辰倭亂) 직전의 동인과 서인의 당쟁, 병자호란(丙子胡亂) 직전의 척화파와 주화파의 격돌, 구한말 수구파와 개화파의 대립의 결과가 어떠했는지를 잊지 말아야 한다. 민족이 단결로 뭉치지 못하고 분열함으로써 가져온 그 참담함을 안다면 국민통합(國民統合)과 민족통합(民族統合)의 교훈을 한시라도 잊어서는 안 될 것이다.

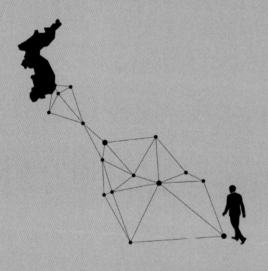

제 4 부

북한 방문기 (2)

2005 통일교육 체험 연수
금강산(金剛山) 방문

12월 22일 ~ 12월 24일

북한 금강산(金剛山) 방문기

　2005년 세밑이 얼마 남지 않은 12월 22일부터 12월 24일까지 2박3일간 금강산을 찾아가게 되었다. 이번에 실시되는 통일교육 금강산 체험연수는 학생들과 통일교육 담당자들이 북한실상을 객관적으로 이해하고, 한반도 평화체제 구축방안에 대해 토론하는 현장학습의 프로그램이다.

　이 프로그램을 마련한 통일부와 교육인적자원부는 청소년들에게 분단의 현실을 몸으로 직접 체험함으로써 통일에 대한 관심을 갖게 하고, 통일교육 담당자들은 통일교육의 중요성과 교육방향을 새롭게 인식하는 계기가 될 것으로 기대하고 있다. 내가 여기에 참여하게 된 것은 행운이었다.

　사실 나는 지금부터 5년 전인 2000년 9월 22일부터 25일까지 3박4일 동안 대학동문들과 금강산을 다녀왔다. 강원도 동해항에서 금강호를 타고 북한의 장전항까지 밤 항해를 통해서 초가을 단풍이 한창이던 풍악산(楓嶽山)을 둘러본 적이 있다.

그러나 그때는 단순히 호기심을 충족하는 관광목적이었지만 이번 체험연수는 그 의미가 확연히 달리 생각될 수밖에 없다. 한반도 통일에 대한 진지한 성찰과 보람찬 일정이 되기를 마음속으로 다짐하였다. 또 겨울철이고 세밑이라 상당히 추울 것으로 예상되지만 그 나름의 멋이 있을 것이다. 꽁꽁 얼어붙은 개골산(皆骨山)을 머릿속에 그리며 생애 두 번째 금강산 방문길에 오르게 되었다.

육로로 개골산의 비경(秘境)을 찾아가다

우리가 북에 자리한 금강산을 이처럼 왕래할 수 있게 된 것은 불과 몇 년 전부터의 일이다. 또한 민간인들의 방북이 자연스럽게 이루어지게 된 것은 남북교류의 상징적 의미가 담겨 있다.

금강산 관광은 정주영 현대그룹 명예회장이 1989년 방북하여 금강산관광개발 의정서를 체결하고 9년 후인 1998년 11월 18일 금강호가 동해항에서 첫 출항함으로써 본격적인 금강산관광이 시작되었다.

금강산지역은 2002년 11월 23일 '금강산관광지구'라는 특별행정구역으로 명명되었고, 다음해인 2003년 2월 14일부터는 비무장지대(DMZ)를 통과하는 육로관광이 시작되어 이제 버스를 타고 금강산을 갈 수 있게 되었다.

육로로 가기 때문에 금강산 관광이 의미가 더해지고, 또 훨씬 편리해진 것이다.

이는 남북교류와 동질성 회복에도 크게 기여할 것이다. 비록 2박 3일의 짧은 기간이지만 북한의 실상을 좀 더 깊고 넓게 직접 관찰하리라는 희망과 한겨울인지라 천하명산 개골산의 설경을 볼 수 있다는 기대감을 안고 간단한 짐을 꾸렸다.

아침 일찍 일어나 가볍게 아침식사를 하고 서울 출발지인 광화문 정부
종합청사 뒤편에 있는 주차장에 도착했다. 아직 이른 시간인데도 벌써 관
광버스가 대기하고 있고, 함께 갈 일행들이 밝은 모습으로 나와서 삼삼오
오 모여 담소를 나누고 있었다. 겨울철 아침이라 약간 쌀쌀하고 춥긴 해
도 쾌청했다.

나 역시 설레는 마음으로 반갑게 인사를 나누었다. 일행이 다 도착한
후 좌석을 배정하고 출발하게 되었는데 나는 1호차 3번 좌석을 배정받고
차에 올랐다. 시계를 보니 9시였다. 거듭해서 인원 점검을 마치고 방북 집
결지인 강원도 속초를 향해 출발했다.

2시가 조금 넘어 속초에 있는 금강산콘도에 도착했다. 통일부에서 발
행한 방북증(訪北證)을 수령하고 주의사항을 들었다. 3시 30분 집결지를
출발해 통일전망대에 있는 남측 출입사무소에 도착해서 방북수속을 시
작했다. 간단한 수속을 마치고 4시가 조금 넘어 남측 출입사무소를 출발
해 군사분계선을 통과했다.

북측 출입사무소에 도착해서는 사정이 완전히 달랐다. 복잡하고 지루
한 수속을 마치느라 시간이 많이 걸렸다. 북한의 출입통괴는 여전히 까다
롭고 복잡하였다. 나는 이 같은 절차를 밟을 때마다 많은 자괴감을 느낀
다. 내 나라 내 땅을 가는데 이런 복잡한 상황이 된 것은 분단구조 때문이
라는 생각에서다.

통일이 되어 있다면 누구나 자유롭게 왕래할 수 있고 아무 때나 생각나
면 달려갈 수 있는 산하가 아니겠는가. 그 엄혹한 일제강점기 시대에도
기차를 타면 만주로, 러시아로 갈 수 있었던 것을 생각하면 참으로 안타
깝고 답답한 일이다.

오후 5시가 다 되어서야 북측 출입사무소를 통과하였다. 여기서부터

북한이었다. 쌀쌀한 겨울 날씨였지만 차창 밖으로 펼쳐지는 풍경이 그리 나쁘지 않았다. 시간이 갈수록 점점 깊은 산속으로 들어가는 것 같았다. 숙소인 금강산호텔까지 약 40여 분 동안 차를 타고 가면서 북한에 속해 있는 겨울 금강산 초입을 자세히 관찰하였다.

남북으로 선만 그어 놓았을 뿐 크게 다른 것은 없다. 본시 한 땅덩어리 인데 무엇이 다를 것인가. 오랜 분단으로 인해 사람들의 의식과 제도가 달라졌을 뿐이다. 어찌 보면 참 어처구니가 없는 일이다. 강산은 언제나 변함이 없는데 인간들이 만들어낸 구실이요, 아픔들이다.

그래도 강산은 이념의 갈등으로 빚어내는 사연들을 말없이 견디며 오랜 세월 우리를 지켜보고 있었다. 내 나라 내 강토를 너무 늦게 왔다는 생각에 안타까움과 부끄러움을 느꼈다. 하루라도 빨리 분단을 극복하고 통일을 이루어야겠다는 생각을 절실하게 만들었다.

온정리 금강산 호텔에서 본 황혼

금강산 호텔에서 본 개골산의 풍경(2005년 12월)

잠깐 동안 이런저런 생각을 하며 달리다 보니 드디어 우리가 묵게 될 숙소인 온정리(溫井里) 금강산 호텔에 도착했다. 시간은 6시가 다 되어 벌써 황혼이 지고 있었다. 날씨도 산중이라 그런지 방한복을 차려 입었는데도 냉기가 매서웠다. 도착한 즉시 방배정을 받았는데 내 방은 8층 11호실이었다.

룸메이트는 하대덕 박사였다. 육군사관학교를 나와 오랜 군 생활을 거쳤고 국방대학원에서 교수로 봉직한 전술학의 권위자였다. 짐을 풀고 곧바로 온정각(溫井閣)으로 내려가 저녁식사를 했다. 시장했던 터라 밥맛이 꿀맛이었다. 식당을 나와 여기저기 둘러보며 자유시간을 가졌다. 어둠이 깔려 더 이상 금강산의 윤곽은 보이지 않았다.

숙소로 올라온 뒤에도 일행 모두가 가족처럼 지내오던 통일교육위원들이기 때문에 서로 방을 오가며 즐겁게 가벼운 담소도 하고 내일 오르게 될 금강산에 대한 이야기도 하며 호기심 가득한 첫날밤이 그렇게 저물어가고 있었다.

제2일, 2005년 12월 23일 (금요일)

아침 5시에 기상했다. 좀 피곤했지만 일찍 일어나 30분 정도 호텔 주변을 산책했다. 맨손체조를 하는데 차가운 공기가 가슴 속 깊이 들어와 정신이 맑아지고 기분이 상쾌했다. 어제 늦어서 보지 못했던 풍광들이 제 모습을 자랑하며 나타나기 시작했는데 참으로 보기 좋았다. 여기저기를 눈길 가는 대로 둘러보아도 모두가 장관이었다. 아무데서나 쉽게 볼 수 없는 주변풍광을 카메라에 담는 모습이 많이 눈에 띄었다.

6시 30분에 아침식사를 했다. 여러 가지 안내와 주의사항을 듣고 8시가 넘어 출발하는데 외금강과 해금강 코스, 둘로 나누어졌다. 일명 '구룡연

온정리 금강산 호텔 부근 설경(2005년 12월)

코스'와 '삼일포 코스'인데 나는 삼일포는 내일 가기로 하고 '구룡연 코스'를 먼저 선택했다. 어려운 코스를 먼저 가는 것이 나을 것 같아서였다.

버스를 타고 외금강(外金剛)으로 이동하는데 가는 곳마다 절경이요, 하늘을 찌를 듯이 치솟은 나무들과 깎아지른 바위가 하얀 눈과 조화를 이루어 눈부시게 빛났다. 금강산의 절경들은 대부분 외금강 쪽에 자리하고 있다. 오묘한 속살과 같은 은밀한 모습의 내금강에 비해 외금강은 언제 보아도 남성적이고 힘이 넘친다.

금강산의 동쪽이 되는 외금강 일대는 바다 쪽으로 가파르게 경사가 지기 때문에 해발에 비해 상대적으로 높이가 높아 보이고 수백 미터 암벽이 즐비해 거기에서 떨어지는 폭포는 장쾌한 경관을 만들어 낸다.

온정리를 지나 조금 가다 보니 금강산의 4대 사찰중의 하나인 유서 깊은 신계사(神溪寺)가 눈에 들어왔다. 신라 23대 법흥왕 4년에 보운대사(普雲大師)가 창건하였으며, 법흥왕 18년에 진표율사(眞表律師)가 중수했다고 한다. 그 뒤 전화(戰禍)로 인한 여러 번의 소실로 인해 옛 모습은 찾아볼 수 없게 되어 안타까움을 더했다.

특히 근대의 고승(高僧)인 효봉선사(曉峰禪師)가 출가한 절로도 알려진 이 절은 6.25 한국전쟁 때 미군들의 폭격으로 완전히 소실되어 버렸다. 지금은 규모도 작고 초라하게 느껴졌다. 그래도 유서 깊은 사찰이라 한 번 내려서 둘러보고 싶었으나 단체로 가는 일정상 어쩔 수 없이 잠시 눈요기만 했다.

외금강으로 가는 길목의 겨울 산의 자태(2005년 12월)

산속으로 들어갈수록 쭉쭉 뻗은 나무들이 나타났다. 춘양목(春陽木)이라고도 하고 색이 붉어 적송(赤松) 또는 홍송(紅松), 자태가 빼어나 미인송(美人松)이라고도 불리는 금강송(金剛松)이 군락을 이루며 빽빽이 들어차 있었다. 금강송 중에도 속이 꽉 찬 상질의 나무를 황장목(黃腸木)이라 한다. 이 황장목은 아주 귀해서 궁궐 건축이나 왕실의 능침목(陵寢木)으로 쓰였다.

한민족이면 누구나 예로부터 소나무를 자랑하고 좋아하지만 조선시대에는 특히 소나무를 매우 귀히 여겼다. 비록 금강송이 아니더라도 소나무는 여러 수목들 중에서 왕의 대접을 받았다. 또 밤나무는 사대부, 느티나무는 선비를 상징했다고 한다. 당연히 서인(庶人)들의 것은 없었다.

그래서 일반 백성들을 나무가 아닌 풀이라 했는지 모른다. 백성들을 민초(民草)라 하지 않는가. 지독한 반상(班常)의 구분처럼 나무에도 등급을 정해 놓고 좋은 것은 왕과 양반들이 다 차지했다. 서민들의 삶이 얼마나 팍팍했을지 짐작하고도 남는다.

그러나 민초들은 잡초처럼 질긴 생명력을 지녔다. 나라를 지탱하는 힘이 곧 민초들이었던 것이다. 민초들을 외면하고서는 국가가 성립될 수도 유지할 수도 없는 것이다. 한참을 가다 보니 쭉쭉 뻗은 금강송이 시야를 압도하며 산이 점점 깊어지는 것을 느낄 수 있었다.

금강산 주차장에 도착했다. 여기서부터는 걸어서 올라가야 한다. 400미터 쯤 걸어 올라가니 구룡연(九龍淵)으로 올라가는 초입에 자리한 긴 목란다리가 나왔다. 다리에서 모두들 사진 찍기에 바빴다. 바로 옆에 목란관(木蘭館)이 보였다. 잠시 휴식을 취한 뒤 북한에서 파견된 안내원의 인도 아래 본격적으로 등산이 시작되었다.

그러나 겨울 등산은 그리 쉬운 일이 아니었다. 날씨도 추웠지만 눈길이어서 많이 미끄러웠다. 방한복으로 두텁게 감쌌기에 추위는 그럭저럭 괜찮은데 가파른 계단은 무척 위험해 보였다. 서로 경계하고 격려하면서 조심해서 올라야 했다. 그런데 골짜기가 많은 산길이라 여기서도 또 한 갈래 방향을 선택해야 했다.

외금강의 명소 금강문, 옥류동, 연주담, 구룡폭포

만물상(萬物相) 코스와 상팔담(上八潭) 코스 중 하나를 선택해야 했다.

나는 전술(前述)했듯이 2000년 가을 만산홍엽(滿山紅葉)의 풍악산(楓嶽山)을 본 적이 있다. 그때 오색찬란(五色燦爛)한 모습으로 변신한 만물상 코스를 가슴 벅차게 돌아보며 금강산의 진가를 볼 수 있었다. 그때 만물상의 전설도 들었다. 우주가 처음 생겨날 때 하느님이 만물의 형상과 모형을 만들어 그것들을 여기에 배치했는데 모두 바위로 변해 만물상이 되었다고 한다. 만물상의 기기묘묘한 형상, 그때의 눈부셨던 감동을 지금도 또렷이 간직하고 있다.

그래서 오늘은 상팔담 코스를 선택했다. 기필코 상팔담 정상까지 오르리라 생각하고 부지런히 선두에서 걸음을 재촉했다. 가다가 틈틈이 사진 촬영도 하고, 설경도 만끽하고 북측 안내원과 서로 궁금한 것에 대한 대화도 나누면서 부지런히 걸었다.

맨 먼저 금강문이 나타났다. 북한 특유의 한글 서체인 붉은 글씨로 금강문이라 새겨진 표지에서 하 박사와 사진을 찍었다.

금강문을 지나 선녀가 내려와서 춤을 추었다는 무대바위에서 잠시 쉬어가기로 했다. 북측 안내원에게 간식으로 가져온 사과를 권하니 처음엔 사양하더니 맛있게 먹었다. 우리 민족은 예로부터 아무리 작은 것이라도 서로 나누어 먹고 희로애락(喜怒哀樂)을 함께 하는 아름다운 미덕과 전통이 있었는데 이러한 미풍양속(美風良俗)들이 지금은 점점 사라져 가고 있어 안타까울 뿐이다.

짧게 휴식을 취한 우리는 또

금강산 만물상 앞에서(2000년 가을)

동행한 하대덕 박사와 금강문에서(2005년 12월)   외금강 귀면암(鬼面巖) 봉우리의 위용

다시 정상을 향해 오르기 시작했다.

그런데 한 가지 참으로 눈살을 찌푸리게 하는 아쉬운 것이 있다. 전에도 느꼈지만 가는 곳마다 절경이다 싶으면 어김없이 바위에 붉은 색깔로 글씨를 새겨놓았다. 이것은 매우 바람직하지 않은 일이다. 자연 그대로의 모습이 최상의 아름다움이라는 것을 어찌 모르는가.

이처럼 아름다운 자연풍치에 인간이 흠집을 내는 것은 오만이고 철없는 추한 욕망일 뿐이다. 이 세상에 영원한 것이 어디 있겠는가. 천하명산(天下名山)인 금강산의 명성과 풍치에 옥에 티처럼 보여 몹시 눈에 거슬렸다.

바위에 구멍이 뚫린 동굴을 지나 그 유명한 옥류동계곡(玉流洞溪谷)에

외금강 등정도중 휴식을 즐기는 관광객들(2000년 가을)

도착했다. 너무 힘이 들어 잠깐 쉬면서 안내판을 보니 수정같이 맑은 물
이 누운 폭포를 이루며 구슬처럼 흘러내린다고 하여 '옥류동(玉流洞)' 이
라 한다고 적혀 있다. 눈으로 보기만 하여도 선계(仙界)에 온 듯이 느껴지
는 옥류담(玉流潭)이다. 소의 넓이는 630㎡, 깊이는 6m, 폭포의 길이는
58m라고 한다.

옛 시인이 금강산 계곡의 유유히 흐르는 맑은 물을 보고 "나는 청산(青
山)이 좋아 산속으로 들어가는데(我向青山去) 녹수(綠水)야 너는 어이하
여 밖으로 흘러나오느냐(綠水爾何來)"고 읊었다는 철학적이면서도 절묘
한 시 구절이 떠올랐다.

지금은 한겨울이라 계곡에 흐르는 물과 청정한 연못을 볼 수가 없는 것
이 내내 아쉬울 뿐이다. 그러나 2000년 가을에 왔을 때 수정처럼 맑은 물
이 흘러가는 것을 본 일이 있었기에 그때를 회상해 보았다.

옥류동을 지나니 산길은 심하게 가파르고 힘이 들었다. 하지만 힘겹게
올라온 보람이 있어 연주담(連珠潭)에 닿았다. 연주담은 급류를 이룬 계

곡물이 흘러 큰 바위를 사이에 두고 두 개의 깊은 못이 되었다. 염주구슬처럼 아름다운 초록색의 두 개 담소가 비단실로 꿰어 놓은 듯 연이어 있다고 하여 그렇게 명명되었다고 한다. 풍치도 그렇거니와 옥류동(玉流洞)이나 연주담(連珠潭)이라는 이름들도 참 아름답다는 생각이 들었다.

연주담을 지나 올라가면 비봉폭포(飛鳳瀑布)가 나온다. 이 폭포는 금강산에서 두 번째로 긴 폭포이다. 평소에는 물의 양이 적으나 비가 오고 난 후에는 물이 불어나 장관을 이룬다. 비봉폭포 주변에서 잠깐 머물다 계속해서 오르다 보니 드디어 구룡폭포(九龍瀑布)에 도착했다. 구룡폭포는 옥류동계곡의 맨 꼭대기에 있는 크고 웅장한 폭포이다. 가까운 곳에서는 옆 사람의 말도 잘 들리지 않고 가까이에 가면 마치 비가 쏟아지는 것처럼 물벼락을 맞는다.

겨울이라 폭포는 꽁꽁 얼어

외금강의 옥류동 계곡에서(2000년 가을)

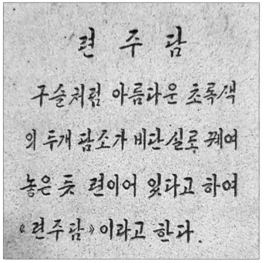

외금강 연주담의 표지석

붙어 있었으나 그 위용만은 대단했다. 구룡폭포는 금강산에서 가장 으뜸가는 폭포이다. 높이는 100m 이상이고, 폭포의 높이는 74m, 너비는 4m이다. 폭포 아래는 깊이가 13m가 되는 구룡연(九龍淵)이 있다. 아홉 마리의 용이 살았다는 전설이 있어 붙여진 이름이다.

잠시 후 갑자기 와자지껄 떠드는 소리에 돌아보니 우리를 뒤따라온 한 무리의 고등학생들이 올라오고 있었다. 남한에서 우리와 함께 체험연수를 온 고등학생들이었다. 그들의 씩씩하고 싱그러운 모습을 보고 저들이야말로 앞으로 통일조국의 주인공이 되겠구나 하는 생각이 들었다.

고등학교 학생들과 금강산 구룡폭포에서 (2005년 12월)

그렇게 되려면 지금 우리 기성세대들이 어떻게 해서든 통일을 이루어 놓아야 가능한 일이라는 생각을 했다. 한바탕 구경을 마친 그 학생들의 요청으로 함께 기념사진을 찍으며 휴식시간을 가졌다.

구룡폭포에서 되돌아 내려와 상팔담까지 올라가는 코스는 바라만 보아도 힘겨운 코스임을 알 수 있었다. 과연 끝까지 오를 수 있을까 걱정이 되기도 했다. 마음가짐을 단단히 하고 오르기 시작했는데 역시 위험하기도 하고 수직의 가파른 계단이 미끄러워 매우 힘들었다. 처음부터 아예 오르기를 그만둔 사람들이 많았고 중도에 오르다가 포기한 사람들도 많았다.

한 걸음 한 걸음 거친 숨을 몰아쉬며 쉬지 않고 한참을 오르고 오르는데 몇 번이나 그만 내려가고 싶다는 유혹을 이겨냈다. 악조건을 참아내고 마침내 우리 일행 중 가장 먼저 상팔담이라고 쓰여진 표지판이 있는 곳에 도착했다. 온몸이 땀에 젖어 외투를 벗고 숨을 고른 다음 먼 산을 둘러보고 또 내려다보았다. 겹겹이 펼쳐진 설경(雪景)이 무어라 형언할 수 없었다. 꿈만 같았다.

내 평생 또 언제 이 같은 설경을 다시 볼 수 있을 것인가. 동심을 풍요롭게 해 주었던 선녀와 나무꾼의 전설이 전해 오는 이곳 상팔담이 아니던가. 그곳에서 내려다보는 눈 덮인 금강산의 풍치란 필설로서는 다 표현할 수 없을 정도로 감탄 또 감탄 그 자체였다. 겨울 금강산의 진수(眞髓)를 보았다.

상팔담 정상에서 조국통일을 기원

수많은 봉우리와 봉우리들이 겹겹이 보이는데 어느 봉우리를 보아도 모두가 다 절경이었다. 아무 곳에나 카메라 렌즈를 들이대고 누르면 그냥 명화(名畵)가 되었다. 손에 잡힐 것처럼 가까이에서 흘러가는 운무가 몰려왔다 몰려가는 현상은 너무나도 신비스러워 넋을 놓고 바라보았다.

산봉우리 봉우리마다 하얀 운무가 하늘과 닿아 있어 구분하기가 어려웠다. 마치 하늘과 땅이 입맞춤을 하는 것처럼 보였다. 천지조화(天地造化)라는 말이 바로 이를 두고 이르는 것이구나, 하는 생각이 들었다.

지금 이 순간이 아마도 내 생애에 오래 기억될 잊지 못할 감격스런 순간이었다.

상팔담 정상에서 본 동해바다(옷을 벗은 나목의 모습이 의연하다)

상팔담 정상에서 조국통일을 기원

그러나 문득 내가 경치에만 취해 있을 때가 아니란 생각이 들었다. 사람들이 올라오기 전에 하늘에서 가장 가까운 이 영험(靈驗)이 서린 곳에서 기도를 해야겠다고 생각했다. 경건한 마음으로 바르게 서서 눈을 감고 우리 민족의 번영과 조국통일을 기원했다. 가족의 안녕도 빌었다. 끝으로 인류의 안식과 세계평화도 빌었다.

그제서야 사람들이 하나둘씩 올라오기 시작했다. 일행들이 사진을 찍어 달라고 해서 요구하는 대로 다 들어주었다. 놓치기 싫은 비경(秘境)을 담기 위해 사진들도 많이 찍었지만 어찌 그 모습을 한낱 기계에 다 담을 수 있겠는가. 머리와 안구와 가슴 속에 담고 갈 수밖에 없었다.

한참동안을 그렇게 사람들과 어울리면서 백설과 운무로 휩싸인 봉우리 봉우리들을 보면서 '금강산 찾아가자 일만이천봉(一萬二千峰)'이 결코 허언(虛言)이 아니었음을 분명하게 확인하는 순간이었다. 지난 2000년 가을 천선대(天仙臺) 정상에 올랐을 때도 오늘처럼 운무에 휩싸인 금강산의 신비를 만끽한 적이 있었기에 더욱 흐뭇했다.

꿈같은 시간이 지나고 이제 하산하려고 하니 아쉬운 생각이 든다. 겨울 금강산을 칭한다는 개골산(皆骨山)을 언제 다시 볼 수 있을 것인가. 하산 길은 얼어붙은 길이어서 올라올 때보다 훨씬 더 힘들고 위험했다. 속도도 더디고 한 걸음 한 걸음이 마치 외나무다리를 걷는 것처럼 조심스러웠다. 언젠가 등산 전문가에게 들었는데 산은 언제나 등산(登山)보다 하산(下山)이 더 어렵고 조심스럽다고 하던 말이 생각나 더욱 신경이 쓰였다.

운무에 휩싸인 외금강 천선대 정상에서(2000년 가을)

신중하게 내딛으며 내려오면서도 급한 마음에 올라갈 때 미처 보지 못했던 곳들을 살피느라 시간이 더 많이 지체되었다. 그러나 금강산 정상의 정기를 마음껏 품었으니 어찌 즐겁지 않으리. 올라갈 때보다 마음은 훨씬 흐뭇하고 즐거웠다. 그뿐만 아니라 우리 일행 모두가 어려운 겨울 산행을 아무 사고 없이 무사히 마치고 돌아와 다행스럽게 생각하고 감사했다.

오후 4시 피로도 풀 겸 금강산온천에서 온천욕을 했다. 시설이 아주 훌륭하게 꾸며져 있었다. 이곳 지명이 온정리이다. 예로부터 따뜻한 물이 땅속으로부터 저절로 솟아올라 지어진 이름이다. 조선의 7대 임금인 세조대왕(世祖大王)이 피부병 치료차 이곳에서 열흘간 머물렀다는 기록도 있다. 이 온천은 수량도 풍부하고 각종 치병(治病)에도 도움이 되어 많은 사람들의 사랑을 받았다고 한다. 현재도 지하 203m에서 하루 용출량이 670톤이고 수온이 40도인 천연온천수가 솟아오른다고 한다.

북한 안내인이 들어가서 몸소 체험해 보라고 권했다. 안내인은 금강산온천에 대한 자부심이 대단했다. 또한 무색무미의 중탄산나트륨이 주성분인데 피부병과 피부미용, 신경통과 류마치스 질환에 특효약이라고 한다. 물이 따뜻하고 미끄러워서 아주 좋았다. 한참동안이나 탕 속에 들어 있었더니 등산하느라 피곤했던 몸이 한결 개운해졌다.

온천욕을 마치고 곧바로 색다른 지붕이 인상적인 '문화회관'이라고 붙여진 극장에서 평양모란봉교예단의 종합교예공연을 관람하였다. 약 1시간 가량의 공연이었는데 손에 땀을 쥐게 하는 세계 최고 수준의 빼어난 기예가 돋보였다. 역시 북한의 교예공연은 일품이었다. 하나같이 신기에 가까운 묘기를 선보였다. 저처럼 위험하고 사람의 마음을 빼앗는 기술을 익히려면 뼈를 깎는 연습과정이 있었을 것이다.

교예공연이 끝나고 뷔페식당에서 저녁식사를 했다. 식사를 마치고 휴게소에서 간단한 쇼핑을 했는데 북한의 술, 담배, 인삼제품, 건강식품, 농수산품, 공예품 등이 많이 진열되어 있었다. 상품의 질은 보통수준이었지만 북한방문 기념으로 친지들에게 줄 선물용 상품 한두 가지를 샀다.

저녁 7시 30분부터는 통일부에서 주관하는 통일 세미나와 토론회가 진행되었다. 10시가 넘도록 다양한 주제 발표와 그에 따른 토론이 이어졌다. 북한에 와서 하는 행사라 현장감이 느껴져서인지 모두가 토론에 임하는 태도가 진지했다.

등산도 했고 하루를 마무리하는 시간이라 많이 피곤할 텐데도 예상했던 것보다 수준 높은 연구와 실천방안들이 많이 나와서 유익한 시간이 되었다. 나도 발표문을 준비해서 토론에 참여했다. 오늘은 아침 일찍부터 저녁 늦은 시간까지 그야말로 빡빡한 일정을 소화해서 그런지 갑자기 피로가 몰려왔다. 호텔에 도착하자마자 곧바로 잠자리에 들었다.

제3일, 2005년 12월 24일 (토요일)

6시에 기상했다. 아침식사를 마치고 오늘은 삼일포, 해금강 코스 관광을 하기로 했다. 삼일포 해변에 도착해 보니 우선 마음이 확 트이고 여유로움이 저절로 일었다. 자연히 발걸음도 느리게 아주 천천히 걸으며 신이 빚어 놓은 풍광을 마음껏 즐겼다.

삼일포는 해금강에서도 손꼽히는 명승지다. 둘레가 8km, 깊이가 9~13m의 해변에 있는 호수인데 바닥이 모래로 되어 있어 샘물처럼 훤히 들여다보이며 호수 안에는 와우도(臥牛島; 소가 누워있는 형상을 한 섬)를 비롯하여 네 개의 바위섬이 장관을 이루고 있다. 해금강의 절경은 역시 뛰어난 해변의 기암에서 찾아볼 수 있다.

가지가지의 기암괴석(奇巖怪石)들이 널려 있어 눈길 가는 곳마다 한 폭의 그림이었다. 어떤 면에서는 산의 아름다움하고는 또 다른 느낌을 주는 해변이 더 아늑한 편안함을 주어 좋은 것 같기도 했다. 삼일포의 해금강문이나 적벽강, 현종암, 촛대암, 소나무를 머리에 이고 있는 입석(立石), 바다 만물상의 해변도 참으로 아름다웠다.

　그중에서도 관동팔경의 으뜸이라는 총석정(叢石亭)은 바닷가 절벽에 정육각의 현무암 기둥들이 물결 위에 치솟아 있어 신비롭기가 그지없었다. 그야말로 해금강(海金剛)이고 해만물상(海萬物相)이다. 참으로 아름다운 경관이었다.

　삼일포 해금강은 육지와 바다의 두 방면에 걸쳐 있어 더욱 돋보인다. 수륙(水陸)이 조화를 이루며 빚어내는 감동적인 풍광은 가히 신선이 머물만한 곳이라는 생각이 들었다. 시인(詩人) 묵객(墨客)들이 어찌 이곳을 보고 그냥 지나칠 리가 있었겠는가. 지금처럼 흉물스럽기 그지없는 삼팔선 휴전선과 같은 분단의 장벽이 없었던 시절 수많은 이들이 이곳을 자유롭게 오고갔을 것이다.

　그러나 불행하게도 우리는 분명히 우리 땅이요, 우리의 자랑인 금강산을 지척에 두고도 마음대로 오갈 수 없다. 또한 옛 선인들 중에서도 시나

외금강 아래 펼쳐진 해금강의 수려한 전경

삼일포 총석정의 장관

그림 같은 작품을 남겨놓은 몇몇 사람들만 기억하고 있을 뿐이다. 최치원, 김삿갓, 송시열과 같은 분들의 시를 암송하며 그 시절과 교감하며 전설 같은 이야기로 마음을 달래고 있는 것이다.

천재화가 겸재(謙齋) 정선(鄭敾) 같은 분은 금강산을 지극히 사랑한 화가로 알려져 있다. 그가 금강산 전체의 풍광을 그린 '금강전도(金剛全圖)'와 수묵으로 그린 '진경산수화' 8점에는 단발령, 비로봉, 혈망봉, 구룡연, 옹천, 고성문암, 총석정, 해금강 등이 담겨 있다. 이 외에도 겸재의 많은 작품들이 현재까지 전해지고 있는 것만 보아도 그가 얼마나 금강산을 많이 찾았으며 풍치에 도취되었는가를 짐작할 수 있다.

단원(檀園) 김홍도(金弘道)도 우리에게 풍속화가(風俗畵家)로 널리 알려져 있지만 금강산에 관한 작품도 많이 남겼다. 어찌 이 두 화백뿐이겠는가. 그 외에도 수많은 유명화가들이 금강산 산수화 작품을 많이 남겨 오늘날까지 전해지고 있다. 특히 금강산 남쪽 단발령(斷髮嶺)에 올라 금

끝없이 펼쳐진 삼일포 해변의 한가로운 비경(秘境)

끝없이 펼쳐진 삼일포 해변의 한가로운 비경(秘境)

강산 전경을 그린 이들이 많았다고 하는데 이곳 단발령에서 바라보는 금강산이 가장 아름답게 느껴졌기 때문이라 짐작된다.

단발령이란 명칭도 이 고개에서 금강산을 바라보게 되면 누구를 막론하고 금강산의 아름다움에 취해 머리를 깎고 속세를 떠나 승려가 된다고 해서 생긴 이름이라고 하니 허풍일 수가 없다. 모두가 금강산의 풍치가 얼마나 빼어났는가를 웅변으로 말해 주고 있는 것들이다.

이처럼 아름다운 금강산이 오늘날까지 잘 보존되어 우리를 행복하게 해 주고 있다. 우리 국민들뿐 아니라 세계 여러 나라의 관광객들 누구라도 아무 제약 없이 많이 찾아와 보는 날이 오기를 기대한다.

그런데 참으로 안타까웠다. 이제 겨우 해금강의 격조 높은 풍광에 취해 보려 하는데 벌써 떠날 시간이 다 되었다. 시간이 너무 짧아 아쉬움이 너무 컸다. 하지만 분단에 처해 있는 우리의 현실과 이번에 계획된 일정상 어쩔 수가 없었다. 모두가 많은 아쉬움을 나타냈다.

삼일포를 뒤로하고 12시 정오가 조금 넘어 온정각으로 돌아왔다. 곧바

금강산 온정리에 있는 옥류관

로 북한식당인 옥류관(玉流館)에서 평양냉면으로 점심식사를 했다. 시장하기도 했지만 냉면 맛이 그만이었다. 종업원을 불러 냉면사리를 가위로 잘라달라고 했더니 남북이 통일을 해야 하는데 면을 자르면 되겠냐면서 불편하시더라도 그냥 드시라요, 하면서 웃는다.

그러면서 여기 냉면이 평양 대동강변에 자리한 그 유명한 옥류관 냉면 맛 그대로인데 그곳에서도 냉면을 자르지 않고 먹는다고 했다. 사실여부를 떠나 그럴 듯했고 대부분의 사람들도 맛있게들 먹고 있었다. 나도 두 그릇을 금방 비웠다.

1시 30분, 호텔에서 간단한 수속을 마치고 차에 올랐다. 이제부터는 금강산을 뒤로하고 올 때와는 역순으로 내려간다. 정해진 절차에 따라 수속을 마치고 3시가 조금 넘어 남측 출입사무소를 통과해 귀경길에 올랐다.

2박 3일의 짧은 일정이었다. 그러나 겨울 금강산을 귀하게 잘 보았고, 통일체험연수를 통해 한반도 통일과 분단극복을 위해 우리가 해야 할 일들을 다시 한 번 생각해 보고 정리할 수 있는 귀중한 시간이 되었다.

나는 특히 이번에 외금강과 삼일포의 풍광을 주의 깊게 살펴보면서 문득 어렸을 때 아버님께서 수시로 암송하며 가르쳐 주셨던 천재시인 김삿갓(본명 김병연, 1807~1863)의 금강산을 노래한 시들이 생각나 그가 남긴 주옥같은 시(詩)와 그가 살았던 엄혹한 시절을 회상해 보았다.

김삿갓은 경기도 양주 출신으로 본명은 병연(炳淵)이요, 호(號)는 난고(蘭皐)이다. 세도가인 안동김씨 일문으로 태어났으나 홀어머니 슬하에서 성장하여 자신의 친조부가 누구인지도 모르는 상태에서 초시과장에 나가 그의 조부 김익순(金益淳)이 홍경래의 난 때 선천부사로 있다가 반란군 세력에 투항한 것을 조롱한 시를 써 장원을 하였는데 이내 자신의 친조부가 김익순임을 알고는 죄책감을 못 이겨 평생 삿갓을 쓰고 다녔다.

그래서 흔히 김삿갓 또는 김립시인(金笠詩人)이라고 부른다.

그의 아버지는 김안근(金安根)이며, 세 아들 중에서 둘째로 태어났다. 세상 사람들은 그를 방랑시인(放浪詩人)이라고 한다. 하지만 그는 한평생을 서민의 애환을 노래하고 민중과 벗이 되었다. 전국방방곡곡을 내 집처럼 여기고 가는 곳마다 주옥같은 시와 재기(才氣) 넘치는 기행(奇行)으로 수많은 이야깃거리를 남겼다. 그렇게 평생을 주유천하(周遊天下)하다가 쉰일곱 살에 전라도 화순 땅 동복에서 숨을 거두었다.

그의 아들은 그의 시신(屍身)을 거두어 연고지인 영월 땅 태백산 기슭에 묻어주었다. 그는 자연을 노래하고 세상을 풍자한 시문(詩文)을 무수하게 많이 남겼다. 특히 금강산을 예찬한 아름답고 품격 높은 시는 그 중 백미(白眉)로 남아 오늘날까지 전해지고 있다. 그 중 금강산을 노래한 명시 몇 편을 여기에 옮겨 싣는다.

천재시인 김삿갓의 금강산 유람 시

(1)

矗矗金剛山(촉촉금강산)
高峰萬二千(고봉만이천)
邃來平地望(수래평지망)
三夜宿靑天(삼야숙청천)

우뚝우뚝 솟아 있는 금강산은
높고 높은 봉우리가 만이천 개나 되네.
평지를 바라보고 이르렀건만
사흘 밤을 푸른 하늘 아래 잠이 들었네.

(2)

一步二步三步立(일보이보 삼보립)하니
山靑石白間間花(산청석백 간간화)라
若使畵工模此景(약사화공 모차경)이면
其於林下鳥聲何(기어림하 조성하)일꼬.

한 걸음 두 걸음 세 걸음 걷다가 서서 바라보니
산은 푸르고 바윗돌은 하얀데 사이사이마다 꽃이로구나.
만약 화공으로 하여금 이 경치를 그리게 한다면
저 숲속의 새소리는 어찌 할 것인가.

(3)

松松栢栢岩岩廻(송송백백암암회)
山山水水處處奇(산산수수처처기)

소나무와 소나무, 잣나무와 잣나무,
바위와 바위 사이를 돌아드니
산과 산, 물과 물이
가는 곳마다 기이하구나.

(4)

來往千峯萬壑間(내왕천봉만학간),
看看只識半邊顔(간간지식반변안).
此身那得升天翼(차신나득승천익),
全俯金剛內外山(전부금강내외산).

이 골짝 저 봉우리 오르고 내리면서
보고 또 보아도 반쪽 밖에 못 보겠네.
이 몸에 날개 달려 높이 날 수 있다면,
내외금강 모두 다 한눈에 보련마는.

(5)
緣靑碧路入雲中(연청벽로입운중)
樓使能詩客住筇(누사능시객주공)
龍造化含飛雪瀑(용조화함비설폭)
劒精神削揷天峰(검정신삭삽천봉)
仙禽白幾千年鶴(선금백기천년학)
澗樹靑三百丈松(간수청삼백장송)
僧不知吾春睡腦(승부지오춘수뇌)
忽無心打日邊鐘(홀무심타일변종)

푸른 산길 따라서 구름 속으로 들어가니
숲속의 누각이 시인의 발걸음 멈추게 하네.
용의 조화로 폭포수는 눈발같이 흩날리고
칼 잘 쓰는 귀신은 산봉우리를 신통하게도 깎아놓았네.
속세 떠난 흰 학들은 몇 천 년이나 살았을까
시냇가 푸른 소나무도 삼백 길이나 되어 보이네.
절간의 스님이야 내 봄날의 피곤함을 어찌 알리요
무심하게도 대낮에 종만 치고 있구나.

(6) 白鷗詩(흰 갈매기)

沙白鷗白兩白白(사백구백양백백)
不辨白沙與白鷗(불변백사여백구)
漁歌一聲忽飛去(어가일성홀비거)
然後沙沙復鷗鷗(연후사사부구구)

모래도 희고 갈매기도 희니
모래와 갈매기를 분간할 수 없구나.
어부가(漁夫歌) 한 곡조에 홀연히 날아오르니
그제야 모래는 모래, 갈매기는 갈매기로 구별되누나.

금강산 예찬 _ 태종호

아! 이것이 꿈인가 생시인가
외금강 최고봉 천선대에 올라서서
산 아래 만물상을 굽어보니
병풍처럼 펼쳐진 기암절벽에
눈이 시리고 숨이 멎는다.
오호라, 신의 조화로
세상의 이치를 저 속에 담았구나.

상팔담의 맑은 물은
당장이라도 선녀가 하강할 듯하고
구룡폭포, 비봉폭포의 장엄한 물줄기는

속세의 번뇌를 씻어주듯
시원스레 쏟아진다.
조심조심 하늘문을 들어서니
천국의 별천지가 하나씩 다가와
바쁜 발걸음을 붙잡는다.

하얀 물보라 일으키며 흘러내린
옥류담 연주담의 진초록 물에는
물감을 풀었는가
그 곱디고운 물을 보고
신선인들 어찌 지나칠 수 있으리
삼선암 절부암은 날카로운 창과 같고
귀면암의 봉우리는
바위들이 떠받들어 왕관이 되었네.

산 아래로 내려오면
산과 바다의 경이로운 조화 속에
해금강이 되었으니
천태만상 기암괴석은
푸르른 노송들과 어우러져
보는 이 누구라도 시인이 되게 하네.
삼일포로 밀려오는
조용한 파도소리
자장가처럼 가만가만 들려오니
내가 지금 꿈속에 있음이 분명하구나.

2000년 9월 22일-25일 금강산에서

방북후기(訪北後記)

참여정부의 통일정책인 '평화번영정책'은 역대 정부의 통일정책을 계승하고 발전시킨 것으로 한반도의 평화와 남북한 공동번영을 추구함을 근간으로 하고 있다. 평화통일의 기반을 구축하고 동북아 경제중심을 이룩하려는 장기적인 국가발전 구상이라고 할 수 있다.

참여정부는 2002년 출범 후 평화번영정책을 토대로 한반도 평화체제구축, 남북화해, 남북경제공동체 형성 등 구체적인 과제들을 하나하나 실천해 나가고 있다. 특히 금강산 관광, 개성공단 가동, 남북의 철도, 도로 연결 등 3대 경협사업을 중심으로 한 남북한교류협력의 활성화 노력은 결실이 가시화되고 있다.

금강산 관광객 100만 명 돌파, 개성공단 시범단지의 본격가동 등 남북한 평화공존을 위한 실질적 기반이 조성되고 있다. 한반도의 미래를 위해 가슴 벅찬 대장정이 아닐 수 없다. 올해(2005년)는 광복 60주년이 되는 해이다. 여기서 우리는 한반도의 쓰라린 근현대사를 뒤돌아보고 앞으로 우리 민족이 나아가야 할 방향을 명확히 설정해야 한다. 분열로 자주성을 잃고 각기 강대국에 의존하면 국가와 민족이 어찌된다는 사실을 결코 잊지 말아야 한다.

20세기 초반 우리 한반도는 급변하는 세계질서 속에서 중심을 잃고 표류하다가 외세에 의해 나라마저 침탈당했다. 잔악한 일제의 식민강압통치를 받으며 35년의 암흑기를 보냈다. 1945년 일제로부터 해방은 되었으나 한반도는 또 다시 분단의 역사가 시작되었다. 국민들은 일본이 물러가고 통일된 자주독립 국가를 꿈꾸었으나 우리 힘으로 이룬 해방이 아니었기에 외세의 횡포를 막지 못했다.

또 다시 미국과 소련의 분할통치 전략에 의해 남북이 점령당하고 분단이 시작되는 불행의 역사가 시작되었다. 한반도를 점령한 미국과 소련은 신탁통치를 결정하였다. 우리 국민들은 결사반대하였으나 그들을 견제할 역량도 갖추지 못했고 국제적으로 불어 닥친 냉전의 회오리에 휘말려 결국 남과 북에는 각기 이념과 체제를 달리하는 정부가 들어서게 되었다.

또한 동족상잔의 한국전쟁으로 민족마저 분열되어 한반도는 외세의 대리전을 치르는 각축장이 되고 말았다. 결국 3년여의 참혹한 전쟁은 민족에게 씻을 수 없는 상처만을 안겨주었다. 그리고 종전(終戰)이 아닌 휴전(休戰)이라는 이름으로 반세기를 지냈다. 그 사이 냉전의 대립은 갈수록 심화되었고 분단의 고착화로 인해 남과 북의 정치, 경제, 사회, 문화의 모든 분야에서 심각한 차이를 드러내게 되었다.

민족의 동질성은 실종되고 이질감은 나날이 깊어져 공동체는 점차 희미해져 갔다. 이에 위기를 느낀 남북의 역대 정부는 통일의 불씨를 살리기 위한 필연적 과제를 떠안게 되었다. 그 일환으로 선택한 것이 남북의 만남이었다. 대결에서 대화의 틀을 모색하기 시작했다.

1972년 7월 4일 발표된 7.4 남북공동성명이 그 시작이었다. 1988년 7.7 선언과 '한민족공동체 통일방안', 1992년 2월 '남북기본합의서'와 '한반도비핵화 공동선언', 2000년 6월 15일 '6.15 남북정상회담과 공동선언' 등을 통해 남과 북은 꾸준히 대화를 통한 민족화해와 한반도 평화통일노력을 지속해 왔다.

그러나 아직도 갈 길이 멀다. 남북이 함께 손잡고 노력해야 한다. 하루속히 한반도 평화체제를 구축하고 통일을 이루어야 한다. 통일을 이루기 위해서는 무엇보다 통일환경 조성이 선행되어야 한다. 우선 국민통합부터 이루어야 한다. 대립과 경쟁을 화해와 협력으로 전환해야 한다. 가장 시급한 것은 보수와 진보의 남남갈등을 해소하는 일이다. 이를 극복하기 위해서는 정치권과 정부의 힘만으로는 부족하다. 이 모든 노력을 국민들도 함께 동참해야 한다. 민족통합은 결코 저절로 이루어지는 것이 아니고 누가 가져다주지도 않는다.

그 동안 어려운 여건에서도 민간교류의 길을 여는 데 노력해 온 수많은 민간사회단체가 있었다. 통일에 대한 무관심과 부정적 시각이 팽배해져 가는 어려움 속에서도 통일기반 확충을 위해 헌신해 온 통일교육위원들의 열정이 있었다. 남과 북은 이미 하늘길, 땅길, 바닷길을 열었다. 우리 민족의 여망이 헛되지 않아 남북교류가 차질 없이 잘 진행되어 하루속히 한반도 평화통일의 길까지 활짝 열리기를 기대한다.

제 5 부

북한 방문기 (3)

2007 대북수해지원

남포(南浦), 평양(平壤) 방문

10월 6일 ~ 10월 16일

북한 남포, 평양 방문기

제1일, 2007년 10월 6일 (토요일)

북녘 땅 수해복구를 위한 물자지원 현장에 가다

　제2차 남북정상회담의 열기가 한반도를 뒤덮고 있던 2007년 10월 초
순, 폭우로 인한 수해로 고통 받는 북한에 수해복구에 필요한 물자를 전
달하기 위해 방북하게 되었다. 목적지는 남포항이고 출발지는 인천항이
다. 새벽 5시 집을 나서 인천에 도착한 시간은 8시였다. 함께 가게 된 대
한적십자사 요원 김 선생과 박 선생이 먼저 나와 기다리고 있었다.

　오전 10시 법무부 출입국 수속을 마치고 10시 30분에 승선해 11시 정각
서해 항로를 향해 출항했다. 나는 배를 둘러보려고 갑판으로 올라갔다.
배의 규모가 거대했다. 우리가 타고 갈 배는 한국 선적의 3,500톤급 중형

화물선, 한국 선적의 신창2호, 선장과 항해사를 비롯해 20여 명의 선원이 타고 있었다. 그 중에는 미얀마, 중국인 등 외국인이 절반을 차지하고 있다. 북에 전달할 물품으로 철근과 시멘트 등이 이미 선적되어 있어 출항 준비는 완전히 끝난 상태다.

북상 중인 제15호 태풍 '크로사' 의 영향으로 일요일인 내일부터 남쪽 해상에 파도가 높아지고 강한 바람이 부는 등 태풍 특보가 내려질 가능성이 높다는 기상청 예보가 계속해서 나오고 있었다. 밤새도록 항해를 해야 하기에 다소 걱정이 되었지만 현재 날씨는 그런대로 좋은 편이었다.

인천 외항을 빠져나갈 즈음 선상에서 점심식사를 하기로 했다. 그런데 잠시 소란이 있었다. 그것은 우리 요원들은 선상에서 먹을 식량으로 햇반과 김치 그리고 김 등 마른 반찬을 따로 준비했기 때문에 우리가 가져온 것으로 식사준비를 시작했다.

그런데 선원들은 한 식탁에서 따로 식사준비를 하면 복잡하기도 하고 또 함께 항해하면서 어찌 그리 하겠냐면서 그냥 선원들이 먹는 대로 같이 먹으면 좋겠다는 것이었다. 특히 식사의 전반적인 책임을 맡고 있는 60대 요리사의 강한 주장이었다. 투박한 경상도 사투리를 쓰는 오랜 연륜이 묻어나는 인상이 좋은 사람이었다. 우리는 몇 번을 사양하다가 어쩔 수 없이 그렇게 하기로 했다.

그런데 정작 실무를 맡고 있는 선원들은 갑자기 늘어난 손님 때문에 신경이 많이 쓰이는 듯했다. 연신 뭔가 만족스럽지 못한 목소리로 불평을 늘어놓으며 밥과 국을 배식하고 반찬을 상에 차리는 모습을 지켜보자니 어색하고 민망했다. 그러나 늦은 점심이고 시장하던 차라 밥맛은 꿀맛 같았다. 선상에서 먹는 선원식단의 식사라 반찬종류도 다양하고 특이했다.

항해속도 시속 9.4km, 별 문제없이 쉬지 않고 가면 백령도까지는 15시간 정도 소요되고 남포항까지는 24시간이 걸린다고 한다. 이 뱃길을 태풍을 뚫고 지나가야 한다. 문득 2004년 9월 대북 식량차관 인도요원 남측 대표로 25톤짜리 트럭 100여 대에 쌀을 싣고 통일동산에서 개성까지 6일 동안 경의선도로를 오가던 생각이 떠올랐다.

이번에도 이 같은 수고가 헛되지 않아 통일의 작은 밑거름이 되기를 기대해 본다. 먼 훗날 내 아들 딸들과 손자들이 이 시멘트와 철근으로 지어질 건물을 이용하게 될지도 모른다는 다소 감상적인 생각도 들었다.

유인도와 무인도가 끝없이 이어지고 지구 온난화 탓인지 서해바다 전역에는 붉은색을 띤 해파리가 극성을 부리고 있었다. 망망대해 수평선만 보이는 가운데 이따금 뒤따라오던 중국으로 향하는 여객선들이 우리가 탄 배를 추월해 사라지곤 했다.

저녁 무렵 가벼운 두통과 뱃멀미에 시달렸다. 신문과 책을 좀 읽다가 내일 일과를 생각해서 일찍 자리에 들었으나 오래도록 잠을 이루지 못했다. 저녁 무렵 갑자기 배가 심하게 흔들리기 시작했다. 탁자에 있는 컵이 바닥으로 떨어질 정도로 요동쳤다. 태풍의 영향임이 완연하게 느껴졌다.

결국 잠자는 것을 포기하고 선실을 나와 3층 조종실로 올라갔는데 역시 그곳에서도 비상이 걸려 있었다. 심상치가 않아 보였다. 항해사가 조수와 함께 레이더를 연신 확인하고 해군과 타 선박과의 교신 등으로 분주하게 움직이고 있었다. 나는 그렇게 한참동안을 처음 경험해 보는 낯선 모습들을 지켜보다가 뱃멀미 기운이 있어 선실로 내려가려는데 60대 중반의 비교적 후덕하게 생긴 선장(船長)이 인사를 건넸다. 차 한 잔하고 주무시라고 해서 선장실로 들어갔다.

그는 해군을 제대하고 배를 탄 지 42년이 되었다고 했다. 반평생 넘게 파도와 싸워 온 그야말로 바다와 배의 베테랑이었다. 그런 분이 배를 책임지고 있으니 믿음직스러웠다. 여객선과는 달리 별로 볼 것도 없고 갈 곳도 마땅치 않은 화물선이었다. 밤새도록 커피 한잔을 얻어 마시며 선장이 바다에 젊음을 바친 과거의 경험담을 들었다.

그뿐 아니라 항해 기술의 변천사와 그분 나름대로의 통일관 등을 들으며 시간을 보냈다. 막막하고 지루한 시간을 칠흑같이 어두운 바다 위에서 태풍과 함께 맞이한 선상에서의 밤은 오래도록 잊혀지지 않을 것 같았다.

NLL, 평화와 협력의 바다로 거듭나기를 기대

배는 잠시도 멈추지 않고 항해를 이어나갔다. 쉬지 않고 항해를 한 끝에 자정 무렵 덕적군도(德積群島)를 뒤로하고 경기만을 빠져 나왔다. 잠시 후 배는 연평도를 거쳐 새벽 2시 30분경에는 소청도, 대청도를 지나고 남한의 최북단의 섬 백령도 부근에 이르고 있었다. 드디어 서해 북방한계선(NLL)을 통과할 즈음에 무엇에 이끌리듯 나도 모르게 밖으로 나왔다.

밖은 깜깜해서 어느 것 하나 보이지 않는데 하늘에는 별들만 곧 쏟아질 듯 반짝이고 있었다. 그러나 내 마음은 착잡하고 머릿속은 복잡하였다. 지난 2002년 6월 29일에 있었던 비극적인 연평해전(延坪海戰)을 떠올리며 그때 희생된 고 윤영하 소령을 비롯한 장병들의 명복을 빌었다. 같은 민족끼리 이게 무슨 일인가 하는 자괴감과 함께 부끄럽고 참담하다는 생각만 들었다. 어떠한 변명이나 어떠한 명분으로도 이와 같은 일이 또 다시 되풀이 되어서는 안 될 것이다.

새벽녘에 비가 오려는지 바람이 점점 거세어졌다. 오늘 새벽부터 강행군을 한 탓으로 많이 피곤했다. 선실로 들어와 누웠으나 잠은 오지 않고 분단으로 초래된 조국의 현실에 우울한 생각만 들었다. 더욱이 지금 초미의 관심사가 된 NLL(서해 북방한계선) 문제를 어떻게 해결하는 것이 우리 민족에게 독(毒)이 아닌 약(藥)이 될 것인지를 생각해 보았다.

이번 노무현(盧武鉉), 김정일(金正日) 두 정상이 합의한 10.4 선언에서 도출된 내용들이 잘 실행되고 지켜진다면 다행이지만 궁극적으로는 통일(統一) 외에 다른 뾰족한 방법이 없을 것이란 생각이 들었다. 이리저리

뒤척이다가 눈 한 번 제대로 붙여보지 못한 채 날이 밝고 말았다.

　남북 서해안 경계선인 NLL은 1953년 정전협정(停戰協定)에서 남북한 간 육상경계선만 설정하고 해양경계선은 설정하지 않았는데, 당시 주한 유엔군 사령관이던 클라크가 정전협정 직후 북한과의 협의 없이 일방적으로 설정해 북한측에 공식 통보한 한계선을 말한다. 이후 북한이 남북기본합의서에 서명함으로써 기존의 NLL 남쪽 해역이 우리측 전관수역임을 묵시적으로 인정해 오늘에 이르렀다.

　11월중 평양에서 열리게 될 남북국방장관회담에서 성실하고 지혜로운 협의를 통해 서해바다가 남북 어민들이 평화롭게 고기를 잡고 이를 통해 서로에게 이익이 되는 평화와 협력의 바다로 거듭 나기를 기대해 본다.

제2일, 2007년 10월 7일 (일요일)

　아침 6시 30분 일출을 볼 수 있을까 하고 갑판으로 올랐으나 기대와는 달리 볼 수가 없었다. 가시거리(可視距離)가 200미터 정도에 안개가 잔뜩 끼고 비까지 내리고 있었다. 배는 이제 완전히 북쪽 해역에 들어선 것 같았다. 그리고 주변을 살펴보니 주변에 수많은 소형어선들이 보이기 시작했다. 마치 영화에서 보았던 공수부대가 낙하산을 타고 내려온 것처럼 여기저기 갑자기 나타나 떠다니고 있었다.

　나는 당연히 북한 배인 줄 알았는데 항해사가 모두 중국 어선들이라고 한다. 중국 어선들이 서해 해상에서 아무런 제지도 받지 않고 유유히 고기를 잡아들이고 있었다. 매우 한심하고 불쾌한 장면을 목격했다. 씁쓸한 마음으로 뱃전에 서서 바다 속을 들여다보니 수온 차 때문인지 어제 그렇게도 많던 해파리가 이상할 정도로 한 마리도 보이지 않았다.

　북쪽 해역에 들어선 지 한참 지나 황해도 장산곶을 거쳐 서해갑문 부근

북쪽 해역에 들어서면서 신창 2호 조타실에 들어가 전방을 조망하고 있다

에 도착해서 북과 교신을 시도했으나 불통이다. 다른 배 2척도 얼마 떨어지지 않은 곳에 머물러 있는 것이 보인다. 우리가 탄 배도 항해를 멈추었다. 갑문을 통과하기 위해 기다리고 있는 다른 배들처럼 바다 위에서 마냥 기다릴 수밖에 없었다. 비생산적인 시간은 속절없이 흘러가고 비도 그칠 기미가 없다.

북한과는 교신을 계속했으나 연락마저 안 되고 있다. 인내심에도 한계가 왔다. 수없이 북측과 교신을 시도해도 일체 반응이 없다. 반나절이 넘게 기다리다 오후 4시경 집요한 노력 끝에 남포항과 교신은 이루어졌으나 하역을 기다리는 배들이 밀려 있어 갑문 밖 해상에 정박하고 다시 연락할 때까지 기다리라는 연락을 받았다. 또 다시 아무 하는 일 없이 무기력하게 선상에서 하루를 보내게 되었다.

오늘은 하루 종일 쉬지 않고 비가 내린다. 태풍이 가까이 왔는지 풍랑 또한 점점 거세어지고 있었다. 걱정이 되었다. 심한 어지럼증과 두통까지

왔다. 뱃멀미가 심해진 것 같았다. 선실에 누우면 좀 나을 줄 알았는데 효과가 없었다. 새벽 1시쯤 멀미약을 복용하고서야 잠을 잘 수 있었다.

제3일, 2007년 10월 8일 (월요일)

인천항을 출발해 57시간 만에 도착한 남포항

아침이 밝았다. 다행히 비는 멈추고 태풍도 중국 쪽으로 방향을 바꿨다고 한다. 아침식사를 마치고 갑판에 오르니 찬란한 태양이 비치고 구름한 점 없는 한반도 특유의 청명한 비취빛 가을하늘이 눈부시게 자태를 뽐내고 있었다. 어젯밤까지 우리가 탄 배를 포함해 3척이 정박해 있었는데 밤사이 또 한 척이 늘어 모두 4척의 배가 갑문을 통과하기 위해 대기하고 있었다.

어디서 날아왔는지 갈매기와 제비도 간간이 보였다. 그러나 아직도 남포항에서는 연락이 없다고 한다. 참으로 지루하고 답답한 시간이었다.

할 수 없이 선실에 틀어박혀 책을 읽었다. 그나마 머리가 아프지 않으니 살 것 같았다. 오후 4시경 북측으로부터 연락이 왔다고 알려주어 조종실로 올라갔다. 여기저기 교신이 시작되고 한바탕 소란을 피우더니 드디어 배가 움직이기 시작했다.

30분쯤 지나 배가 갑문 가까이 이르자 소형 연락선을 타고 온 10여 명의 북측 검역관(檢疫官)들이 도선사(導船士)를 앞세우고 올라왔다. 간단한 검역절차와 인사를 나눈 뒤 함께 배는 남포항으로 향했다.

6시가 지나서야 갑문에 도착했는데 북이 자랑하는 1,852m의 웅장한 서해갑문이 위용을 드러냈다. 주변경관이나 풍치가 매우 아름다웠다. 며칠

전 남북정상회담 때 노무현 대통령이 방문했던 전망대와 기념탑 겸 등대를 한눈에 알아볼 수 있었다.

지루한 기다림 끝에 드러낸 1,825m의 웅장한 갑문

갑문은 문이 3개인데 폭이 넓은 문으로는 대형선박, 좁은 문으로는 중형선박이 드나들게 되고 측면에 작은 문은 소형어선들이 이용한다고 한다. 2,000톤급에서 50,000톤급 선박까지 통과할 수 있으며 36개의 수문이 있다. 배가 갑문으로 들어가기 위해서는 앞문이 먼저 열려야 한다.

약 20분 정도 걸리고 배가 완전히 들어서면 문을 닫고 바다로부터 물을 유입하여 앞에 보이는 대동강 인공호수와 수위를 맞춘 다음 뒷문을 열고 배가 나가게 되는데 모두 1시간 정도 걸려야 갑문을 통과하게 된다. 왜 그

북한이 자랑하는 동양 최대의 서해 갑문

렇게 오랜 시간을 갑문 밖에서 정박한 채 기다려야 하는지 비로소 그 내막을 알게 되었다.

갑문 위로는 철교와 도로가 놓여 있는데 움직일 수 있게 되어 있어 평소에는 황해남도 은율군 송관리와 평안남도 남포시 영남리를 이어주는 다리 역할과 도계(道系) 역할을 겸한다. 하루 두 번 오전과 오후 시간을 정해 배가 통과할 수 있도록 되어 있었다. 그러기 때문에 통과시간을 한 번 놓치면 한나절 이상을 기다려야 하는 것이다.

갑문을 통과하자 곧바로 세관원들이 승선하여 세관검사를 했다. 선원들의 소지품은 물론 배의 구석구석을 상당히 세밀하게 검사했다. 세관검사가 끝나고 선장 이하 선원들은 그대로 배에 남아 다른 지시에 따르고 우리 대표들만 그들과 함께 소형 연락선으로 옮겨 타고 남포항으로 향했다. 거기서도 약 1시간 가량 걸렸다.

드디어 지루하고도 오랜 항해 끝에 남포항에 도착한 시간이 저녁 8시였다. 인천항을 출발한 지 57시간, 만 이틀 9시간 만에 도착한 셈이다.

북한수해지원물품 인수인계식을 마치고

소지품을 챙겨들고 연락선에서 내리자 부두에는 북측 대표들이 나와서 기다리고 있었다. 간단한 인사를 교환하고 영빈관으로 쓰고 있는 2층 로비에서 곧바로 인수인계식과 기념촬영을 하고 숙소를 안내받았다. 숙소는 비교적 깨끗하고 잘 정돈되어 있었다. 저녁식사 시간이 늦었기 때문에 곧바로 만찬장으로 이동해 북측 대표들이 마련한 환영만찬을 했다.

10시가 넘어서야 만찬이 끝났다. 숙소로 돌아오니 마침 우리 옆방에도 남측에서 온 인도요원들이 유숙하고 있어 반갑게 환담을 나누다가 많이 늦은 시간에 잠자리에 들었다. 오늘도 무척 길고 힘든 하루였다.

제4일, 2007년 10월 9일 (화요일)

남포 '외국인 선원구락부' 호텔에 여장을 풀고

5시 50분에 일어나서 숙소 밖으로 나가 평소 하던 습관대로 산책을 했다. 산책 도중 좀 멀리 나갔더니 보초를 서고 있던 여군이 제지를 해서 되돌아왔다. 조금만 더 가 보면 안 되겠냐고 했더니 더 이상 나가면 안 된다고 말하는데 몹시 수줍어하는 얼굴이었다. 산책을 마치고 돌아와 우리가 묵고 있는 숙소 간판을 보니 '남포 외국인 선원구락부'라고 되어 있었다.

어제 너무 늦게 도착해 아무것도 보지 못했기에 식사시간 전까지 둘러보기로 했다. 숙소 본 건물 외에 각종 운동시설이 설치되어 있고, 별채에 식당이 있고 부속건물이 몇 개 더 있었다. 그리고 선착장 옆에는 오동나무 한 그루가 외롭게 서 있는데 매우 인상적이었다.

예전 학창시절 지리시간에 계속해서 진남포라고 배웠기 때문인지 남포(南浦)란 이름이 좀 낯설게 느껴졌다. 그러나 잠시 생각해 보니 남포라는

외국인 선원들의 숙소로 사용되고 있는 영빈관

지명이 귀에 익은 대목이 하나 있었다. 고려시대 대문장가요 시인인 정지상(鄭知常)의 시(詩) '송인(送人)'의 구절에 남포란 이름이 나온다. 그것을 보면 원래 이름이 남포였음을 알 수 있다. 정지상은 '삼국사기'를 저술한 동시대 재상 김부식(金富軾)과의 악연으로 안타깝게 희생된 참으로 아까운 대문장가요 학자였다.

여기서 그 사연을 다 밝힐 수는 없지만 그때에 얽힌 비화로도 유명한 정지상 시인은 시 '송인'을 남겼다. 나는 평소 그 시를 좋아해 알고 있었기에 대동강 물을 바라보며 암송하였다. 남포에 와서 이 시를 암송하고 나니 감회가 남달랐다. 나는 이 시를 처음 접하고부터 너무 좋아 지금까지도 뚜렷이 기억하고 있었다.

짧으면서도 임과의 이별을 애절하게 묘사한 남호(南湖) 정지상은 일본 군국주의를 비롯하여 아주 먼 훗날 북녘 동포들의 이곳 남포를 둘러싼 애환(哀歡)을 예고한 것인지도 모르겠다. 북녘 땅에 몰아칠 탈북자들이 흘리는 애절한 이별의 아픔과 눈물까지 이미 알고 있었던 것일까? 하는 생각이 들었다.

송인(送人) / 고려 중기의 (漢詩) _ 남호(南湖) 정지상(鄭知常)

雨歇長提草色多(우헐장제초색다)
送君南浦動悲歌(송군남포동비가)
大洞江水何時盡(대동강수하시진)
別淚年年添綠波(별루년년첨록파)

비 멎은 긴 뚝 풀빛 짙은데
임 보내는 남포엔 구슬픈 노래
대동강물 언제 다 하리
해마다 이별 눈물 더하는 것을.

3통(통행 · 통신 · 통관)의 문제점 시급히 해결해야

6시 45분경 해돋이가 시작되었다. 서해상에 떠오른 일출이 무척이나
아름답고 강렬하였다. 서서히 올라오는 일출을 보며 가족의 안녕과 조국
의 평화통일 그리고 한민족의 번영을 기원하였다. 아침 식사 후 하역장
(荷役場)에 들러 하역 작업하는 것을 한참 동안이나 지켜보다 돌아왔다.

그리고 잠시 인근에 살고 있는 북한 동포들이 한가로이 붕어 낚시하는
모습을 유심히 지켜보았다. 다가가서 인사하며 말을 건넸다. 남에서 왔다
고 하니 무척 반가워했다. 가족관계와 일상생활에 대한 이야기를 두서없
이 나누었다. 그는 오늘 잡은 고기로 가족과 함께 매운탕을 해먹겠다고
말하면서 무척 즐거워했다. 형편은 넉넉지 않아도 가족들에 대한 애틋한
사랑은 우리와 다를 바가 없었다.

오후에는 다시 하역장으로 가서 우리가 가져온 철근과 시멘트의 하역

장면을 지켜보고 사진촬영을 했다. 그런데 한 가지 문제가 생겼다. 철근의 종류가 굵기에 따라 구분이 되어있어야 하는데 자세하게 기록한 서류가 없어 하역작업을 하는 데 어려움이 있다는 것이다. 서울에 전화 한 통이면 간단히 해결될 일이지만 핫라인이 설치되어 있지 않아 고민이었다.

할 수 없이 중국 베이징 한국대사관에 국제전화를 연결하여 직원의 도움을 받아 필요한 자료를 받아 적는 번거로움 끝에 일을 해결할 수 있었다. 개성공단이나 북에 들어가 있는 우리 중소기업들의 3통(통행, 통신, 통관)의 어려움이 얼마나 클 것인가를 피부로 느낄 수 있었다. 비단 이 문제가 아니라 해도 3통 문제는 이번 정상회담에서 도출된 약속대로 시급히 해결해야 될 문제다.

오후 4시경 갑문 밖 서해상에서 같이 머물렀던 중국 선적의 다른 배를 타고 온 적십자 요원들과 통일부 식량차관팀, 산업자원부 경공업팀이 한꺼번에 도착했다. 한 팀은 울산에서 4일 출항해서 9일에 도착했으니 6일 동안 바다 위에 있었던 셈이고, 또 다른 팀은 5일 동안 배에서 있었다고 했다. 더구나 한국배가 아닌 중국과 파나마선적의 배인지라 언어소통과 음식에 따른 고충이 많았던 것 같다. 거기에 비하면 우리는 매우 순조로운 항해였구나 하는 생각을 했다. 저녁식사 후 오늘 남포에 도착한 팀과 내일 인천으로 출항할 팀이 함께 다과로 환영과 환송 자리를 마련하여 11시경 마쳤다.

제5일, 2007년 10월 10일 (수요일)

오늘은 5시 기상했다. 어제 좀 늦게 일어나 샤워를 하는데 온수가 나오지 않아 애를 먹었기 때문에 오늘은 아예 일찍 일어난 것이다. 간단히 샤워를 하고 면도를 하고 있는데 이번엔 갑자기 정전이 되었다. 면도기를 들고 약 20분쯤 욕조에 앉아있으니 불이 들어왔다. 나중에 알아보니 고장이 아니라 절전(節電)이었다.

하루에도 이런 일이 몇 차례씩 반복되어 북한의 전력사정이 매우 좋지 않음을 웅변으로 증명해 주었다. 대충 세수를 마치고 밖으로 나갔다. 대산항에서 출항해 우리와 같은 날 도착했던 남 선생이 먼저 나와 있었다. 함께 식사 전까지 가벼운 산책을 했다.

북한은 10월 10일, 오늘이 매우 큰 국경일이라 한다. 북에서는 노동당 창건일이 대단한 명절임을 아침에 TV를 보고 알았다. 아침 식사차 식당에 갔더니 그곳에서도 떡과 함께 별식이 나오는 등 여느 때보다 음식이 한결 나아보였다.

조반을 마치고 광장으로 나와 보니 북한 대표들과 주민들 모두가 너나 할 것 없이 들떠 있는 모습들이었다. 9시쯤 사람들이 많이 모여들더니 기념식 같은 걸 했다. 또 10시경부터는 주민들끼리 편을 나누어 배구와

노동당창건일을 맞아 배구를 즐기는 북한 주민들

줄다리기 경기 등 각종 체육대회를 하며 노동당창건 62돌을 자축하고 있었다.

우리의 명절날처럼 북한도 공휴일로 휴무가 되다 보니 우리 요원들도 오늘은 별로 할 일이 없었다. 북한의 특산품을 판매하는 쇼핑센터를 구경하다가 남포 시내를 구경하기 위해서 나가 보았다. 그러나 시내 역시 조용하였다. 우리가 갈 수 있는 범위가 한정이 되어 있어서 멀리 나갈 수도 없었고 우리가 타고 온 배들이 정박해 있는 남포항 방면으로 돌아보기로 했다. 그러나 그곳도 오늘은 모든 작업이 중단되어 한적하기만 했다. 다시 호텔로 돌아오고 말았다.

다른 사람들도 타관에 나와 심심하기는 마찬가지였다. 남에서 여러 분야의 업무 차 와있는 한국 요원들이 많이 있었다. 그들과 함께 텔레비전과 신문도 보고 차를 마시며 담소를 나누었다. 그래도 시간이 남아돌았다. 갑자기 할 일이 없고 보니 그 시간이 무척 지루하고 답답하기는 마찬가지였다. 그러다가 마침 숙소 인근에 외국인들을 위해 마련된 러시아 풍으로 장식된 당구장이 있다기에 몇몇 요인들과 함께 오랜만에 오전 내내 당구 게임을 하며 시간을 보냈다.

다목적 기능 수행하는 남포의 서해갑문을 보다

점심때쯤 북측 대표가 오더니 우리가 많이 심심해 하는 걸 눈치 챘는지 지루하시면 점심식사를 밖에서 하자고 하면서 서해갑문으로 안내하겠다고 했다. 오전 내내 많이 무료하던 차에 불감청(不敢請)이언정 고소원(固所願)이었다. 서해갑문을 올 때 배를 타고 통과하면서 한 번 자세히 보려했는데 마침 잘 되었구나 싶었다.

우리는 북측 대표들의 안내에 따라 승용차편으로 출발했다. 오래된 자

북한 남포의 서해갑문을 배경으로

주색 벤츠 승용차였다. 30분 쯤 가다가 길게 이어진 제방 위를 한참 달렸다. 기념탑 겸 등대가 있는 정상에 올라 사진 찍기에 좋은 곳이라 해서 기념 촬영을 했다. 바로 며칠 전 남북정상회담 방북단 일행이 평양에 왔다가 남포에 들러 이곳을 다녀갔는데 노무현(盧武鉉) 대통령이 사진을 찍기 위해 섰던 자리에 노란색 표지판을 붙여놓았다. 여기서 사진을 찍으면 가장 잘 나온다고 하며 열심히 설명하는 도우미를 보니 한복 치마저고리를 입고 있었다.

지대가 높고 바람도 거센 데다가 북한의 10월 날씨가 몹시 쌀쌀한지라 얼굴이 창백하고 몹시 추워 보였다. 한복 치마저고리 대신 좀 따뜻한 인민복이라도 입었으면 하는 안쓰러운 생각이 들었다. 그러나 안내원의 규정을 지키는 것 같았고, 끝까지 자세를 흐트러뜨리지 않고 열성적인 설명과 함께 친절한 미소를 잃지 않았다.

서해갑문 브리핑 룸에서 약 10분간 갑문의 모든 것에 대한 자세한 설명과 비디오를 보았다. 1967년 평양에 홍수가 나서 엄청난 피해를 입자 이것을 계기로 1981년 5월부터 1986년 6월까지 40억 달러를 투입해 5년 만에 완성했는데 수만 명의 군대와 노동자가 동원되었다고 한다.

이 갑문이 완성됨으로써 대동강 하류지역의 홍수방지, 내륙 수상운수 확충, 남포와 황해도간의 육로수송 단축, 남포 대동강 지역의 풍치조성, 27억 톤에 달하는 인공호수에서의 양식업 개발 등 다양한 기능을 하고 있고, 총 8킬로미터의 방조제를 쌓았으며 제방 및 갑문 위로 4차선 도로와 철도를 설치해 운행한다고 한다. 동양에서 제일 큰 이 서해갑문을 그동안 수많은 외국정상들이 다녀갔다고 자랑이 대단했다.

전망대에서 내려와 우리가 간 곳은 간이음식점이었다. 희한(稀罕)한 방법으로 조리하는 소위 '불타는 조개' 라는 북한식 요리로 늦은 점심을 했다. 제법 큰 조개들을 철판 위에 가지런히 모아놓고 강한 가스 불을 쪼여서 익혀 먹는 요리법이다. 익힌 조개를 까기가 매우 까다로운데 조그만 칼로 쉽게 까는 요령을 시범까지 보여주면서 가르쳐 주었다. 시장하기도

불타는 조개구이 모습

했지만 그 같은 특별한 조개요리가 제법 맛이 있었다.

식사를 마치고 또 다시 주변을 둘러보기 위해 차에 올랐다. 우리가 탄 자동차는 북측 대표들이 손님을 접대하거나 중요한 업무를 위해 전용으로 타고 다니는 자주색 벤츠 승용차였다. 운전기사가 출고된 지 23년 되었다고 했다. 8만 킬로미터 이상 탔는데 아직까지 고장 한 번 안 났다는 설명이었다. 그 차 세 대에 남북 대표들이 각각 한 사람씩 기사를 포함해 세 사람씩 나누어 타고 여기저기 갑문주변의 가볼만한 곳들을 둘러보았다.

특히 운전기사들은 말없이 자신들의 임무를 성실하게 수행하고 있었다. 아무래도 북한 지역에 대한 호기심이 많을 수밖에 없는 우리들이 이곳저곳 가보자고 요청을 하게 되니까 운전시간이 길어지기도 하고 궁금한 것을 물어보고 하는 데도 아무 불평 없이 친절하게 대해 주었다.

오후 6시쯤에 숙소로 돌아왔다. 저녁식사에는 노동당창건기념일, 즉 생일날이라고 미역국이 나왔다. 나는 일정에 차질이 있을까 걱정이 되기

도 했다. 하루를 온전히 쉬었기 때문에 생긴 우려였다. 내일도 하역작업이 차질 없이 순조롭게 진행되기를 바라며 숙소로 돌아왔다.

연애와 중매 반반, 결혼궁합 몰래 보기도

아침 6시에 기상해 운동장에서 맨손체조를 하고 있는데 새벽 3시에 출어한 고깃배가 돌아온다며 식당 종업원들이 리어카를 끌고 선착장으로 몰려가기에 따라가 보았다. 어부 한 사람이 탄 쪽배가 도착했는데 길이가 30~40cm 되는 잉어를 마대자루로 하나 가득 잡아가지고 왔다.

마중 나온 식당 종업원들이 환호하며 쪽배를 리어카에 싣고 개선장군이나 된 듯 주방으로 달려가는 것을 보고 웃음이 나왔다. 고기가 클 뿐만 아니라 양도 무척 많았다. 그렇게 바다나 강에 나가 고기를 직접 잡아다가 요리를 해 먹는 것 같았다.

며칠 동안 지켜보니 선원구락부에서 근무하는 북한 동포들은 7시 30분쯤 출근해 맨 먼저 조별로 싸리비를 들고 주변을 청소하는 일을 반복하였다. 숙소 옆 부대에서는 군인들이 아침점호를 하고 군가를 부르며 행진을 하고 있었다. 출근과 퇴근시간이 되면 하나같이 자전거를 끌고 나와 타고 가는 모습을 보고 이곳도 역시 자전거가 주 교통수단임을 알 수 있었다.

오후 3시쯤 요란한 소리를 내며 연락선 한 척이 도착하더니 제법 많은 사람들이 무리지어 내리고 있었다. 예기치 않은 일이고 여태 보지 못한 광경이었다. 또 그 사람들 중에는 화려하게 치장한 젊은 남녀를 앞세우고 꽃을 든 여자와 비디오카메라를 든 사람이 마치 무슨 영화를 촬영하는 것처럼 뒤따르며 열심히 찍고 있었다.

　호기심이 발동해 알아보니 북한 상류층 자녀의 결혼식이라고 한다. 아무리 계급보다 평등을 추구한다고 하는 북한이지만 상류층이라는 말에서 권력의 힘은 여기서도 여실히 보여주고 있었다. 이는 인간사회의 공통된 현상일 수밖에 없다는 생각이 들었다.

　북한의 결혼식은 대부분 전통혼례식으로 치러지는데 여자들은 보통 한복을 입고 남자들은 양복을 입는다고 한다. 연애결혼과 중매결혼이 반반인데 일부 고위층 자녀들 가운데는 당에서 지정하여 결혼시키는 일도 있지만 아주 특별한 경우이고 보통사람들 대부분은 자유롭게 좋아하는 사람을 선택하여 결혼한다.

　약혼식은 예전엔 있었으나 요즘엔 식량난 때문에 거의 사라졌고 궁합을 보는 것은 사회주의 생활방식에 맞지 않아 금지되어 있지만 그래도 몰래 보는 사람들이 의외로 많다고 한다. 주례는 자기가 속해 있는 곳의 간부가 맡는 것이 관례처럼 되어 있고, 결혼식을 마치면 김일성유적지나 혁명유적지 등을 순례하는 것으로 신혼여행을 대신한다고 한다.

　전혀 생각지 않았던 그야말로 우연이지만 북한 상류층 결혼식의 한 단면을 보게 되어 즐거웠다. 북한에 와서 쉽게 볼 수 없는 좋은 구경을 한 셈이다.

　저녁 무렵 북한에서 임무를 수행하고 남으로 복귀하는 두 팀이 있어 그들을 떠나보내고 북한의 적십자 대표들과 식량차관 단장과 부단장 직원 등을 초청하여 캔 맥주를 마시며 많은 이야기를 나누었다. 주로 남북정상회담에 관한 이야기와 정상선언 후속조치에 대한 질문과 남한에서 한창 이슈가 되고 있는 한국 대선에 대해서도 깊은 관심을 나타냈다.

　그들에게 가장 궁금한 것은 이번 남한 대선에서 대통령에 누가 당선될 것인가 하는 것이었다. 그들이 유독 나에게 리명박이 될 것 같습니까, 정동영이 될 것 같습니까, 라고 물었다. 나는 누가 대통령이 될지 그것은 선거가 끝나봐야 알 수 있는 일이지만 누가 되어도 남북관계에는 큰 영향이 없을 것이라고 말해 주었다.

그러나 그들은 나의 말은 흘려 듣고 이미 자기 나름대로 여기저기서 듣고 종합적으로 정리를 했는지 남한 대선 판도에 대해서도 상당부분을 비교적 정확하게 예견하고 있어 의외로 받아들였다.

제7일, 2007년 10월 12일 (금요일)

남포에서 평양으로 가는 10차선의 고속도로

오늘은 날씨가 몹시 쌀쌀하다. 10월이지만 북한의 기온은 남한과 달리 초겨울 날씨다. 갑자기 온도가 급강하했다. 구름이 잔뜩 끼고 흐린 탓인지 낚시꾼들도 없었고 잉어잡이 배들도 고기를 잡지 못하고 허탕을 쳤는지 모두가 시무룩한 모습이다. 하루사이에 기온차가 너무 큰 것 같다.

오후 1시 20분 쯤 임 선생팀이 오늘 인천으로 출항한다고 한다. 울산에서 출항해서 북으로 올 때 어쩌다가 중국 배에 승선하게 되어 매 끼니마다 어김없이 만두만 나와 평생 먹을 만두를 다 먹었다고 해서 웃음을 선사했던 팀이다. 이번 항해에서 가장 고생을 많이 한 이들로 선정되기도 했다.

우리 일행들은 모두 나가 전송해 주었다. 그러나 그들은 다른 팀에 비해 하역작업이 예정보다 빨리 완료되었기 때문에 일찍 귀국하게 되었다. 또 갈 때는 울산이 아니라 인천항으로 가게 되어 한결 마음이 가볍다고 하면서 우리들에게 잘 마치고 오라고 인사를 잊지 않았다.

우리는 오늘 평양을 가기로 했다. 점심은 평양에 가서 먹기로 하고 아침도 거른 채 출발했다. 평소 면을 즐겨먹는 내가 제의해서 점심은 평양 옥류관에서 냉면을 들기로 했다. 평양행은 원래 계획에도 없고 북측 대표들도 시간관계상 어렵다고 난색을 표했다. 나는 역사에서 많이 배웠고 문학작품이나 각종 문헌들에 빈번하게 나오고 있는 평양 즉 서경(西京)을 꼭 한 번 가보고 싶었다. 특히 북한의 심장이라 할 수 있는 평양을 직접 눈으로 확인하고 싶은 생각도 간절했다.

그러나 아쉽게도 우리 일정에는 평양을 방문하는 일정이 잡혀있지 않았다. 하지만 서울을 출발할 때 업무에 차질이 없다면 북한 대표들의 재량(裁量)에 의해 시간을 내어 하루 정도 방문할 수도 있다고 들었기에 그들을 설득하기로 마음먹었다. 그래서 내가 어제 저녁 로비에서 커피를 마시며 북측 대표들에게 진담 반 농담 반으로 평양행을 제안했었다.

우리가 거센 파도를 헤치고 남포까지 수해물자를 가지고 왔는데 평양을 40분 거리인 지척에 두고 못 간대서야 북측이 손님을 대접하는 예의가 아니다. 이제 업무도 다 끝났고 이제 딱히 할 일도 없는데 알아서 손님대접을 하면 좋을 것 아닌가 하고 말하자 평양에서 태어나 지금까지 그곳에

북한 대표들과 기념촬영

서 배우고 자란 그들로서는 썩 내키지 않는 눈치였지만 동방예의지국(東方禮儀之國) 이야기까지 나오자 그러면 내일 잠깐 시간을 내어 다녀오자며 안내를 자청하고 나서게 되었던 것이다.

아침 일찍 우리는 예의 그 자주색 벤츠를 타고 평양으로 출발하였다. 남포시내를 가로질러 고속도로를 조금 가다 보니 그동안 말로만 듣던 한국기업으로 알려진 평화자동차 공장이 보였다. 통일교 재단에서 설립했고, 또 이런저런 이야기를 많이 들었던 터라 무척 반가웠다. 아무리 바빠도 잠깐 보고 가기로 했다.

평화자동차는 남포에서 평양으로 가는 외곽에 자리 잡고 있었다. 1998년 1월에 설립한 남북 최초의 합영회사(合營會社)로서 통일그룹 산하 평화자동차가 70%, 평양 민흥총 회사가 30%의 지분을 갖고 있다고 한다. 직원은 230명, 조립생산능력은 연간 1만대이고 차종은 세단(휘파람), SUV(뻐꾸기), 미니버스(삼천리) 등 7개 차종을 생산판매하고 있다.

최근에 나온 차는 노무현 대통령의 방북 마지막 날 평화자동차 방문중에 시승했던 준마라는 이름으로 출시된 쌍용자동차의 체어맨 승용차가 있다. 북한에 남쪽에서 운영하는 가게와 회사들이 몇 개 있다는 것을 어렴풋이 듣기는 했지만 평양이 아닌 이곳 남포 외곽에 이렇게 자동차 조립

평화자동차 로고

공장이 자리 잡고 있는 것을 직접 접하고 보니 실감이 나고 생경스러웠다.

그리고 평화자동차가 이곳 남포항 가까이에 회사와 공장의 터를 잡은 것은 차량 출고와 수송 때문이 아닌가 하는 생각이 들었다. 사실 남포항은 예로부터 평양의 관문이었다. 지금도 북한의 주요 산업단지

가 조성되어 있고 수출입의 태반을 담당하고 있는 빼놓을 수 없는 요충지다.

남북 최초의 합영회사인 '평화자동차'

평화자동차를 뒤로하고 우리는 계속 달렸다. 10차선의 고속도로가 평양까지 이어졌다. 시속 120km가 넘는 속도로 질주했다. 아무리 달려도 그 넓은 도로에 일반차량은 거의 보이지 않았다. 간간이 외국 관광객을 태운 버스나 군부차량이 몇 대 스쳐 지나가고 있었다. 이따금 자전거를 타고 가거나 한가롭게 걸어가는 주민들도 눈에 띄었다.

차창 밖으로는 특유의 한반도 가을 풍경이 물씬 풍겨 오고 있었다. 이따금 보이는 산들은 그리 높지 않은 야산이었고 들녘에는 추수를 앞둔 벼들과 배추 등 곡식들이 드문드문 보이고 있었다. 그런데 아쉽게도 작황은 그리 좋아 보이지가 않았다. 아마 지난번에 있었던 엄청난 수해 때문이 아닌가 하는 생각이 들었다.

한가로운 촌락들과 함께 들에서 일하는 동포들을 보니 문득 어렸을 적 뛰어놀던 고향생각이 났다. 몇 개의 점포가 자리한 곳에 잠시 들러 음료수를 마시며 쉬어가기도 했다. 평양이 가까이 다가오자 북측 대표들이 갑자기 말이 더 많아지고 행동도 활기를 띠기 시작했다. 우리 일행도 호기심이 발동해 덩달아 많은 질문을 쏟아냈다.

드디어 평양시내로 들어서자 웅장한 대형건물들이 속속 나타나고 구호가 적힌 선전벽보가 더 크고 화려했다. 보통강호텔 1층까지 물에 잠겼던 수해의 흔적도 지금은 말끔히 정돈되어 있었다. 김일성 생가인 만경대(萬景臺)에는 수많은 시민들이 나와 단체관람을 기다리고 있었고 어린 학생들이 지도교사의 인솔 아래 관람하고 있었는데 평소에도 항상 이루어지고 있는 교육과정의 일환이란 생각이 들었다.

우리에게도 이곳을 의도적으로 안내해서 보여주는 것이라 생각했다. 건물이야 별로 보잘것없는 시골집 형태로 생겼는데 부속건물과 터는 넓었다. 마침 견학을 나와 있던 교사와 학생들이 우리 일행을 호기심어린 눈으로 바라보고 있었다. 북한의 어린이들은 어려서부터 이처럼 의무적으로 현장학습을 시작해 성인이 되어서도 철저하게 우상화교육을 받고 있음을 확인할 수 있었다.

높은 망루에 올라가서 내려다보니 수풀 사이로 유유히 흐르고 있는 대동강이 잡힐 듯이 한눈에 보였다. 평양시내까지 범람할 정도로 많은 비가 내려 홍수를 겪은 후여서 그런지 엄청난 양의 물이 도도히 흘러가고 있었다. 거센 물줄기가 쉼 없이 흐르고 있는 대동강을 보니 역시 유서 깊은 큰 강임을 알 수 있었다.

원래 대동강은 여러 개의 강이 모여 이루어진 강으로 알려졌다. 개천

김일성의 생가인 만경대

평양시내 외곽의 한적한 대동강변에서

(价川)쪽에서 흐르는 순천(順川)강, 양덕(陽德)과 맹산(孟山)쪽에서 흐르는 비류(沸流)강, 성천(成川) 등지에서 흐르는 서진(西津)강 등 세 갈래의 물이 합쳐져서 흐르게 되니 그 규모가 크고 물의 양이 풍부할 수밖에 없다. 그래서 이름 또한 대동강(大同江)이라 부른다. 시상이 떠올라 시를 한 수 지었다.

대동강(大同江) _ 태종호

말로만 듣고 꿈에만 그리던 대동강아!
우리가 오늘에야 만났구나.
네 이름이 본디 열수라 했던가.
언제는 패수로 불리다가
지금은 대동강이 된 너는

굽이굽이 헤쳐 온
역사의 숨결을 고이 간직한 채
오늘도 유유히 흐르고 있구나.

나는 너를 만나러 남포에서 왔는데
너는 나를 만나러 남포로 가느냐.
아무런들 어떠랴
오래도록 그리던 너를 이리 만났는데
무슨 상관이 있으리.
그저 반갑다는 말 한 마디가
입속에서 꽃처럼 피어난다.

물도 옛 물은 다 사라지고
사람도 옛 사람은 다 떠났으나
그 많은 회한을 침묵 속에 가둔 채
오가지 못하는
모란봉과 을밀대, 능라도와 부벽루는
옛 자리를 지키고
맑은 하늘에 떠있는 희미한 낮달이
구름 속에서 수줍게 인사한다.

강가 능수버들 아래서
어망에 걸린 고기를 꺼내며
환하게 웃음 짓는 그대여
남에서 온 나를 티 없이 반겨주네.
오늘 하루 저 해가 저물도록

우리 함께 대동강을 친구삼아
어울려 보면 어떻겠소.

한도 많고 할 말도 많은 대동강아!
세월이 흘러 네 이름이
또 어찌 바뀔는지는 모르겠으나
모든 것이 다 변한다 해도
수천 년을 지켜 온 한민족의 혼만은
고이 감싸 안으며
영원히 그렇게 흐르기를 바라노라.

(2007년 10월 평양 대동강변에서)

아침을 걸러 시장하기도 했고 시간이 촉박해서 서둘러 옥류관(玉流館) 냉면으로 점심식사를 한 후 다시 시내탐방에 나섰다. 평양시내를 어떤 순서로 보아야 효과적인지도 모르겠고 또 명소들도 무엇이 어디에 있는지를 모르기 때문에 말로만 재촉하고 요구했지 별로 뾰족한 수가 없었다. 차에서 내려 도보로 가면 좋겠는데 그리 되면 시간만 낭비하고 한두 군데 볼 수밖에 없기 때문에 주로 차를 타고 돌아보는 그야말로 주마간산(走馬看山)이었다.

우리의 요구는 많았고 북측 대표들은 시간이 없다고 투덜대며 서둘러 댔다. 처음부터 탐방 일정이나 장소가 정해진 것이 아니었으니 그들의 안내를 따르는 수밖에 도리가 없었다. 그러다 보니 답답한 마음이었다. 열악하고 치부가 드러날 곳은 일부러 피하고 자기들이 자랑하고 보여주고 싶은 방향으로 안내하는 것이 아닌가 하는 생각이 들기도 했다.

한 편 생각하면 이해되기도 했다. 그처럼 시간타령을 하면서도 상류층들이 모여 산다는 비교적 고층아파트가 늘어서 있는 도로를 통과하면서

대동강을 중심으로 본 평양시내

는 차를 멈추고 긴 설명과 함께 자랑이 대단했기 때문이다.

차에서 내려 자세히 보니 한국의 강남권 개발 시작 때처럼 평양 도심에
도 고급아파트 촌이 건설되고 있었다. 실제로 평양 중심부에는 극히 제한
된 일부지역이긴 해도 멋있게 설계된 고층건물이 여기저기 많이 들어서
있었다. 나는 이곳을 보면서 북한도 이제 고층아파트시대가 열리는 것은
시간문제라는 생각을 했다.

우리를 안내하고 있는 그들도 그 건물들을 가리키며 긍지와 보람을 느
끼는 것처럼 보였다. 그동안 신문이나 방송을 통해 접했던 비교적 웅장하
고 멋스러운 평양의 대표적 건물들은 거의 빼놓지 않고 일일이 소개하면
서 긴 설명이 이어졌다.

그러나 아쉬움은 많았다. 평양의 속살을 보고자 하는 나의 생각은 실현
되지 못했기 때문이다. 북한의 백화점 같은 큰 상점이나 장마당도 내려서
보고 싶었고 평양의 명소로 알려진 지하철도 꼭 한 번 타보고 싶어 건의
해 봤지만 시간이 없다는 핑계로 무위로 끝나고 말았다.

그 밖의 북한 노동당창건 기념탑과 인민대회당, 김일성광장을 비롯하
여 개선문, 모란봉 등 북한이 자랑하는 평양의 주요 명소들은 빼놓지 않

고 볼 수 있어 다행이었다. 비록 차로 돌기는 했지만 그래도 대략 평양의 윤곽은 눈과 머리에 담을 수 있어 아쉬움은 면했다. 우리는 저녁 늦게 남포로 귀환하였다.

평양 _ 태종호

어려운 걸음으로 평양에 와서
대동강 모란봉을 보고 있으나

낯설은 거리와 억센 사투리
여유를 빼앗는 시간 재촉에

유서 깊은 유적, 빼어난 경관
서경(西京)의 정취는 느낄 수 없고

답답한 마음만 가슴에 쌓이니
평양을 보았다 말할 수 없네.

민족의 숙원 조국통일 이루어
평양에 다시 오게 되는 날

느리고 느린 발걸음으로
내가 그리던 서경(西京)을 알아보리라.

(2007년 10월 평양에서)

북한 배우의 선 굵은 연기가 인상적인 드라마

예정대로라면 오늘 인천항을 향해 출항해야 하는데 하역작업이 지지부진 늦어져 미결상태라 마음만 급하다. 직접 작업현장에 가서 독려하고 또 독려해도 일부는 수작업으로 해야 하기 때문에 능률이 오르지 않는다. 문제는 철근 때문인데 계속해서 작업에 박차를 가했으나 서해갑문 개장 시간에 맞추어 완료하지 못했다.

오후 4시까지 갑문을 통과해야 하는데 이미 늦었다. 내가 너무 채근하는 바람에 북측 대표인 단장과 부단장이 많이 애썼다. 수차례 사무실과 작업현장을 오가며 하역 작업하는 인부들을 독려하느라 식사도 거르는 것 같았다. 그들은 너무 재촉하지 말고 하루 더 있다 가면 되는데 무슨 문제냐고 했다. 물론 그렇다. 딱히 일정이 강제되어 있는 것도 아니기에 그렇게 할 수도 있고 고마운 말이다.

하지만 나에게는 그리 하지 못할 사정이 있었다. 북에 오기 전부터 이미 예정되어 있는 통일교육위원 사회주의국가 연수관계로 15일 오전 상해로 출국해야 하기 때문이다. 그들이 나의 이 같은 사정을 모르니 그럴 수밖에 없다. 작업은 끝났지만 갑문 통과시간이 지났기 때문에 하는 수 없이 내일 아침 일찍 서둘러 출항하기로 하였다.

저녁시간 북에 와서 처음으로 TV드라마를 보았다. 함경북도 시골 염전을 배경으로 한 작품인데 역시 주체사상과 공산주의에 대한 교화목적이 담겨 있었다. 인민대중이 어려움을 무릅쓰고 우리식 사회주의건설에 더욱 힘차게 나서야 된다는 것을 다그치는 내용이었다. 김일성 김정일 교시와 정치사상적 통일을 교육하는 내용들도 많았는데 배우들의 연기는 수

준급이었다.

남한에서 현재 방영중인 북한 배우들이 출연하고 있는 남북 최초 합작 드라마 사육신(死六臣)처럼 선이 굵은 연기가 인상적이었다. 그러나 요즈음 조금씩 변화가 일어 대중성이나 서정성이 강화된 작품들이 선보이기 시작해 도시와 농촌의 격차문제, 세대 간 갈등이나 환경에 대한 중요성을 부각시키는 내용들도 많이 등장한다고 한다.

참으로 다행스런 일이다. 이념이나 정치 군사적인 어려운 문제에 매달려 시간을 낭비하는 것보다 다방면의 과감한 개혁개방으로 경제, 사회, 문화교류 같은 삶의 질이나 가치관의 동질성을 회복하는 것이 통일을 앞당기는 지름길이 될 수 있기 때문이다.

제9일, 2007년 10월 14일 (일요일)

남북정상회담, 동질성 회복이 통일의 지름길

새벽 3시에 기상했다. 초저녁부터 잠이 오지 않아서 뒤척이고만 있었다. 억지로 잠을 자려고 해도 쉽지가 않다. 그것은 초읽기에 들어가 있는 다급해진 일정 때문이다. 오늘은 출발하겠지만 아무리 생각해도 15일 인천공항에서 떠나는 비행기시간을 맞추기는 어려울 것 같다.

아침식사를 마치고 오전 9시 30분 작별인사를 했다. 북측 대표를 비롯하여 운전기사, 식당직원, 숙소관리인까지 모두 나와서 배웅해 주었다. 남측에서 온 요원들도 많이 나와 있었고, 북측 주민들도 호기심 어린 눈으로 우리가 떠나는 걸 지켜보고 있었다.

모두가 작별을 아쉬워하며 손을 흔들어 서로의 마음을 전했다. 열흘 가까이 함께 지냈으니 이런저런 잔정이 통했던 모양이다. 동서고금(東西古今)을 통해 만남과 헤어짐은 언제나 사람들의 마음을 감상에 젖게 만든다. 북측 대표가 귀한 것이라고 하며 술 한 병을 주면서 가는 길에 배에서 드시라고 하였다. 드디어 10여 명의 북측 세관원들이 승선하자 남포항을 뒤로하고 우리가 타고 왔던 신창 2호를 향해 연락선이 움직이기 시작했다.

잠시 후 신창 2호에 도착하니 10여 일을 바다에서 머물며 기다렸던 선장과 항해사를 비롯한 선원들이 우리를 맞았다. 짐을 들어 올려주고 반갑게 인사를 교환하였다. 나는 올 때 쓰던 방으로 갔다. 깨끗이 정돈되어 있었다. 세관원들 10여 명이 배에 같이 올라 검사를 하기 시작했다. 겨우 짐정리가 끝나 가는데 비상연락선 한 척이 급히 오더니 오늘 오후에 출항예정이던 경공업팀들이 배 사정에 의해서 우리 배로 함께 가게 되었다고 하면서 급히 승선했다.

그들이 타고 왔던 파나마선적의 배가 부두에서 파손되어 수리가 일주일 이상 걸린다고 한다. 선장은 방 부족과 식사문제 등으로 난색을 표했다. 선원들과 함께 숙의하며 계속 고민하는 것 같았다. 그러나 여건상 어쩔 수 없는 상황이었다. 나는 그동안 항해하면서 친해졌던 선장에게 제안했다. 비좁지만 우리가 방을 함께 쓰겠으니 웬만하면 그리하자고 설득했다. 결국 함께 가기로 하고 방 배정을 다시 했다.

도선사와 세관장 등 북측 최후의 3인과 작별

1시 20분경 갑문을 향해 출발했다. 그런데 날씨가 갑자기 흐려지고 바람이 세게 불며 비까지 내리기 시작했다. 가뜩이나 공항출국시간에 대보려고 마음으로나마 안간힘을 쓰고 있는데 설상가상(雪上加霜)이었다. 그런데 갑문으로 향한 지 30분 쯤 지나자 날씨가 개고 해가 솟았다. 다행이었다. 갑문에 도착해서 마지막 세관검사를 끝내고 북측 세관원들과 선상이긴 하지만 북에서의 마지막 식사를 함께 했다.

요리장이 영계백숙을 준비해 주어 맛있게 먹었다. 갑문 통과 후 38분이지나 2시 35분, 도선사와 세관장 등 북측 최후의 3인과 작별하고 인천항을 향해 항해를 시작했다. 오랜만에 망망대해(茫茫大海)를 바라보니 답답했던 마음이 가시고 모처럼 기분이 상쾌했다.

항해를 시작한 지 3시간이 지났다. 갑판으로 올라가 밖을 보니 저녁노을이 불타고 있었다. 갈 때 보려고 했던 일출은 보지 못했지만 서해바다를 불태우면서 지고 있는 해를 볼 수 있어 좋았다.

나는 통일부에 이곳 상황을 알려주려고 서울로 여러 차례 통화를 시도해 봤지만 허사였다. 저녁 8시 30분 경 NLL을 넘어 본격 한국 해상에 접어들었다. 조금 있으면 통화가 가능하다고 했다. 이번 방북길에 통신의 어

NLL을 통과하기 전 북한쪽 바다에서 촬영한 서해의 저녁노을 모습

려움을 톡톡히 겪었던 터라 반가운 생각이 들었다.

저녁 9시가 넘어서야 통화권에 들었다. 통일부와 여행사 그리고 집에 통화하고 내일 배에서 내리는 대로 공항으로 곧장 가기로 하였다. 이젠 배의 순항과 조류의 도움을 기대해 본다. 저녁 11시 25분경까지 아주 편안한 항해가 이어지는 것을 보고 잠시 눈을 붙였다.

제10일, 2007년 10월 15일 (일요일)

통일준비를 위한 경험 축적한 10일 간의 여정

새벽 3시경 순항하던 배가 갑자기 많이 흔들려서 조타실에 올라가보니 상황이 매우 악화되어 있었다. 선장과 항해사의 협조로 인천항으로 가는 가장 단 코스로 항해하던 중, 해군작전상 먼 바다로 항로를 바꾸고 지시가 있을 때까지 서행하라는 연락이 왔다고 한다.

결국 2시간 30분 정도 시간이 더 필요한 먼 길로 돌아가야 한다는 것이다. 실망이 컸다. 조금이라도 빨리 가기 위해 백방으로 노력했으나 결국 약속은 지킬 수 없게 되고 말았다.

오전 10시 선상에서 전화를 걸어 인천공항에서 기다리는 통일부 사회주의국가 방문단에게 나를 기다리지 말고 예정대로 먼저 떠나라고 지연된 사정을 알려주었다. 나는 다른 항공기 편으로 하루 늦게 출발한다는 소식도 함께 전했다. 일행들과 함께 떠나지 못하게 되어 마음은 개운치 않았다.

그러나 오랫동안 집을 떠나 있었는데 잠시라도 집에 들렀다 갈 수 있게 된 것으로 위안을 삼았다. 그리고 또 하나 이번에 서해를 오랫동안 항해

급한 마음에 선장의 안내를 받아 귀국 뱃길을 살펴보고 있다

하면서 배운 것이 있다. 뱃길을 예측한다는 것이 다른 교통수단에 비해 훨씬 더 어렵다는 것을 체험으로 알게 된 것이다.

오후 2시 30분 인천항(仁川港)에 도착했다. 배를 정박하고 입항을 기다리며 망원경으로 주변을 살펴보았다. 인천항은 조선 초기 제물포(濟物浦)란 이름으로 시작되었다. 그동안 수많은 역사적 사건과 사연을 안고 있는 서울의 관문이며 국내 최대 규모의 경인공업지대를 끼고 있는 서해안 제일의 국제적 무역항이다. 그 규모나 시설에서 남포와는 비교할 수 없을 정도로 웅장하고 커 보였다.

세계 여러 나라로 수출할 자동차와 컨테이너 화물들이 산처럼 쌓여 있고 수많은 배에서 들려오는 뱃고동소리가 역동적인 기운이 넘쳐흐르고 있음을 보여주었다. 마음이 뿌듯하고 자랑스러웠다. 오후 4시가 조금 넘어 인천항 터미널에 도착했다. 우리에게 주어진 임무를 수행하고 긴 항해를 무사히 마치게 되어 홀가분하고 기뻤다.

서해 뱃길을 따라가 본 방북 10일간의 마무리

아! 드디어 서해 뱃길을 따라가 본 방북길, 그 대단원의 막을 내렸다. 10일간의 힘들었지만 보람 있는 긴 여정이었다. 제일 먼저 생각나는 것은 무사히 임무를 수행하고 돌아왔다는 안도감과 뿌듯함이었다. 전화를 걸어 통일부에 도착소식을 알렸다. 인천 시내에서 간단하게 요기를 하고 제물포역에서 전철을 탔다.

전철 안에는 각양각색의 사람들이 타고 있었다. 그들이 차려입은 화려한 의상과 개성을 살린 헤어스타일, 밝은 모습으로 떠들며 이야기를 나누는 젊은이들, 그리고 차창 밖으로 보이는 수많은 거리의 간판들이 평양의 분위기와는 너무나 대조적이었다. 조용하고 차분한 곳에서 갑자기 혼란스럽고 역동적인 곳으로 이동한 것 같은 착각마저 들었다.

전동차가 경기도를 벗어나 서울로 진입했다. 노량진역을 조금 지나니

인천항의 활기찬 모습

한강철교가 나왔다. 철교를 지나며 유유히 흐르는 한강을 보았다. 평양의 대동강과 비교해 보았다. 새삼스럽게 한강의 규모와 도도하게 흐르는 물결에 경외감을 느꼈다.

한강 _ 태종호

수수만년을 하루같이 고요와
침묵으로 흐르는 한강
한반도의 중심에서
한민족을 키우고 지켜온 젖줄이여!

반짝이는 물결 속에서는
태고의 전설을 노래하고
황혼의 노을 속엔
민족의 흥망성쇠를 반추하며

오늘도
역사가 되어 흐른다.

대지가 타들어가는 가뭄에도
범람직전의 넘실대는 홍수에도
티끌만큼의 동요함도 없이
도도하게 흐르고 또 흐른다.

계절이 바뀌어도

사람은 사라져도
한강은 민족의 혼으로 남아
영원히 그렇게 흘러가리라

방북후기(訪北後記)

세계는 지금 숨 가쁘게 변화하고 있다. 정보화를 넘어 시간과 공간마저
도 먼저 점유하기 위해 치열한 경쟁을 벌이고 있다. 그 중에서도 동북아
시아의 변화는 시간이 흐를수록 눈이 부실 정도로 치열하다. 중국은 올림
픽을 앞에 두고 경기과열을 걱정하며 우주선을 쏘아올리고 머나먼 아프
리카를 넘나들고 있다.

일본도 길고 긴 경기불황의 터널을 빠져 나와 신발끈을 조여 맨 지 오
래다. 대만과 베트남, 인도와 싱가포르도 무서운 속도를 내고 있다. 현기
증이 날 정도로 역동적이다.

우리도 남북 모두 하루빨리 낡은 이념적 사고와 갈등을 씻어버리고 도
약해야 한다. 지구촌에서 가장 우수한 두뇌를 가진 우리 한민족이 마땅히
이 대열의 선두에 서야 한다. 2007 남북정상회담에서 합의된 내용을 이정
표 삼아 민족번영을 위해 힘차게 나아가야 한다.

지구촌 곳곳에서는 수많은 나라와 인종들이 모여 살고 있다. 그들 나름
대로 공동체의 기치를 내걸고 서로 조화를 이루며 국가를 형성하고 있다.
세계 초강대국이라 일컬어지는 미국도 200여 개의 종족이 모여 살고 있
고, 러시아도 160여 개 민족으로 형성되어 있으며, 이웃나라인 중국도 56
개의 서로 다른 소수민족이 모여 한 나라를 이루어 살고 있다.

그런데 하물며 단일민족이라고 자랑하고 있는 우리는 아직도 세계의
유일한 분단국으로 남아 있다. 어찌 부끄럽고 통탄스럽지 아니한가. 임진

왜란과 병자호란, 구한말의 파당(派黨)과 분열(分裂)이 가져온 참담했던 수난의 역사를 또 다시 반복할 것인가, 아니면 단결과 통합의 정신으로 새로운 역사를 써나갈 것인가. 한반도의 운명은 오직 우리의 의지와 선택에 달려 있다.

북한도 이제 변해야 한다. 더는 머뭇거리지 말고 개혁과 개방의 문을 활짝 열어 통일을 준비해야 한다. 미래를 개척하는 마음으로 인적 물적 교류를 과감히 확대해야 한다. 또한 남북의 신뢰회복과 가치관의 차이를 극복하는 데 기여해야 한다.

수해물자를 싣고 갔던 이 뱃길이 통일을 여는 뱃길이 되어 남북한 모든 이들이 여객선과 유람선을 타고 남포로 신의주로, 목포로 부산으로 그리고 세계로 자유롭게 왕래하고 남북의 특산물과 공장에서 출고된 상품을 가득 실은 무역선들이 줄지어 늘어선 희망의 뱃길이 되길 바라면서 한반도의 평화통일과 한민족의 무궁한 번영을 기원한다.

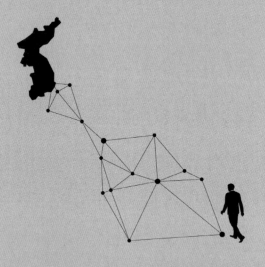

부록

백범정신선양 전국웅변대회

7.4 남북공동성명 전문

남북기본합의서(1991. 12. 13)

6.15 남북공동선언문

10.4 남북공동선언문

4.27 판문점선언 전문

9.19 평양공동선언 전문

북미 싱가포르 정상회담(2018년 6월 12일)

상훈/ 상장 및 위촉장

백범정신선양 전국웅변대회

일시　2001년 8월 18일
장소　국회헌정기념관
주최　대한웅변인협회
후원　교육인적자원부
　　　백범기념사업회
　　　3.1혁명기념사업회

연사 : 태종호/ 서울특별시
상훈 : 대통령상(大統領賞) 2644호
연제 : 역사(歷史)는 말한다

1949년 6월 26일 낮 12시 45분, 한평생을 이국땅에서 풍찬노숙하며 오직 이 나라 독립만을 생각했고, 안타까울 정도로 수난을 겪었으며, 눈물겹도록 민족을 사랑했던 백범 김구 선생의 죽음을 역사는 기록해 놓고 있습니다.

"나는 38선을 베고 쓰러질지언정 단독정부를 세우는 데는 협력할 수 없다. 반드시 민족 간의 전쟁은 일어나고 통일은 멀어진다"고 하시며, 외롭게 남북협상을 외치시던 백범 선생의 목소리가 반세기가 흘러 민족의 한을

국회헌정기념관에서 열변을 토하고 있는 저자 (2001. 8. 18)

남긴 채, 20세기가 저물어가던 2000년 6월 15일, '6.15 남북공동선언' 이라는 이름으로 되살아나 세계인의 가슴속에 우리 한민족이 통합의 의지를 천명한 날로 역사는 또 기록할 것이니,

애국동포 여러분!

선생의 가르침이 그립지 않습니까?
백범 선생의 목소리가 들리지 않습니까?
위대한 민족지도자가 생각나지 않습니까?

우리 앞에 조국 통일은 아직도 미완성이고 세계는 여전히 자국의 이익에 혈안이 되어 있으며, 일본과 중국은 역사를 왜곡하고도 사죄와 반성은커녕 힘의 논리를 앞세워 뻔뻔스러운 말들을 토해내고 있는 이때, 효창원

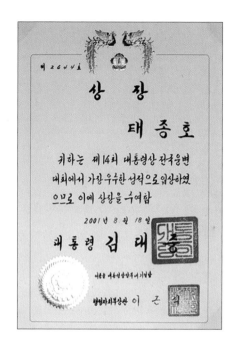

에서 들려오는 스승의 음성을 우리 다 같이 겸허한 마음으로 받아들여 평화통일과 부국강병의 완전한 독립을 이룩해야 한다고 강력히 촉구합니다!

민주시민 여러분!

역사는 흐르고 상황은 바뀌어 지구촌 시대니 정보화 시대라는 화려한 옷을 입고 있어도 우리 민족의 가슴속에 간직해야 될 민족혼만은 반드시 살아있어야 합니다.

남북한 병력을 합해서 140만, 세계 3위가 되는 이 엄청난 숫자가 국경지대가 아닌 이 나라 반허리를 자른 휴전선에 배치되어 있는, 기막히고 처절한 현실 앞에서 우리는 백범 선생을 생각하는 것이니, 나라 곳곳에서 희망보다는 실망의 소리가, 화합보다는 다툼의 소리가 많고, 국회가 국민을 걱정하는 게 아니라 국민이 국회를 걱정하게 만들며, 황금만능주의라는 이름 아래 갖은 불법이 판을 치고, 집안에 강도가 들어와도 '불이야'라고 외쳐야만 되는 편협하고 위험한 이기주의와 정치적 사회적 이념적 갈등 속에서는 진정한 민족화합은 이루어질 수 없는 것이니, 여러분!

우리 칠천만 민족 모두가 백범이 될 수는 없어도, 그 도덕성 하나만이라도 스승의 가르침을 본받아, 우리 사회 곳곳에 도사리고 있는 도덕 결핍증이라는 의학사에도 없고, 특효약도 없는 망국의 불치병을 백범정신으로 치료해야 합니다.

이것이 바로, 이 나라의 역사를 바로 세우고 조상들의 빛나는 문화유산과 민족번영을 자손만대 이어갈 수 있는 최선의 길이라고 이 연사는 자신 있게 주장합니다.

애국동포 여러분!

우리의 조국은 둘이 아니고 하나올시다. 그리고 우리의 역사는 우리 손으로 써야 합니다. 한반도의 장래는 백인종이 책임져 줄 수 없고, 흑인종이 장담해 줄 수 없으며, 어떠한 황인종 또한 끝까지 보장해 줄 수 없다는 분명한 사실을 명심하고, 지금 이 시간에도 정권을 탐내는 남북의 위정자들은 진정으로 마음을 비우고, 독립된 나라의 문지기가 되겠다던 백범 선생의 애국정신을 본받읍시다. 병들어 죽어가는 아들을 눈앞에서 보고도, 독립자금에 손댈 수 없다고 주사 한 대를 거절했던 스승의 공인정신을 기억합시다!

형제자매 여러분!

사치와 허영에 들뜬 마음이 생기거든 생일 차림으로 내놓은 돈을 권총을 사서 되돌려 주셨던, 곽낙원 여사의 서릿발 같은 음성을 생각합시다!

그리고 청년 학도 여러분!

젊은 혈기로 방종에 흘렀다면, 60노구에도 종아리를 걷고 매를 맞으시던 백범 선생의 모습을 거울삼아, 스승과 제자가 합심하여 이 땅의 교육을 살립시다.

노사가 서로 손잡고 경제를 살리고, 여야정치인들은 지긋지긋한 소모적 정쟁에서 벗어나 몇 십 년, 몇 백 년이 지나도 부끄럽지 않을 올바른 정책을 밤새워 개발합시다!

　　그리고 남과 북은 거짓 없는 진정한 민족공동체로 돌아가, 우리 민족의 앞날에 희망과 번영의 햇불이 활활 타오르게 합시다. 20세기의 부끄러운 치욕의 역사를 교훈 삼아 와신상담의 정신을 잊지 맙시다. 반드시 우리 민족의 힘으로 통일을 이루어 21세기 위대한 대한의 역사를 창조해 내자고 이 연사는 마지막으로 간곡하게 설파합니다!

제14회 대통령상 웅변대회　백범정신선양, 도덕성회복, 올바른 청소년문화 정착을 위해 교육인적자원부와 세계일보 등이 후원하고 대한웅변인협회(회장 편부범·오른쪽 첫번째)가 주최한 '제14회 대통령상 전국웅변대회'가 18일 국회헌정기념관에서 열렸다. 이날 각 시·도 예선을 거친 95명의 연사가 자웅을 겨뤄 영예의 대통령상은 태종호(가운데)씨에게 돌아갔다. 수상자는 왼쪽부터 박찬호(대법원장상) 김승기(국회의장상) 태종호 남중국씨(국무총리상).　／서상배기자

7.4 남북공동성명 전문

　최근 평양과 서울에서 남북관계를 개선하며 갈라진 조국을 통일하는 문제를 협의하기 위한 회담이 있었다.

　서울의 이후락 중앙정보부장이 1972년 5월 2일부터 5월 5일까지 평양을 방문하여 평양의 김영주 조직지도부장과 회담을 진행하였으며, 김영주 부장을 대신한 박성철 제2부수상이 1972년 5월 29일부터 6월 1일까지 서울을 방문하여 이후락 부장과 회담을 진행하였다.

　이 회담들에서 쌍방은 조국의 평화적 통일을 하루빨리 가져와야 한다는 공통된 염원을 안고 허심탄회하게 의견을 교환하였으며 서로의 이해를 증진시키는 데서 큰 성과를 거두었다.

　이 과정에서 쌍방은 오랫동안 서로 만나보지 못한 결과로 생긴 남북 사이의 오해와 불신을 풀고 긴장의 고조를 완화시키며 나아가서 조국통일을 촉진시키기 위하여 다음과 같은 문제들에 완전한 견해의 일치를 보았다.

1. 쌍방은 다음과 같은 조국통일원칙들에 합의를 보았다.

　첫째, 통일은 외세에 의존하거나 외세의 간섭을 받음이 없이 자주적으로 해결하여야 한다.

　둘째, 통일은 서로 상대방을 반대하는 무력행사에 의거하지 않고 평화적 방법으로 실현 하여야 한다.

　셋째, 사상과 이념·제도의 차이를 초월하여 우선 하나의 민족으로서 민족적 대단결을 도모하여야 한다.

2. 쌍방은 남북 사이의 긴장상태를 완화하고 신뢰의 분위기를 조성하기 위하여 서로 상대방을 중상 비방하지 않으며 크고 작은 것을 막론하고 무장도발을 하지 않으며 불의의 군사적 충돌사건을 방지하기 위한 적극적인 조치를 취하기로 합의하였다.
3. 쌍방은 끊어졌던 민족적 연계를 회복하며 서로의 이해를 증진시키고 자주적 평화통일을 촉진시키기 위하여 남북 사이에 다방면적인 제반 교류를 실시하기로 합의하였다.
4. 쌍방은 지금 온 민족의 거대한 기대 속에 진행되고 있는 남북적십자회담이 하루빨리 성사되도록 적극 협조하는 데 합의하였다.
5. 쌍방은 돌발적 군사사고를 방지하고 남북 사이에 제기되는 문제들을 직접, 신속 정확히 처리하기 위하여 서울과 평양 사이에 상설 직통전화를 놓기로 합의하였다.
6. 쌍방은 이러한 합의사항을 추진시킴과 함께 남북 사이의 제반문제를 개선 해결하며 또 합의된 조국통일원칙에 기초하여 나라의 통일문제를 해결할 목적으로 이후락 부장과 김영주 부장을 공동위원장으로 하는 남북조절위원회를 구성·운영하기로 합의하였다.
7. 쌍방은 이상의 합의사항이 조국통일을 일일천추로 갈망하는 온 겨레의 한결같은 염원에 부합된다고 확신하면서 이 합의사항을 성실히 이행할 것을 온 민족 앞에 엄숙히 약속한다.

서로 상부의 뜻을 받들어

이후락   김영주

1972년 7월 4일

남북기본합의서(1991. 12. 13)

　남과 북은 분단된 조국의 평화적 통일을 염원하는 온 겨레의 뜻에 따라 7.4 남북공동성명에서 천명된 조국통일 3대 원칙을 재확인하고, 정치군사적 대결상태를 해소하여 민족적 화해를 이룩하고, 무력에 의한 침략과 충돌을 막고 긴장완화와 평화를 보장하며, 다각적인 교류·협력을 실현하여 민족공동의 이익과 번영을 도모하며, 쌍방 사이의 관계가 나라와 나라 사이의 관계가 아닌 통일을 지향하는 과정에서 잠정적으로 형성되는 특수관계라는 것을 인정하고 평화통일을 성취하기 위한 공동의 노력을 경주할 것을 다짐하면서 다음과 같이 합의하였다.

제1장 남북화해

제1조 남과 북은 서로 상대방의 체제를 인정하고 존중한다.

제2조 남과 북은 상대방의 내부문제에 간섭하지 아니한다.

제3조 남과 북은 상대방에 대한 비방·중상을 하지 아니한다.

제4조 남과 북은 상대방을 파괴·전복하려는 일체행위를 하지 아니한다.

제5조 남과 북은 현 정전상태를 남북사이의 공고한 평화상태로 전환시키기 위하여 공동으로 노력하며 이러한 평화상태가 이룩될 때까지 현 군사정전협정을 준수한다.

제6조 남과 북은 국제무대에서 대결과 경쟁을 중지하고 서로 협력하며 민족의 존엄과 이익을 위하여 공동으로 노력한다.

제7조 남과 북은 서로의 긴밀한 연락과 협의를 위하여 이 합의서 발효 후 3개월 안에 판문점에 남북연락사무소를 설치·운영한다.

제8조 남과 북은 이 합의서 발효 후 1개월 안에 본회담 테두리 안에서 남북 정치분과위원회를 구성하여 남북화해에 관한 합의의 이행과 준수를 위한 구체적 대책을 합의한다.

제2장 남북 불가침

제9조 남과 북은 상대방에 대하여 무력을 사용하지 않으며 상대방을 무력으로 침략하지 아니한다.

제10조 남과 북은 의견대립과 분쟁문제들을 대화와 협상을 통하여 평화적으로 해결한다.

제11조 남과 북의 불가침 경계선과 구역은 1953년 7월 27일자 군사정전에 관한 협정에 규정된 군사분계선과 지금까지 쌍방이 관할하여 온 구역으로 한다.

제12조 남과 북은 불가침의 이행과 보장을 위하여 이 합의서 발효 후 3개월 안에 남북 군사공동위원회를 구성·운영한다. 남북군사공동위원회에서는 대규모 부대이동과 군사연습의 통보 및 통제문제, 비무장지대의 평화적 이용문제, 군인사 교류 및 정보교환 문제, 대량살상무기와 공격능력의 제거를 비롯한 단계적 군축실현문제, 검증문제 등 군사적 신뢰 조성과 군축을 실현하기 위한 문제를 협의·추진한다.

제13조 남과 북은 우발적인 무력충돌과 그 확대를 방지하기 위하여 쌍방 군사당국자 사이에 직통전화를 설치·운영한다.

제14조 남과 북은 이 합의서 발효 후 1개월 안에 본회담 테두리 안에서 남북 군사분과위원회를 구성하여 불가침에 관한 합의의 이행과 준수 및 군사적 대결상태를 해소하기 위한 구체적 대책을 협의한다.

제3장 남북교류·협력

제15조 남과 북은 민족경제의 통일적이며 균형적인 발전과 민족전체의 복리 향상을 도모하기 위하여 자원의 공동개발, 민족내부 교류로서의 물자교류, 합작투자 등 경제교류와 협력을 실시한다.

제16조 남과 북은 과학, 기술, 교육, 문학, 예술, 보건, 체육, 환경과 신문, 라디오, 텔레비전 및 출판물을 비롯한 출판, 보도 등 여러 분야에서 교류와 협력을 실시한다.

제17조 남과 북은 민족구성원들의 자유로운 왕래와 접촉을 실현한다.

제18조 남과 북은 흩어진 가족, 친척들의 자유로운 서신거래와 왕래와 상봉 및 방문을 실시하고 자유의사에 의한 재결합을 실현하며, 기타 인도적으로 해결할 문제에 대한 대책을 강구한다.

제19조 남과 북은 끊어진 철도와 도로를 연결하고 해로, 항로를 개설한다.

제20조 남과 북은 우편과 전기통신교류에 필요한 시설을 설치·연결하며, 우편·전기통신 교류의 비밀을 보장한다.

제21조 남과 북은 국제무대에서 경제와 문화 등 여러 분야에서 서로 협력하며 대외에 공동으로 진출한다.

제22조 남과 북은 경제와 문화 등 각 분야의 교류와 협력을 실현하기 위한 합의의 이행을 위하여 이 합의서 발효 후 3개월 안에 남북 경제교류·협력공동위원회를 비롯한 부문별 공동위원회들을 구성·운영한다.

제23조 남과 북은 이 합의서 발효 후 1개월 안에 본회담 테두리 안에서 남북교류·협력분과위원회를 구성하여 남북교류·협력에 관한 합의의 이행과 준수를 위한 구체적 대책을 협의한다.

제4장 수정 및 발효

제24조 이 합의서는 쌍방의 합의에 의하여 수정·보충할 수 있다.

제25조 이 합의서는 남과 북이 각기 발효에 필요한 절차를 거쳐 그 문본을 서로 교환한 날부터 효력을 발생한다.

1991년 12월 13일

남북고위급 회담 남측대표단 수석대표 대한민국 국무총리 정 원 식

북남고위급 회담 북측대표단 단장 조선민주주의인민공화국 정무원총리 연 형 묵

6.15 남북공동선언문

조국의 평화적 통일을 염원하는 온 겨레의 숭고한 뜻에 따라 대한민국 김대중 대통령과 조선민주주의인민공화국 김정일 국방위원장은 2000년 6월 13일부터 6월 15일까지 평양에서 역사적인 상봉을 하였으며 정상회담을 가졌다.

남북 정상들은 분단 역사상 처음으로 열린 이번 상봉과 회담이 서로 이해를 증진시키고 남북관계를 발전시키며 평화통일을 실현하는 데 중대한 의의를 가진다고 평가하고 다음과 같이 선언한다.

1. 남과 북은 나라의 통일문제를 그 주인인 우리 민족끼리 서로 힘을 합쳐 자주적으로 해결해 나가기로 하였다.

2. 남과 북은 나라의 통일을 위한 남측의 연합 제안과 북측의 낮은 단계의 연방제안이 서로 공통성이 있다고 인정하고 앞으로 이 방향에서 통일을 지향시켜 나가기로 하였다.

3. 남과 북은 올해 8.15에 즈음하여 흩어진 가족, 친척 방문단을 교환하며 비전향 장기수 문제를 해결하는 등 인도적 문제를 조속히 풀어 나가기로 하였다.

4. 남과 북은 경제협력을 통하여 민족경제를 균형적으로 발전시키고 사

회, 문화, 체육, 보건, 환경 등 제반 분야의 협력과 교류를 활성화하여 서로의 신뢰를 다져 나가기로 하였다.

5. 남과 북은 이상과 같은 합의사항을 조속히 실천에 옮기기 위하여 빠른 시일 안에 당국 사이의 대화를 개최하기로 하였다.

김대중 대통령은 김정일 국방위원장이 서울을 방문하도록 정중히 초청하였으며 김정일 국방위원장은 앞으로 적절한 시기에 서울을 방문하기로 하였다.

2000년 6월 15일

대한민국	조선민주주의인민공화국
대 통 령	국방위원장
김 대 중	김 정 일

10.4 남북공동선언문

1. 남과 북은 6.15 공동선언을 고수하고 적극 구현해 나간다. 남과 북은
   '우리민족끼리 정신'에 따라 통일문제를 자주적으로 해결해 나가며
   민족의 존엄과 이익을 중시하고 모든 것을 이에 지향시켜 나가기로 하
   였다. 남과 북은 6.15 공동선언을 변함없이 이행해 나가려는 의지를 반
   영하여 6월 15일을 기념하는 방안을 강구하기로 하였다.

2. 남과 북은 사상과 제도의 차이를 초월하여 남북관계를 상호존중과 신
   뢰관계로 확고히 전환시켜 나가기로 하였다. 남과 북은 내부문제에 간
   섭하지 않으며 남북관계 문제들을 화해와 협력, 통일에 부합되게 해결
   해 나가기로 하였다. 남과 북은 남북관계를 통일 지향적으로 발전시켜
   나가기 위하여 각기 법률적·제도적 장치들을 정비해 나가기로 하였
   다. 남과 북은 남북관계 확대와 발전을 위한 문제들을 민족의 염원에
   맞게 해결하기 위해 양측 의회 등 각 분야의 대화와 접촉을 적극 추진
   해 나가기로 하였다.

3. 남과 북은 군사적 적대관계를 종식시키고 한반도에서 긴장완화와 평화
   를 보장하기 위해 긴밀히 협력하기로 하였다. 남과 북은 서로 적대시하
   지 않고 군사적 긴장을 완화하며 분쟁문제들을 대화와 협상을 통하여
   해결하기로 하였다. 남과 북은 한반도에서 어떤 전쟁도 반대하며 불가
   침의무를 확고히 준수하기로 하였다. 남과 북은 서해에서의 우발적 충
   돌방지를 위해 공동어로수역을 지정하고 이 수역을 평화수역으로 만

들기 위한 방안과 각종 협력사업에 대한 군사적 보장조치 문제 등 군사적 신뢰구축조치를 협의하기 위하여 남측 국방부 장관과 북측 인민무력부 부장간 회담을 금년 11월중에 평양에서 개최하기로 하였다.

4. 남과 북은 현 정치체제를 종식시키고 항구적인 평화체제를 구축해 나가야 한다는 데 인식을 같이하고 직접 관련된 3자 또는 4자 정상들이 한반도지역에서 만나 종전을 선언하는 문제를 추진하기 위해 협력해 나가기로 하였다. 남과 북은 한반도 핵문제 해결을 위해 6자회담 '9.19 공동성명' 과 '2.13 합의' 가 순조롭게 이행되도록 공동으로 노력하기로 하였다.

5. 남과 북은 민족경제의 균형적 발전과 공동의 번영을 위해 경제협력사업을 공리공영과 유유상통의 원칙에서 적극 활성화하고 지속적으로 확대 발전시켜 나가기로 하였다. 남과 북은 경제협력을 위한 투자를 장려하고 기반시설 확충과 자원개발을 적극 추진하며 민족내부협력사업의 특수성에 맞게 각종 우대조건과 특혜를 우선적으로 부여하기로 하였다. 남과 북은 해주지역과 주변해역을 포괄하는 '서해평화협력특별지대' 를 설치하고 공동어로구역과 평화수역 설정, 경제특구건설과 해주항 활용, 민간선박의 해주직항로 통과, 한강하구 공동이용 등을 적극 추진해 나가기로 하였다. 남과 북은 개성공업지구 1단계 건설을 빠른 시일안에 완공하고 2단계 개발에 착수하며 문산—봉동간 철도화물수송을 시작하고, 통행·통신·통관 문제를 비롯한 제반 제도적 보장조치들을 조속히 완비해 나가기로 하였다. 남과 북은 개성—신의주 철도와 개성—평양 고속도로를 공동으로 이용하기 위해 개보수 문제를 협의·추진해 가기로 하였다. 남과 북은 안변과 남포에 조선협력단지를 건설하며 농업, 보건의료, 환경보호 등 여러 분야에서의 협력사업을 진행해 나가기로 하였다. 남과 북은 남북 경제협력사업의 원

활한 추진을 위해 현재의 '남북경제협력추진위원회'를 부총리급 '남북경제협력공동위원회'로 격상하기로 하였다.

6. 남과 북은 민족의 유구한 역사와 우수한 문화를 빛내기 위해 역사, 언어, 교육, 과학기술, 문화예술, 체육 등 사회문화 분야의 교류와 협력을 발전시켜 나가기로 하였다. 남과 북은 백두산관광을 실시하며 이를 위해 백두산—서울 직항로를 개설하기로 하였다. 남과 북은 2008년 북경올림픽경기대회에 남북응원단이 경의선 열차를 처음으로 이용하여 참가하기로 하였다.

7. 남과 북은 인도주의 협력사업을 적극 추진해 나가기로 하였다. 남과 북은 흩어진 가족과 친척들의 상봉을 확대하며 영상 편지 교환사업을 추진하기로 하였다. 이를 위해 금강산면회소가 완공되는 데 따라 쌍방 대표를 상주시키고 흩어진 가족과 친척의 상봉을 상시적으로 진행하기로 하였다. 남과 북은 자연재해를 비롯하여 재난이 발생하는 경우 동포애와 인도주의, 상부상조의 원칙에 따라 적극 협력해 나가기로 하였다.

8. 남과 북은 국제무대에서 민족의 이익과 해외 동포들의 권리와 이익을 위한 협력을 강화해 나가기로 하였다. 남과 북은 이 선언의 이행을 위하여 남북총리회담을 개최하기로 하고, 제 1차회의를 금년 11월중 서울에서 갖기로 하였다. 남과 북은 남북관계 발전을 위해 정상들이 수시로 만나 현안 문제들을 협의하기로 하였다.

2007년 10월 4일

대한민국 대통령 노 무 현   조선민주주의인민공화국 국방위원장 김 정 일

4.27 판문점선언 전문

한반도의 평화와 번영, 통일을 위한 판문점선언

대한민국 문재인 대통령과 조선민주주의인민공화국 김정은 국무위원장은 평화와 번영, 통일을 염원하는 온 겨레의 한결같은 지향을 담아 한반도에서 역사적인 전환이 일어나고 있는 뜻 깊은 시기에 2018년 4월 27일 판문점 평화의 집에서 남북정상회담을 진행하였다.

양 정상은 한반도에 더 이상 전쟁은 없을 것이며 새로운 평화의 시대가 열리었음을 8천만 우리 겨레와 전 세계에 엄숙히 천명하였다.

양 정상은 냉전의 산물인 오랜 분단과 대결을 하루 빨리 종식시키고 민족적 화해와 평화번영의 새로운 시대를 과감하게 일어나가며 남북관계를 보다 적극적으로 개선하고 발전시켜 나가야 한다는 확고한 의지를 담아 역사의 땅 판문점에서 다음과 같이 선언하였다.

1. 남과 북은 남북 관계의 전면적이며 획기적인 개선과 발전을 이룩함으로써 끊어진 민족의 혈맥을 잇고 공동번영과 자주통일의 미래를 앞당겨 나갈 것이다. 남북관계를 개선하고 발전시키는 것은 온 겨레의 한결같은 소망이며 더 이상 미룰 수 없는 시대의 절박한 요구이다.

   ① 남과 북은 우리 민족의 운명은 우리 스스로 결정한다는 민족 자주의 원칙을 확인하였으며 이미 채택된 남북 선언들과 모든 합의들을 철저히 이행함으로써 관계 개선과 발전의 전환적 국면을 열어나가

기로 하였다.

② 남과 북은 고위급 회담을 비롯한 각 분야의 대화와 협상을 빠른 시일 안에 개최하여 정상회담에서 합의된 문제들을 실천하기 위한 적극적인 대책을 세워나가기로 하였다.

③ 남과 북은 당국 간 협의를 긴밀히 하고 민간교류와 협력을 원만히 보장하기 위하여 쌍방 당국자가 상주하는 남북공동연락사무소를 개성지역에 설치하기로 하였다.

④ 남과 북은 민족적 화해와 단합의 분위기를 고조시켜 나가기 위하여 각계각층의 다방면적인 협력과 교류 왕래와 접촉을 활성화하기로 하였다. 안으로는 6.15를 비롯하여 남과 북에 다 같이 의의가 있는 날들을 계기로 당국과 국회, 정당, 지방자치단체, 민간단체 등 각계각층이 참가하는 민족공동행사를 적극 추진하여 화해와 협력의 분위기를 고조시키며, 밖으로는 2018년 아시아경기대회를 비롯한 국제경기들에 공동으로 진출하여 민족의 슬기와 재능, 단합된 모습을 전 세계에 과시하기로 하였다.

⑤ 남과 북은 민족 분단으로 발생된 인도적 문제를 시급히 해결하기 위하여 노력하며, 남북 적십자회담을 개최하여 이산가족·친척상봉을 비롯한 제반 문제들을 협의 해결해 나가기로 하였다. 당면하여 오는 8.15를 계기로 이산가족·친척 상봉을 진행하기로 하였다.

⑥ 남과 북은 민족경제의 균형적 발전과 공동번영을 이룩하기 위하여 10.4선언에서 합의된 사업들을 적극 추진해 나가며 1차적으로 동해선 및 경의선 철도와 도로들을 연결하고 현대화하여 활용하기 위한 실천적 대책들을 취해나가기로 하였다.

2. 남과 북은 한반도에서 첨예한 군사적 긴장상태를 완화하고 전쟁 위험을 실질적으로 해소하기 위하여 공동으로 노력해 나갈 것이다.

① 남과 북은 지상과 해상, 공중을 비롯한 모든 공간에서 군사적 긴장과 충돌의 근원으로 되는 상대방에 대한 일체의 적대행위를 전면 중지하기로 하였다. 당면하여 5월 1일부터 군사분계선 일대에서 확성기 방송과 전단살포를 비롯한 모든 적대 행위들을 중지하고 그 수단을 철폐하며 앞으로 비무장지대를 실질적인 평화지대로 만들어 나가기로 하였다.

② 남과 북은 서해 북방한계선 일대를 평화수역으로 만들어 우발적인 군사적 충돌을 방지하고 안전한 어로 활동을 보장하기 위한 실제적인 대책을 세워나가기로 하였다.

③ 남과 북은 상호협력과 교류, 왕래와 접촉이 활성화 되는 데 따른 여러 가지 군사적 보장대책을 취하기로 하였다. 남과 북은 쌍방 사이에 제기되는 군사적 문제를 지체 없이 협의 해결하기 위하여 국방부장관회담을 비롯한 군사당국자회담을 자주 개최하며 5월 중에 먼저 장성급 군사회담을 열기로 하였다.

3. 남과 북은 한반도의 항구적이며 공고한 평화체제 구축을 위하여 적극 협력해 나갈 것이다. 한반도에서 비정상적인 현재의 정전상태를 종식시키고 확고한 평화체제를 수립하는 것은 더 이상 미룰 수 없는 역사적 과제이다.

① 남과 북은 그 어떤 형태의 무력도 서로 사용하지 않을 때 대한 불가침 합의를 재확인하고 엄격히 준수해 나가기로 하였다.

② 남과 북은 군사적 긴장이 해소되고 서로의 군사적 신뢰가 실질적으로 구축되는 데 따라 단계적으로 군축을 실현해 나가기로 하였다.

③ 남과 북은 정전협정체결 65년이 되는 올해에 종전을 선언하고 정전협정을 평화협정으로 전환하며 항구적이고 공고한 평화체제 구축을 위한 남·북·미 3자 또는 남·북·미·중 4자회담 개최를 적극 추

진해 나가기로 하였다.

④ 남과 북은 완전한 비핵화를 통해 핵 없는 한반도를 실현한다는 공동의 목표를 확인하였다. 남과 북은 북측이 취하고 있는 주동적인 조치들이 한반도 비핵화를 위해 대단히 의의 있고 중대한 조치라는 데 인식을 같이하고 앞으로 각기 자기의 책임과 역할을 다하기로 하였다. 남과 북은 한반도 비핵화를 위한 국제사회의 지지와 협력을 위해 적극 노력하기로 하였다.

양 정상은 정기적인 회담과 직통전화를 통하여 민족의 중대사를 수시로 진지하게 논의하고 신뢰를 굳건히 하며, 남북관계의 지속적인 발전과 한반도의 평화와 번영, 통일을 향한 좋은 흐름을 더욱 확대해 나가기 위하여 함께 노력하기로 하였다.

당면하여 문재인 대통령은 올해 가을 평양을 방문하기로 하였다.

2018년 4월 27일 판문점

대한민국   조선민주주의인민공화국
대통령 문 재 인   국무위원회 위원장 김 정 은

9.19 평양공동선언 전문

대한민국 문재인 대통령과 조선민주주의인민공화국 김정은 국무위원장은 2018년 9월 18일부터 20일까지 평양에서 남북정상회담을 진행하였다.

양 정상은 역사적인 판문점선언 이후 남북 당국간 긴밀한 대화와 소통, 다방면적 민간교류와 협력이 진행되고, 군사적 긴장완화를 위한 획기적인 조치들이 취해지는 등 훌륭한 성과들이 있었다고 평가하였다.

양 정상은 민족자주와 민족자결의 원칙을 재확인하고, 남북관계를 민족적 화해와 협력, 확고한 평화와 공동번영을 위해 일관되고 지속적으로 발전시켜 나가기로 하였으며, 현재의 남북관계 발전을 통일로 이어갈 것을 바라는 온 겨레의 지향과 여망을 정책적으로 실현하기 위하여 노력해 나가기로 하였다.

양 정상은 판문점선언을 철저히 이행하여 남북관계를 새로운 높은 단계로 진전시켜 나가기 위한 제반 문제들과 실천적 대책들을 허심탄회하고 심도 있게 논의하였으며, 이번 평양정상회담이 중요한 역사적 전기가 될 것이라는 데 인식을 같이 하고 다음과 같이 선언하였다.

1. 남과 북은 비무장지대를 비롯한 대치지역에서의 군사적 적대관계 종식을 한반도 전 지역에서의 실질적인 전쟁위험 제거와 근본적인 적대관계 해소로 이어나가기로 하였다.

   ① 남과 북은 이번 평양정상회담을 계기로 체결한 〈판문점선언 군사분야 이행합의서〉를 평양공동선언의 부속합의서로 채택하고 이를 철저히 준수하고 성실히 이행하며, 한반도를 항구적인 평화지대로 만들기 위한 실천적 조치들을 적극 취해 나가기로 하였다.

② 남과 북은 남북군사공동위원회를 조속히 가동하여 군사분야 합의서의 이행실태를 점검하고 우발적 무력충돌 방지를 위한 상시적 소통과 긴밀한 협의를 진행하기로 하였다.

2. 남과 북은 상호호혜와 공리공영의 바탕위에서 교류와 협력을 더욱 증대시키고, 민족경제를 균형적으로 발전시키기 위한 실질적인 대책들을 강구해 나가기로 하였다.

   ① 남과 북은 금년내 동, 서해선 철도 및 도로 연결을 위한 착공식을 갖기로 하였다.

   ② 남과 북은 조건이 마련되는 데 따라 개성공단과 금강산관광 사업을 우선 정상화하고, 서해경제공동특구 및 동해관광공동특구를 조성하는 문제를 협의해 나가기로 하였다.

   ③ 남과 북은 자연생태계의 보호 및 복원을 위한 남북 환경협력을 적극 추진하기로 하였으며, 우선적으로 현재 진행 중인 산림분야 협력의 실천적 성과를 위해 노력하기로 하였다.

   ④ 남과 북은 전염성 질병의 유입 및 확산 방지를 위한 긴급조치를 비롯한 방역 및 보건·의료 분야의 협력을 강화하기로 하였다.

3. 남과 북은 이산가족 문제를 근본적으로 해결하기 위한 인도적 협력을 더욱 강화해 나가기로 하였다.

   ① 남과 북은 금강산 지역의 이산가족 상설면회소를 빠른 시일내 개소하기로 하였으며, 이를 위해 면회소 시설을 조속히 복구하기로 하였다.

   ② 남과 북은 적십자 회담을 통해 이산가족의 화상상봉과 영상편지 교환 문제를 우선적으로 해결해 나가기로 하였다.

4. 남과 북은 화해와 단합의 분위기를 고조시키고 우리 민족의 기개를 내외에 과시하기 위해 다양한 분야의 협력과 교류를 적극 추진하기로 하였다.

① 남과 북은 문화 및 예술분야의 교류를 더욱 증진시켜 나가기로 하였으며, 우선적으로 10월 중에 평양예술단의 서울공연을 진행하기로 하였다.

② 남과 북은 2020년 하계올림픽 경기대회를 비롯한 국제경기들에 공동으로 적극 진출하며, 2032년 하계올림픽의 남북공동개최를 유치하는 데 협력하기로 하였다.

③ 남과 북은 10.4 선언 11주년을 뜻 깊게 기념하기 위한 행사들을 의의 있게 개최하며, 3.1운동 100주년을 남북이 공동으로 기념하기로 하고, 그를 위한 실무적인 방안을 협의해 나가기로 하였다.

5. 남과 북은 한반도를 핵무기와 핵위협이 없는 평화의 터전으로 만들어 나가야 하며 이를 위해 필요한 실질적인 진전을 조속히 이루어 나가야 한다는 데 인식을 같이 하였다.

① 북측은 동창리 엔진시험장과 미사일 발사대를 유관국 전문가들의 참관 하에 우선 영구적으로 폐기하기로 하였다.

② 북측은 미국이 6.12 북미공동성명의 정신에 따라 상응조치를 취하면 영변 핵시설의 영구적 폐기와 같은 추가적인 조치를 계속 취해 나갈 용의가 있음을 표명하였다.

③ 남과 북은 한반도의 완전한 비핵화를 추진해 나가는 과정에서 함께 긴밀히 협력해 나가기로 하였다.

6. 김정은 국무위원장은 문재인 대통령의 초청에 따라 가까운 시일 내로 서울을 방문하기로 하였다.

2018년 9월 19일

대한민국   조선민주주의인민공화국
대통령 문 재 인   국무위원회 위원장 김 정 은

북미 싱가포르 정상회담 (2018년 6월 12일)

미합중국 도널드 J. 트럼프 대통령과 조선민주주의인민공화국 김정은 국무위원장 간의 싱가포르 조미정상회담 공동합의문

미합중국 대통령 도널드 J. 트럼프와 조선민주주의인민공화국 국무위원장 김정은은 2018년 6월 12일 싱가포르에서 처음으로 역사적인 회담을 개최하였다.

트럼프 대통령과 김정은 국무위원장은 새로운 조미관계 수립과 한반도에서의 지속적이고 강건한 평화체제 건설에 관한 의제에 대하여 포괄적이고 면밀하며 진실성 있는 의견교환을 이뤄냈다. 트럼프 대통령은 조선민주주의인민공화국에 체제안전보장을 약속하였고, 김정은 국무위원장은 단호하고 확고하게 한반도에서의 비핵화를 완성해 나갈 것을 약속하였다.

새로운 조미관계의 수립이 한반도에서의 평화와 번영에 기여함을 확신하고 양국간 상호신뢰 구축이 한반도 비핵화를 촉진시킬 수 있음을 인지하면서 트럼프 대통령과 김정은 국무위원장은 다음과 같이 선언한다.

1. 미합중국과 조선민주주의인민공화국은 양국 국민들의 평화와 번영을 향한 염원에 부합하면서 새로운 조미관계를 수립하기로 약속하였다.

2. 미합중국과 조선민주주의인민공화국은 지속적이고 안정적인 평화체제를 한반도 내에서 구축하기 위한 노력에 협력하기로 하였다.

3. 2018년 4월 27일 발표된 판문점 선언의 구체적 실행을 재확인하며, 조선민주주의인민공화국은 한반도에서의 완전한 비핵화를 위해 노력하

기로 약속하였다.

4. 미합중국과 조선민주주의인민공화국은 전쟁포로(POW; Prisoner of War)와 전시행방불명자(MIA; Missing in Action)에 대한 유해발굴과 신원 기확인자(이미 확인된 사람)에 대한 즉각적인 유해송환을 추진하기로 합의하였다.

역사상 최초로 개최된 조미정상회담이 지난 수십년 동안 양국간 긴장과 적대로 점철된 시간을 극복하고 다가올 새로운 미래를 준비하는 데 있어서 커다란 의미를 가지고 있는 신기원적 사건임을 인지하면서, 트럼프 대통령과 김정은 국무위원장은 이번 합의문에 규정된 사항들을 완전히 그리고 신속하게 이행할 것을 약속하였다. 미합중국과 조선민주주의인민공화국은 미합중국 국무장관인 마이크 폼페오와 이에 상응하는 조선민주주의인민공화국 유관 고위당국자의 협의를 통해 가능한 최대한 빠른 시일내에 조미정상회담의 결과물을 이행하기 위한 추가 협상을 진행하기로 약속하였다.

미합중국 대통령 도널드 J. 트럼프와 조선민주주의인민공화국 국무위원장 김정은은 새로운 조미관계의 발전과 한반도와 세계의 평화, 번영 그리고 안정의 촉진을 위해 협력할 것을 다짐하였다.

2018년 6월 12일 센토사 섬, 싱가포르

미합중국 대통령 도널드 J. **트럼프**
조선민주주의인민공화국 국무위원회 위원장 **김정은**

상 훈

상장 및 위촉장

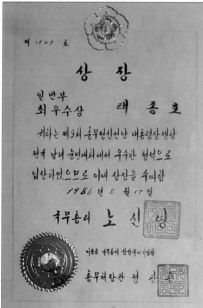

제 9567 호

표 창 장

통일교육전문위원서울특별시협의회
태 종 호

귀하는 지역사회에서 통일교육활동에 적극
참여함으로써 정부의 통일정책에 대한 국민
합의기반 확충에 기여한 공이 크므로 이에
표창합니다

1993 년 12 월 23 일

부총리겸통일원장관 이 영 덕

제 11850 호

표 창 장

통일교육전문위원서울특별시협의회
운영위원 태 종 호

귀하는 지역사회의 통일교육활동에 적극
참여함으로써 국민의 통일의식을 올바로 함양함과
아울러 통일을 위한 국민적 역량을 결집하는데
기여한 공이 크므로 이에 표창합니다

2001년 12월 28일

 통일부장관 홍 순 영

委囑牌

統一教育專門委員 太宗鎬

貴下께서는 國土統一院 統一硏修院이
實施한 所定의 課程을 履修하였기에
統一教育專門委員으로 委囑합니다.

1990. 1. 1

國土統一院長官 李洪九

委囑狀

서울특별시
태 종 호

貴下를 健全한 統一觀의 擴散과
汎國民的 力量結集을 先導하기 위한
統一教育專門委員에 委囑합니다.

1996年 1月 1日

副總理 兼 統一院長官 權 五 琦

委囑狀

서울特別市
太宗鎬

貴下를 統一教育專門委員으로
委囑합니다.

1998年 3月 3日

統一部長官 康仁德

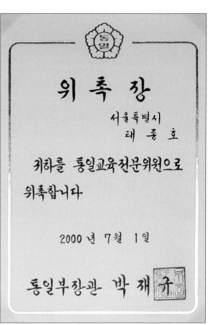

위촉장

서울특별시
태 종 호

키하를 통일교육전문위원으로
위촉합니다

2000년 7월 1일

통일부장관 박재규

위촉장

서울특별시
태 종 호

귀하를 통일교육전문위원으로
위촉합니다

2002년 2월 1일

통일부장관 정세현

委囑狀

서울특별시
태 종 호

貴下를 統一教育專門委員으로 委囑합니다

2004년 1월 1일

統一部長官 丁世鉉

위촉장

서울특별시
태종호

귀하를 통일교육위원으로 위촉합니다

2005년 5월 1일

통일부장관 정 동 영

제07-01-0278호.

위촉장

서울특별시
태 종 호

귀하를 통일교육위원
으로 위촉합니다.

2007. 5. 1

통일부장관 이 재

위촉장

서울특별시
태 종 호

귀하를 통일교육위원으로 위촉합니다.

2010년 2월 1일

통일부장관 현 인

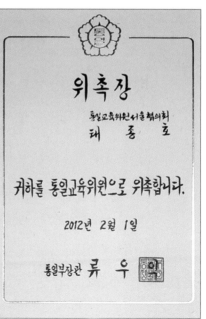

위촉장

통일교육위원서울협의회
태 종 호

귀하를 통일교육위원으로 위촉합니다.

2012년 2월 1일

통일부장관 류 우